北京理工大学"双一流"建设精品出版工程

Automatic Control Theory

自动控制理论

主　编 ◎ 徐远清
副主编 ◎ 王安聪　唐晓英

北京理工大学出版社
BEIJING INSTITUTE OF TECHNOLOGY PRESS

内 容 简 介

本书系统全面地介绍了经典控制理论的基本内容，主要包括自动控制基本理论、控制系统的数学模型、线性系统的时域分析法、线性系统的根轨迹法、线性系统的频域分析法、线性系统校正。此外，还介绍了 MATLAB 软件在自动控制系统仿真中的基本应用。为便于读者深入理解本书的重要概念，每章都选配了一定数量的习题并提供了全部参考答案。

版权专有 侵权必究

图书在版编目（C I P）数据

自动控制理论／徐远清主编．－－北京：北京理工
大学出版社，2022.4
ISBN 978－7－5763－1305－5

Ⅰ．①自… Ⅱ．①徐… Ⅲ．①自动控制理论 Ⅳ.
①TP13

中国版本图书馆 CIP 数据核字（2022）第 072644 号

出版发行／北京理工大学出版社有限责任公司
社　　址／北京市海淀区中关村南大街 5 号
邮　　编／100081
电　　话／（010）68914775（总编室）
　　　　　（010）82562903（教材售后服务热线）
　　　　　（010）68944723（其他图书服务热线）
网　　址／http：//www.bitpress.com.cn
经　　销／全国各地新华书店
印　　刷／保定市中画美凯印刷有限公司
开　　本／787 毫米×1092 毫米　1/16
印　　张／17.75　　　　　　　　　　　　　责任编辑／徐　宁
字　　数／411 千字　　　　　　　　　　　　文案编辑／李颖颖
版　　次／2022 年 4 月第 1 版　2022 年 4 月第 1 次印刷　责任校对／周瑞红
定　　价／58.00 元　　　　　　　　　　　　责任印制／李志强

自动控制理论是自动控制科学的核心，它主要以数学方法为工具，解决系统输入输出关系的预测、调校及优化问题。从 20 世纪 50 年代开始，自动控制理论作为一门学科得到了充分发展。它的发展为现代社会进步做出了巨大的贡献，也是人类对自然认知的巨大飞跃，饱含着智慧的结晶。

"自动控制理论"课程，是工学学科门类的重要基础课程。对于自动控制理论的学习来说，知识本身很重要，它通常是机械、电子、航空、航天、化工、信息、管理等专业知识的重要基础。而更重要的是，这些知识背后所蕴含的方法论！这些方法论可为我们提供解决问题的思维范式，是我们驾驭工程及社会难题时的灵感源泉。所以，自动控制理论不仅仅提供战术性知识，它也深入地提供战略性思维。

本书的内容是作者及团队在授课讲义基础上扩展而成，主要对经典控制理论中的线性系统理论方法进行讲述。全书共分为 7 章。在第 1 章（绪论）中，我们对自动控制理论的发展历程进行了阐述；对自动控制理论的知识框架进行了梳理，其中，也涵盖了非线性系统和现代控制理论的知识架构；简要介绍了自动控制系统的结构、环节、指标、分类等基础概念。最后，对该课程的学习提出一些建设性意见。第 2 章为控制系统数学模型。本章对于自动控制理论所涉及的主要数学工具进行介绍，如传递函数、结构图、信号流图等。第 3 章为线性系统的时域分析。本章重点以系统的稳定性、准确性和快速性作为指标对一阶、二阶线性系统的时域响应规律进行讲解。第 4 章为线性系统根轨迹法。讲述根轨迹、根轨迹方程、根轨迹绘制等概念与方法，结合广义根轨迹等对系统性能进行具体分析。第 5 章为线性系统频域分析法。具体讲述系统频率响应与频率特性，Bode 图、Nyquist 图等的概念与相应判据应用，以及一阶、二阶线性系统频域指标与时域指标间的定量关系。第 6 章是线性控制系统的校正。本章重点以线性控制系统的串联校正为例，对常见的系统校正方法进行讲解。第 7 章主要介绍常见的 MATLAB 线性系统分析方法。在本书最后，不仅提供了各章节习题的答案，还给出了具体的解答过程，供读者学习和参考。

　　本书以经典控制理论为主要讲述内容，力求对专业概念进行简单通俗表达，辅以例题分析讲解加强对知识点的呈现。总体上，该书适合工科背景学科的基础和普适性教学，教学时间体量以 32 学时为宜。

　　本书的出版，获得北京理工大学教材项目支持，在此表示感谢！

　　受作者水平所限，本书的不足之处在所难免，恳请读者批评指正。

徐远清

于北京

目 录
CONTENTS

第 1 章

绪　　论

本章学习要点

（1）了解自动控制理论的发展历史和基本概念。

（2）了解自动控制理论的基本知识框架。

（3）了解自动控制系统的结构模式、控制方式、性能指标及常用术语。

1.1　自动控制理论的发展历史

根据自动控制技术的不同时期特点，可以将自动控制理论的发展历程分为三个阶段：前期积累阶段、经典控制理论发展阶段及现代控制理论发展阶段。

1.1.1　前期积累阶段（19 世纪上叶之前—1935 年）

如何更省力、更高效、更准确地开展生产是解放劳动力和提高劳动效率的客观需要，也是推动自动控制理论发展的原始动力。在人们还没有发展出相应知识体系描述和指导自动控制过程的古代，就早已开始了探索与应用自动控制系统为生产和生活服务。下面重点举两个例子进行说明。

例 1.1　古代水钟（约公元前 330 年）

计时，在现代世界是一件十分简单的事情，我们有许多方法和工具获得准确的时间度量。在古代，人们并没有精密的仪器和装置来测量时间跨度，如何准确地计算时间则是一个难题。然而，人们总是善于设法去解决那些不利于生产和生活的问题。古人利用液体流动与液位之间的关系，构造出可以连续、均匀度量时间的水钟，较好地解决了时间度量问题。水钟在中国叫作"刻漏"，也叫"漏壶"。据古代楔形文字记载和从埃及古墓出土的实物可以了解到，巴比伦和埃及在公元前 1500 年之前便已有水钟使用的历史了。

水钟的原理如图 1.1 所示。

大家可以思考一下，图 1.1 中水钟的工作原理是什么？在当今的日常生活中，我们还能想到哪些具有类似原理的应用？

中国古代的科学家们对水钟的研究十分重视，并进行了长期的研究。据《周礼》记载：约在公元前 500 年，中国的军队即已用"漏壶"作为计时的装置。约公元 120 年，东汉著名的科学家张衡提出了用"补偿壶"解决因水头降低计时不准确问题的巧妙

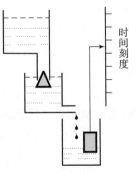

图 1.1　水钟的原理

方法。在他的"漏水转浑天仪"中，不仅有浮子、漏箭，还有虹吸管和至少一个补偿壶。最有名的中国水钟"铜壶滴漏"由铜匠杜子盛和洗运行建造于公元 1316 年（元代延祐三年），并一直连续使用到公元 1900 年，现保存在广州市博物馆中，仍能使用。

例 1.2 指南车

指南车，又称司南车，是中国古代用来指示方向的一种装置（图 1.2）。它是利用齿轮传动来指明方向的一种机械装置。其原理是靠人力来带动两轮的指南车行走，从而带动车内的木制齿轮转动，来传递转向时两个车轮的差动，进而带动车上的指向木人转向，以补偿由于车转向产生的角度。因此理论上不论车转向何方，木人的手始终指向指南车出发时设置的方向。这就是"车虽回运而手常指南"，即指南车借助其两轮的差动来修正指示方向。关于指南车的发明有许多传说和记载。据史书记载，东汉张衡、三国时代魏国的马钧、南齐的祖冲之都曾制造过指南车。《宋史·舆服志》对指南车的结构与各齿轮大小和齿数都有详细记载。指南车的工作机理基于一种理想的数学模式，前提是车轮的差

图 1.2　指南车

动与车辆的转向存在严格的数学关系，然而在实际中会由于地面不平整等因素，造成这种严格的数学关系并不成立，从而导致木人的指向并不固定。所以，尽管关于指南车的制造和功能有较多的记载，现在的一些人对于其在现实中是否曾得到过真实应用还持怀疑态度。

思考：指南车和水钟作为两种控制系统，在本质上有什么区别？

除了以上的水钟、指南车，典型的还有：用来自动灌溉的水轮车系统，借助水力的水臼（碾米）、水动力风箱（冶炼），优化利用风能的"扇尾"装置等。先人们在生产和生活中，通过思考和实践，发明了很多蕴含自动控制原理的工具和系统。但这些系统的发明和应用，基本都是通过经验和直觉，所以其环节层次少、结构简单，仅能解决一些基本的问题。

随着人类近几百年来不断向前发展，自然科学的知识边界不断扩充，人们对自然界的运行规律逐渐有了更深刻的理解。300 多年前，有一位法国青年，名叫丹尼斯·帕平（Denis Papin），如图 1.3 所示，他发现，在高山上尽管水沸腾了，但水温却没有达到烹煮食物的温度。为了弄清楚这个原因，他开展了深入研究。经过多次研究，他发现，水并不是都在 100 ℃时沸腾，气压低时，水的沸点也随之降低。所以他想到用人工增压的方式来提高水的沸点，并于 1681 年研发出"帕平锅"，也就是现代的高压锅原型（图 1.4），这使得他名声大振。那么，高压锅是怎么控制密闭空间压力的呢？

高压锅主要由锅盖和锅身组成。其主要功能是通过自身产生的高压蒸汽来提高水的沸点，从而达到高温烹煮食物的目的。现行国标压力锅的设定工作压力为 80 kPa，算上基础的

图 1.3　法国物理学家、数学家、发明家丹尼斯·帕平（1647—1712）

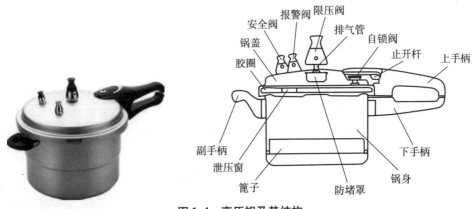

图 1.4　高压锅及其结构

1 个标准大气压（101.325 kPa），即约 1.8 个标准大气压。其工作过程在于，当锅内外的压力小于设定工作压力时，其气压控制装置使得密闭空间继续增压，直到达到和超过其设定工作压力。超过设定的工作压力之后，限压阀首先开始工作，锅内气体产生的压力克服限压阀重力，顶起限压阀释放锅内气体，以使得锅内气体维持在设定工作压力。当限压阀释放压力的能力不能满足设定工作压力的控制时，安全阀在锅内高压水平下开启，辅助降压阀泄压，同时报警阀开启啸叫以提示减小火力，防止压力过大致使高压锅爆炸。一般情况下，只要控制好火力，高压锅通过其压力调节装置可实现压力水平的自动调节，因此是一种典型的自动控制系统。在自动控制理论发展过程中，高压锅作为一个压力控制系统，是一个非常典型的应用案例。

18 世纪 60 年代，资本主义生产完成了从工场手工业向机器大工业的过渡，开启了一场以机器取代人力、以大规模工厂化生产取代个体工场手工生产的革命运动，即工业革命。其中，蒸汽机的发明为工业革命机器提供了源动力，机器转速的控制成为驾驭机器的基本能力。英国科学家詹姆斯·瓦特（James Watt）（图 1.5）于 1788 年给蒸汽机添加了一个"节流"控制器，即节流阀。它由一个金属球调节装置操纵，用于调节蒸汽流，以便确保引擎工作时速度大致均匀。瓦特对于调节器没有进行理论分析，只是通过实践完成相应设计工作，但这是当时反馈调节器最成功的应用。瓦特发明的离心调速器（图 1.6）使得人们可以任意设定蒸汽机的转速，终于使蒸汽机得到广泛的应用，这极大地推进了工业大生产的进程。

图 1.5 詹姆斯·瓦特（1736—1819）

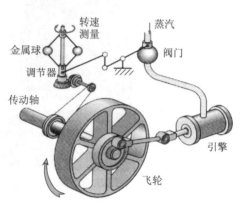

图 1.6 瓦特发明的离心调速器示意图

思考：瓦特发明的离心调速器如何达到控制设定转速的目的？

19 世纪中叶以前，自动控制装置和系统的设计还仅仅是出于生产实践的需求，没有系统的理论指导，因此控制系统的各项性能，如系统运行状态的稳定性、控制指标的准确性、响应过程的快速性（简称"稳、准、快"）等在协调方面经常出现问题。为了解决这些问题，19 世纪后半叶，许多科学家开始利用数学理论开展自动控制理论的研究，这对控制系统性能改善产生了积极的影响。

1868 年，詹姆斯·克拉克·麦克斯韦（James Clerk Maxwell）（图 1.7）发表了著名的关于调节器的论文——《论调节器》，分析了蒸汽机自动调速器和钟表机构的运动稳定性问题，对反馈理论进行了深入的研究。同年，法国工程师发明了反馈调节器。

麦克斯韦，英国物理学家、数学家，经典电动力学的创始人，统计物理学的奠基人之一。其 1873 年出版的《论电和磁》，也被尊为继牛顿《自然哲学的数学原理》之后的一部最重要的物理学经典。麦克斯韦被普遍认为是对 20 世纪最有影响力的 19 世纪物理学家。科学史上，称牛顿把天上和地上的运动规律统一起来，是实现第一次大综合；麦克斯韦把电、光统一起来，是实现第二次大综合。

图 1.7 詹姆斯·克拉克·麦克斯韦（1831—1879）

1877 年，爱华德·约翰·劳斯（Edward John Routh）提出了不求系统微分方程根的稳定性判据。1895 年，瑞士数学家阿道夫·赫尔维茨（Adolf Hurwitz）在不了解劳斯工作的情况下，独立给出了根据多项式系数决定其方程根是否都具有负实部的另一种方法。由于两者的稳定性判断条件在本质上一致，其相应的判据也被称之为"劳斯 – 赫尔维茨判据"（Routh – Hurwitz criteria）。

1920 年前后，反馈理论被广泛地应用于电子放大器中，使得信号传输的稳定性和抗干扰能力有了较大的改善。美国出现了 PID（比例 – 积分 – 微分）调节器，并应用到化工和炼油过程，较好地改善了控制过程稳、准、快的协调问题。1922 年，俄裔美国科学家尼古拉斯·米诺斯基（Nicolas Minorsky）研制出了用于美军船舶驾驶的伺服结构，首次提出了经典的 PID 控制方法，对三种作用给出了公式描述。1932 年，美国物理学家哈里·奈奎斯特（Harry Nyquist）发现负反馈放大器的稳定性条件，即著名的奈奎斯特判据（Nyquist criterion），可用于各种线性反馈系统的设计。这是一种根据系统的开环频率响应确定闭环系统稳定性的方法。

1.1.2 经典控制理论发展阶段（1935—1950 年）

1934 年，奈奎斯特加入了美国贝尔实验室（Bell Laboratories）。当年，哈尔德·布莱克（Harold Black）关于负反馈放大器的论文参考了奈奎斯特的论文和他的稳定性判据。这一时期，贝尔实验室的另一位理论专家，亨德里克·韦德·波德（Hendrik Wade Bode）也和一些数学家开始对负反馈放大器的设计问题进行研究。他在 1940 年提出了半对数坐标系，使频率特性的绘制工作更加适用于工程设计。1945 年，波德在《网络分析和反馈放大器设计》（*Network Analysis and Feedback Amplifier Design*）中提出了频率响应分析方法，即简便实用的频域方法——"波德图"（Bode plots）法。1942 年，美国学者赫伯特·哈里斯（Herbert Harris）引入传递函数的概念，用结构图、环节、输入和输出等信息传输的概念来描述系统的性能和关系。这样就把原来由研究反馈放大器稳定性而建立起来的频率法更加抽象化了，因而也更有普遍意义。采用传递函数可以把对具体物理系统，如力学、电学等的描述，统一用传递函数、频率响应等抽象的概念来研究。此外，美国电信工程师沃尔特·理查德·伊万思（Walter Richard Evans）在 1948 年、1950 年分别发表论文 *Graphical Analysis of Control Systems* 和 *Control System Synthesis by Root Locus Method*，基本上建立起根轨迹法的完整理论。根轨迹法一提出即受到人们的广泛重视，1954 年，钱学森即在他的名著《工程控制论》中专用两节介绍这一方法，并将其称为 Evans 方法。根轨迹法是一种近似图解的方法，通过分析系统方程特征根在平面内的改变趋势以判断控制系统的性能，该方法简单、直接，易于理解。该方法与时域分析法、频域分析法统称为经典控制理论的三大分析校正方法。

此外，19 世纪中上叶，有两大事件加速了经典控制理论的发展。第一件大事是长途电话革命。长途电话革命的标志性事件包括：1906 年，发明真空三极管，为克服长途电话通信信号衰减提供了可能；1915 年，纽约到旧金山横跨美洲大陆的 4 000 多千米的试验通话线建成；1928 年，贝尔实验室的布莱克发明反馈放大器并投入应用，高性能长途通话成为现实；1932 年，贝尔实验室的奈奎斯特提出反馈放大器稳定性判据，发展了经典控制理论中的频域分析法。第二件大事是第二次世界大战期间的武器发展。第二次世界大战期间，为了在大规模战争中获得胜利，依托当时的工业技术，各方对武器系统的自动化和有效杀伤力等都提出了更高的要求。在高射炮、炸弹瞄准器、舰船、航空、机械等领域，相继设计制造了一大批高精度的自动控制系统，这在客观上使相应的控制科学与技术得到极大进展。

1948 年，美国数学家诺伯特·维纳（Norbert Wiener）（图 1.8）的《控制论》（*Cybernetics*）一书的出版，标志着控制论的正式诞生。维纳把这本书的副标题取为"关于在动物和机器中控制与通信的科学"，为控制论在当时研究状况下提供了一个科学的定义。在这本著作中，维纳抓住了一切通信和控制系统都包含信息传输和信息处理的过程的共同特点，确认了信息和反馈在控制论中的基础性。该书指出一个通信系统总能根据人们的需要传输各种不同的思想内容信息，一个自动控制系统必须根据周围环境的变化自行调整自己的运动；同时，指明了控制论研究上的统计属性，即指出通信和控制系统接收的信息带有某种随机性质并满足一定统计分布，通信和控制系统本身的结构也必须适应这种统计性质，能对一类统计上的输入产生统计上令人满意的动作。

图 1.8　诺伯特·维纳（1894—1964）

控制论的建立是 20 世纪的伟大科学成就之一，现代社会的许多新概念和新技术几乎都与控制论有着密切关系。控制论的应用范围覆盖了工程、生物、经济、社会、人口等领域，成为研究各类系统中共同运行规律的一门科学。

维纳在其 50 年的科学生涯中，先后涉足哲学、数学、物理学和工程学，最后转向生物学，在各个领域都取得了丰硕成果，称得上是恩格斯颂扬过的、20 世纪多才多艺和学识渊博的科学巨人。他一生发表论文 240 多篇、著作 14 本，还有两本自传《昔日神童》和《我是一个数学家》。

经典控制理论的创立，针对研究单机自动化，重点解决单输入单输出（single input single output，SISO）系统的控制问题。它的主要数学工具是微分方程、拉普拉斯（Laplace）变换（以下简称"拉氏变换"）和传递函数等；主要研究方法是时域分析法、频域分析法和根轨迹法；主要解决控制系统的稳定性、准确性、快速性及其间的协调问题。

1.1.3　现代控制理论发展阶段（1950 年至今）

现代控制理论是在 20 世纪 50 年代中期迅速兴起的空间技术的推动下发展起来的。空间技术的发展迫切要求建立新的控制原理，以解决诸如用最少燃料或最短时间准确地发射到预定轨道一类的控制问题。这类控制问题采用经典控制理论难以解决。

现代控制理论是针对解决机组自动化和多输入多输出（multiinput multioutput，MIMO）系统的控制问题而产生的理论系统。它的主要数学工具是微分方程组、矩阵论、状态空间法等；主要研究最优控制、随机控制、自适应控制和多层递阶控制等领域；核心控制装置是计算机。

现代控制理论在发展中也有一些重要的事件。

1958 年，苏联（俄罗斯）数学家列夫·庞特里亚金（Лев Семёнович Понтрягин）提出了名为"极大值原理"的综合控制系统的新方法。在这之前，美国数学家理查德·贝尔曼（Richard Bellman）于 1954 年创立了动态规划，并在 1956 年将其应用于控制过程。他们的研究成果解决了空间技术中出现的复杂控制问题，并开拓了最优控制理论这一新的领域。

1960—1961 年，美国学者鲁道夫·卡尔曼（Rudolf Kalman）和理查德·布什（Richard Bucy）建立了卡尔曼 - 布什滤波理论，有效地克服了控制中随机噪声的影响，扩大了控制理论的研究范围，包括了更为复杂的控制问题。同一时期内，贝尔曼、卡尔曼等人把状态空间法系统地引入控制理论中。状态空间法对揭示和认识控制系统的许多重要特性有关键的作用。

到 20 世纪 60 年代初，一套以状态空间法、极大值原理、动态规划、卡尔曼 - 布什滤波为基础的分析和设计控制系统的新的原理与方法已经确立，这标志着现代控制理论的形成。

20 世纪 70 年代，为适应生产过程应用的需要，促使现代控制理论的实用化、实时化和智能化，形成了一系列新分支，如"自适应控制""预测控制""学习控制""智能控制"等。

20 世纪 80 年代，为适应研究"计算机集成制造系统""机场交通调度系统""军事上的 C3I 系统"（communication，command，control and intelligence systems）等复杂人工系统的需要，发展了"离散事件动态系统""混合动态系统"等。

自 20 世纪 90 年代以来，随着计算机技术和空间技术的飞速发展，现代控制理论体现出一些新的特征，但本质上仍然是处理非线性控制问题，概括主要方面如下。

第一，极端环境下的系统控制问题。在航空、航天、深海等领域进行探索的过程中，除了要解决传统意义上的控制问题，其控制还与系统设计、材料、环境、工况等因素密切相关。在很多情况下，需要采用多种控制方法实现控制目标，这需要依托强大的数据获取、数据处理、快速决策、快速协调等能力。

第二，抽象系统的控制问题。随着系统变得越来越复杂，控制系统的描述变得抽象，很多情况下无法用数学模型来描述系统特性，如场景识别、自然语言的机器学习等。人们只能从复杂的系统收集数据来研究其运行规律。在这种情况下，将机器学习和控制理论方法相结合，采用数据驱动方法，可以提出一些有效的解决方案。

第三，网络化的分布式控制问题。随着互联网技术的大量应用，网络电力系统、生物生态系统、物联网系统等的控制方案需要解决大量计算和解耦工作，如何分析和解决这类系统的控制问题是一个新的挑战领域。

第四，人机协同中的控制问题。针对更加复杂控制目标的实现，人机协同（又称共享自治/人在回路等）是未来控制理论的重要发展趋势。其典型的应用是在无人驾驶（如智能交通）、人意识控制机器系统（如智能人工器官、脑机接口）等领域发展新的控制理论和方法。

1.2 自动控制理论知识框架

1.1 节中，我们梳理了自动控制理论的发展历史，同学们对于自动控制理论发展过程中的一些重要事件有所了解，也对自动控制理论的内容有了初步认识。在这一节，重点概述自动控制理论知识框架，让大家对经典控制理论和现代控制理论有更深入、全面的了解。本书重点讲授经典控制理论中的线性系统理论部分，即时域分析法、频域分析法和根轨迹法。对于其他知识，将集中在本节进行介绍，大家进行概念层次的理解即可。

自动控制理论的知识框架结构如图 1.9 所示。

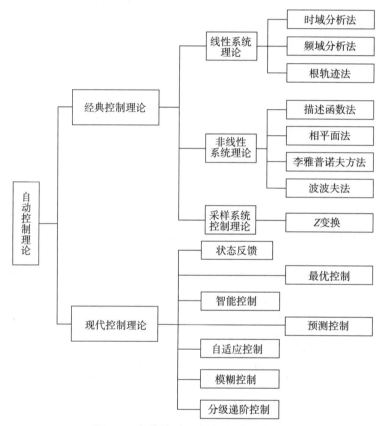

图 1.9 自动控制理论的知识框架结构

下面就相应的知识结构一一做介绍。

1.2.1 经典控制理论—线性系统理论—时域分析法

时域分析是指控制系统在一定的输入下，根据输出量的时域表达式，分析系统的稳定性、准确性和快速性等特征。由于是一种直接在时域中对系统进行分析的方法，因此时域分析具有直观和准确的优点。输出量的时域表示可由微分方程得到，也可由传递函数得到。

1.2.2　经典控制理论—线性系统理论—频域分析法

频域分析法是研究控制系统的一种经典方法，是在频域范围内应用图解分析法评价系统性能的一种工程方法。频率特性可以由微分方程或传递函数求得，还可以用实验方法测定。频域分析法不必直接求解系统的微分方程，可以间接地揭示系统的时域性能，能方便地显示出系统参数对系统性能的影响，并进一步指明如何设计校正控制系统。

1.2.3　经典控制理论—线性系统理论—根轨迹法

1948 年，伊万思根据反馈系统中开环、闭环传递函数间的内在联系，提出了求解闭环特征方程根的比较简易的图解方法，这种方法称为根轨迹法。这一方法不直接求解特征方程，用作图的方法表示特征方程的根与系统某一参数的全部数值关系，当这一参数取特定值时，对应的特征根可在上述关系图找到。利用系统的根轨迹可以分析结构和参数已知的闭环系统的稳定性与瞬态响应特性，还可分析参数变化对系统性能的影响。

1.2.4　经典控制理论—非线性系统理论—描述函数法

描述函数法是从频域的角度研究非线性控制系统稳定性的一种等效线性化方法。该方法将输入正弦函数表示为 $x(t) = X\sin(\omega t)$，同时把输出周期函数 $y(t)$ 展开成傅里叶级数。在此基础上，其非线性元件的描述函数规定为：由输出的一次谐波分量对输入正弦函数的振幅之比为模和它们的相位之差为相角组成的一个复函数，该复函数的主要用途是分析非线性控制系统的稳定性，特别是预测系统的自激振荡。

1.2.5　经典控制理论—非线性系统理论—相平面法

相平面法是法国数学家亨利·庞加莱（Henri Poincaré）于 1885 年首先提出来的，它是求解一阶、二阶线性系统的一种图解法，可以用来分析系统的稳定性、平衡位置、时间响应、稳态精度以及初始条件和参数对系统运动的影响。相平面法中系统的运动被视为质点运动，x、$\dot{x}$ 可视为质点的运动位置和运动速度，分别作为相平面的横、纵轴变量，根据相轨迹族（图 1.10）能明显地看出系统的各种全局性质。例如，运动类型，稳定性，极限环和奇点（系统的静平衡点）的位置、数目和类型等。

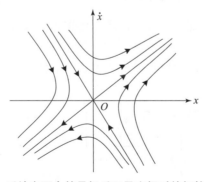

图 1.10　系统有两个符号相反互异实根时的相轨迹示意图

1.2.6 经典控制理论—非线性系统理论—李雅普诺夫方法

李雅普诺夫方法（Lyapunov method）是指俄国数学家、力学家 A. M. 李雅普诺大（АлександрМихáйловичЛяпунóв）建立的判断系统稳定性的两种方法。李雅普诺夫第一方法又称间接法，它是通过系统状态方程的解来判断系统的稳定性。如果其解随时间而收敛，则系统稳定；如果其解随时间而发散，则系统不稳定。李雅普诺夫第二方法可用于任意阶的系统，运用这一方法不必求解系统状态方程而直接判定稳定性，而是通过定义一个李雅普诺夫函数 $V(x)$ 并结合 $V(x)$ 对时间 t 的一阶导数的符号来判定系统的稳定性。对非线性系统和时变系统，状态方程的求解常常是很困难的，因此李雅普诺夫第二方法就显示出更强的优越性，在工程实际中获得了更广泛的应用。

1.2.7 经典控制理论—非线性系统理论—波波夫法

波波夫法与李雅普诺夫第二方法都是通过构造辅助函数来判定系统的稳定性，只是前者是在频域中构造函数，后者是在时域中构造函数，因此两者在实质上是一致的。

1.2.8 经典控制理论—采样系统控制理论—Z 变换

Z 变换（Z – transformation）是对离散序列进行的一种数学变换（图 1.11），常用以求线性时不变差分方程的解。它在离散时间系统中的地位，如同拉氏变换在连续时间系统中的地位。这一方法是分析线性时不变离散时间系统的重要工具。

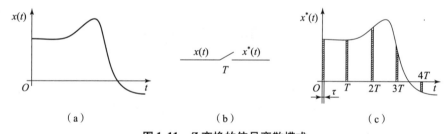

图 1.11　Z 变换的信号离散模式

（a）连续信号；（b）采样器；（c）脉冲序列信号

1.2.9 现代控制理论—状态反馈

状态反馈是指系统的状态变量通过比例环节传送到输入端的反馈方式（图 1.12）。状态反馈是体现现代控制理论特色的一种控制方式。状态变量能够全面地反映系统的内部特性，因此状态反馈比传统的输出反馈能更有效地改善系统的性能。

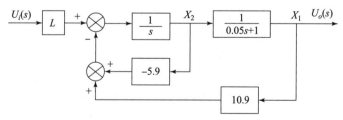

图 1.12　状态反馈结构图

1.2.10　现代控制理论—最优控制

最优控制是现代控制理论的核心，它研究的主要问题是：在满足一定约束条件下，寻求最优控制策略，使得性能指标取极大值或极小值。使控制系统的性能指标实现最优化的基本条件和综合方法可概括为：对一个受控的动力学系统或运动过程，从一类允许的控制方案中找出一个最优的控制方案，使系统的运动在由某个初始状态转移到指定的目标状态的同时，其性能指标值为最优。最优控制已被应用于综合和设计最速控制系统、最省燃料控制系统、最小能耗控制系统、线性调节器等。

1.2.11　现代控制理论—智能控制

智能控制是近年来将人工智能方法引入控制理论领域形成的一种新型的控制技术，目前有多种侧重不相同的定义，概括如下。

定义一：智能控制是由智能机器自主地实现其目标的过程。而智能机器则定义为，在结构化或非结构化的、熟悉或陌生的环境中，自主或与人交互地执行人类规定任务的一种机器。

定义二：瑞典自动控制专家奥斯托罗姆（K. J. Astrom）则认为，把人类具有的直觉推理和试凑法等智能加以形式化或机器模拟，并用于控制系统的分析与设计中，以期在一定程度上实现控制系统的智能化，这就是智能控制。他还认为自调节控制、自适应控制就是智能控制的低级体现。

定义三：智能控制是一类无须人的干预就能够自主地驱动智能机器实现其目标的自动控制，也是用计算机模拟人类智能的一个重要领域。

定义四：智能控制主要研究与模拟人类智能活动及其控制与信息传递过程的规律，是研制具有仿人智能的工程控制与信息处理系统的一个新兴分支学科。

综合以上定义，它们的共同特征是强调自动控制的自主性，其控制策略的生成或选择更接近于人类的智能活动。

1.2.12　现代控制理论—预测控制

预测控制是使用过程模型来控制对象未来行为的一种系统控制技术。预测控制的主要环节是预测模型、滚动优化和反馈校正，结构如图 1.13 所示。预测模型根据被控对象的历史信息和未来输入预测系统未来响应。滚动优化在线反复进行，通过使某一性能指标极小化，以确定未来的控制作用。反馈校正是每到一个新的采样时刻，通过实际测到的输出信息对基

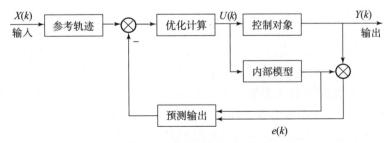

图 1.13　预测控制系统结构

于模型的预测输出进行修正，然后再进行新的优化。这样不断优化、不断修正，构成闭环优化。

1.2.13　现代控制理论—自适应控制

自适应控制中，其控制器可修正自己的特性以适应对象和扰动的动态变化。自适应控制的研究对象是具有一定程度不确定性的系统，如被控对象数学模型不完全确定的情况，其中也包含一些环境干扰因素和随机因素。任何一个实际系统都具有不同程度的不确定性，面对这些客观存在的不确定性，如何设计适当的控制作用，使得某一指定的性能指标达到并保持最优或者近似最优，这就是自适应控制所要研究解决的问题。自适应控制在现实中有许多例子，如电子平衡车的控制、飞行器的姿态控制等。

1.2.14　现代控制理论—模糊控制

模糊控制是一种利用模糊数学理论的控制方法。对于复杂的系统，由于变量太多，往往难以用其中特定的状态描述系统，这意味着传统的控制理论对于存在状态特征叠加的对象难以进行准确描述。这种情况下，模糊数学理论可用来处理相应控制问题。模糊控制是以模糊集合论、模糊语言变量和模糊逻辑推理为基础的一种计算机数字控制技术，其本质上是一种非线性控制，属于智能控制的范畴。模糊控制近年来得到了较多的应用，如在家用电器设备中有模糊洗衣机、空调等；在工业控制领域有水净化处理、发酵过程、化学反应釜等；在专用系统和其他方面有汽车驾驶、机器人等的模糊控制。

1.2.15　现代控制理论—分级递阶控制

分级递阶控制是在传统控制理论的基础上，从工程控制论的角度总结人工智能与自适应、自学习和自组织控制的关系后逐渐形成的，也是智能控制的最早理论之一。在分级递阶控制中，各子系统的控制作用是按照一定的优先级和从属关系安排的决策单元实现的。同级的各决策单元可同时平行工作和对下级施加作用并受上级控制，子系统间通过上级互相交换信息。

1.3　自动控制的基本结构模式

1.3.1　自动控制的概念

控制：在《现代汉语词典》中，控制的含义为：掌握住不使任意活动或越出范围。控制的本意为：为了达到某种目的对事物进行支配、管束、管制、管理、监督、镇压。因此，控制是一种有目标的主动行为。

自动控制：引用《辞书》定义：自动控制即为使机械按照目标自动进行之控制，亦即依照所希望的目标值，输入相当的命令信号到控制器，借以调整控制对象的输出量，包括位置、角度、压力、流量、温度及电压等。而其在一般意义下的通俗定义为：在没有人直接参与的情况下，利用外加的设备或装置（称控制装置或控制器），使机器、设备或生产过程（被控对象）的某个工作状态或参数（即被控量）自动地按照预定的规律运行。

自动控制系统：是由控制装置和被控对象所组成，它们以某种相互依赖的方式组合成为一个有机整体，并对被控对象进行自动控制。

1.3.2 自动控制的基本方式

自动控制方式根据结构的差异通常可以分为开环控制、闭环控制和复合控制三种。

1. 开环控制

开环控制是指输出量与输入量之间没有反向联系，只靠输入量对输出量单向控制的控制方式。开环控制结构如图 1.14 所示。

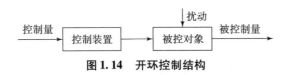

图 1.14 开环控制结构

由于开环控制作用是由输入信号直接向前输送完成控制目标，因此开环控制也称为前馈控制。以直流电机转速控制系统的控制方式为例，如图 1.15 所示。

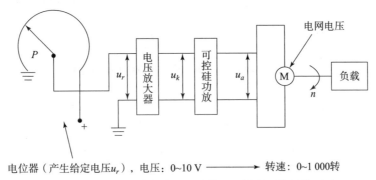

图 1.15 直流电机转速控制系统的开环控制系统结构（1）

根据图 1.15 所示的系统结构，可以采用图 1.16 的结构来描述系统的信号传输及控制实施过程。

图 1.16 直流电机转速控制系统的开环控制系统结构（2）

在开环调速系统中，如果没有任何扰动，电机将按期望的速度运行；但当有扰动时，如负载的变化、电网电压的变化或者其他参数的变化，这些扰动就要影响到电机转速，使它偏离期望值。这时如没有人去调节，电机就不能自动回到期望值。因此，开环系统虽然结构简单，但不能实时对控制误差进行自动监控和调整，抗干扰能力差，控制精度得不到保障。

根据以上描述，相对于闭环控制方式，比较容易总结出开环控制系统的优缺点：其优点为信号单向传递、结构简单、调试方便；其缺点在于不能实时对控制误差进行自动监控和调整，抗干扰能力差，控制精度得不到保障。

2. 闭环控制

闭环控制是指输出量与输入量之间有反向联系，靠输入量与主反馈信号之间的偏差对输出量进行控制的控制方式。闭环控制的核心概念是"反馈"，反馈的作用是把系统输出量全部或一部分回送到输入端，以增强或减弱输入信号的效应。

仍然以直流电机转速控制系统的控制方式为例，相应的闭环控制系统结构如图 1.17 所示。

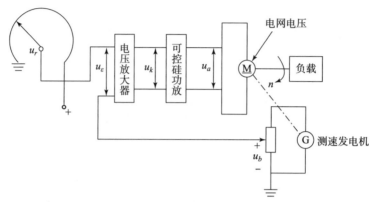

图 1.17　直流电机转速控制系统的闭环控制系统结构（1）

与图 1.15 的开环控制系统相比，图 1.17 多了一个测速发电机和一个电位器反馈装置。测速发电机可以将负载马达转速信号转化为电信号，从而建立马达转速与输出电信号之间的定量关系，最终达到通过检测测速发电机输出电压进而确定负载马达转速的目的。将测速发电机的电压输出信号进行处理后，反馈到输入端，即可实现额定转速的稳定控制。相应的控制系统结构如图 1.18 所示。

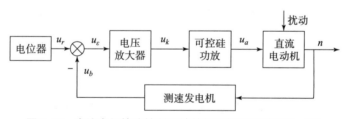

图 1.18　直流电机转速控制系统的闭环控制系统结构（2）

与开环控制方式相比，闭环控制也存在明显的优缺点：优点在于系统具有自动纠正偏差的能力、抗扰性好、控制精度高；缺点在于元件更多、成本更高，信号传输及结构相对复杂。然而闭环控制在处理控制问题上的应用面是远超开环控制的。在大多数情况下，为了实现稳定的控制，我们不得不对控制的结果进行监控和调整，因此闭环控制方式是不可避免的。

比如路灯开启和关闭的自动控制。如果采用定时开关的方式开启或关闭路灯，那么这种控制方式就是开环控制；如果用光敏元件对环境亮度进行监测和反馈，那么路灯的开启和关闭就可以随着环境亮度的改变自动调节，这样的控制方式则属于典型的闭环控制。显然，后者更符合人们的实际需求。

3. 复合控制

简单来说，复合控制就是反馈控制与前馈控制相结合的控制方法。在自动控制系统中，如果在系统的反馈控制回路中加入前馈通路，就组成一个前馈控制和反馈控制相组合的系统。其中前馈系统负责对闭环系统中某些环节进行控制补偿，只要补偿参数选择得当，不但可以保持系统稳定，还可以极大地减小乃至消除稳态误差，并抑制可量测的扰动。这样兼具反馈和前馈通路的系统称为复合控制系统，相应的控制方式则称为复合控制。根据补偿对象的不同，可将复合控制方式分为两种：按给定补偿的复合控制方式和按扰动补偿的复合控制方式。

按给定补偿的复合控制方式是为了提高控制系统的响应速度，将系统给定经过一个顺馈补偿装置，并将产生的补偿量叠加到系统的控制量上。如图 1.19 所示，由于补偿装置 $G_r(s)$ 的存在，相当于在系统中增加了一个输入信号 $G_r(s)R(s)$ 直接作用在被动对象 $G_2(s)$ 上。显然只要 $G_r(s)$ 参数选择得当，就可以改善原来的控制效果。

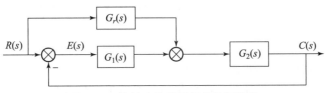

图 1.19　按给定补偿的复合控制结构

如果系统的误差主要由某一处加干扰信号引起，并且该干扰是直接或间接可测的，那么就可以采用扰动信号为输入，设计顺馈补偿装置，以消除干扰对系统造成的影响。这样的控制方式称为按扰动补偿的复合控制，相应的系统结构如图 1.20 所示。

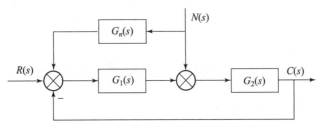

图 1.20　按扰动补偿的复合控制结构

1.3.3　自动控制系统中的基本术语

在自动控制理论的学习过程中，通常需要对控制系统的典型结构、环节或是信号进行描述，涉及一些基本的术语。下面结合一个典型的闭环控制系统结构图（图 1.21）来逐一介绍。

（1）被控对象：它是控制系统所控制和操纵的对象，被控对象接受控制量并输出被控量。例如，在水箱液位控制系统中，被控对象是水箱。

（2）被控量：也称为输出量，是指被控对象输出的物理量或状态，它是系统的输出信号，也是反馈通道的输入信号。比如在液位控制系统中，液位就是被控量；在温度控制系统

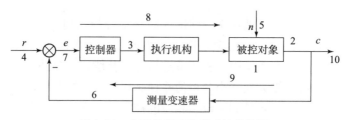

图 1.21　典型的闭环控制系统结构图
1—被控对象；2—被控量；3—控制量；4—给定量；5—干扰量；
6—反馈量；7—偏差量；8—前向通道；9—反向通道；10—输出量

中，温度就是被控量。

（3）控制量：控制量是控制器输出的物理量，作用于执行机构，直接影响被控量的输出。比如在电加热温度控制系统中，控制量是热电阻丝两端的电压。

（4）给定量：也称为参考输入或输入量，是人为设定的参考量。比如液位控制系统中人们设定的期望液位值。

（5）干扰量：除给定值外，对系统的输出有影响的其他输入形式。比如在恒温大棚温控系统中，棚外气温值就是一种干扰量。

（6）反馈量：将系统（或环节）的输出信号经变换、处理后送到系统（或环节）的输入端的量，称为反馈量。若此信号是从系统输出端取出送入系统输入端，称为主反馈量，其他称为局部反馈量。

（7）偏差量：控制输入信号（给定量）与主反馈信号（反馈量）的差值。

（8）前向通道：也称为正向通道，是指信号从输入端到输出端经过的通道。

（9）反向通道：也称为反馈通道，是信号从输出端传回主反馈口所经过的通道。

（10）输出量：也是被控量，是与给定量性质相同的实际输出指标。

1.4　自动控制系统的分类与性能指标

1.4.1　自动控制系统的分类

随着生产规模的扩大和生产能力的不断提高，以及自动化技术和理论的发展，自动化系统的结构日益复杂，种类也日趋增多。基于不同的依据，自动控制系统也可以分为不同的种类，这里主要介绍其中比较重要的几种分类。

1. 按系统的结构分类

按系统的结构，自动控制系统可以分为开环控制系统、闭环控制系统及复合控制系统。其相关概念在前面已经详细叙述过，此处不赘述。

2. 按描述系统运动的微分方程分类

按描述系统运动的微分方程可将系统分成两类。

（1）线性控制系统：若描述系统运动的微分方程是线性微分方程，则对应系统为线性控制系统。线性控制系统的特点是可以应用叠加原理，因此数学上较容易处理。此外，如方程的系数为常数，则称为线性定常系统；如系数不是常数而是时间 t 的函数，则称为线性时变系统。

（2）非线性控制系统：描述系统运动的微分方程是非线性微分方程。非线性控制系统一般不能应用叠加原理，因此数学上处理比较困难，至今尚没有通用的处理方法。

严格地说，在实践中，理想的线性系统是不存在的，但是如果对于所研究的问题，非线性的影响不是很严重，则可近似地看成线性系统。同样，实际上理想的定常系统也是不存在的，但如果系数变化比较缓慢，且变化幅度不明显影响系统的响应特性，也可以近似地看成是定常系统。

3. 按系统中传递信号的性质分类

（1）连续系统：连续系统中传递的信号都是时间的连续函数，通常可以采用微分方程建立其数学模型。

（2）离散系统：若系统中至少有一处所传递的信号是时间的离散信号，则称为离散系统，或称作采样系统。对于离散系统，通常可以采用差分方程建立其数学模型。例如，对于一个计算机控制的温控系统，虽然温度本身是一个连续变量，但经过 A/D 转换成二进制码送入计算机后，计算机得到的温度信号实际上是一个在时间上离散的变量。

4. 按控制信号 $r(t)$ 的变化规律分类

（1）定值控制系统：$r(t)$ 为恒值的系统称为定值控制系统。该类系统的任务为：在各种扰动作用下都能使输出量保持在恒定希望值附近，如恒温、定水位、恒压控制系统等。

（2）程序控制系统：$r(t)$ 为事先给定的时间函数的系统称为程序控制系统。该类系统的任务为：使输出量按预先给定的程序指令而动作，最典型的就是数控车床和机器人控制系统。

（3）随动系统：$r(t)$ 为事先未知的时间函数的系统称为随动系统，或跟踪系统，或伺服系统，这种控制系统的输入量是事先未知的任意时间函数。该类系统的任务为：使输出量迅速而准确地跟随输入量的变化而变化。比如，飞机和舰船的操舵系统，雷达自动跟踪系统。

1.4.2 自动控制系统的性能指标

输入信号和扰动信号都是系统典型的外作用。我们在完成控制任务时，希望系统只受输入信号的控制，并希望控制目标的实现不受扰动的影响。为了降低问题的复杂度，有时可以只研究在输入信号作用下，其输出结果改变的规律，相应的控制系统结构如图 1.22 所示。

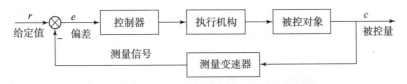

图 1.22 去除扰动变量的闭环控制系统结构

基于图 1.22 描述的系统，当输入信号突然发生跳变时，由于系统各环节对输入的响应存在不同程度的延迟，此时输出量还处在原有的平衡状态，这样就出现了偏差。将这个偏差逐渐减小至消除，需要一个过程，该过程被称为"调节过程"。一个调节过程可以分为两个阶段：第一阶段称为过渡过程，这是输出量处于相对剧烈变化的过程，反映了系统的动态特性；第二阶段称为稳态过程，此时输出量稳定在新的平衡状态，反映系统的稳态特性。

　　为了研究一个系统对输入信号的响应特性，我们通常要给定系统的外作用，为了研究控制系统对不同信号的响应规律，理论上需要选择多种外作用进行研究和测试。但这样明显增加了研究的工作量，客观上需要我们选择最具有代表性的外作用，使研究过程得以简化。这样的外作用需要满足三个基本的条件：①在现场及实验中容易产生；②系统在工程中经常遇到，并且是最不利的外作用；③数学表达式简单，便于理论分析。通过比较常见的脉冲输入、阶跃输入、斜坡输入、正弦输入等，可知阶跃输入是变化最剧烈、对系统最不利的外作用。第一，如果系统在阶跃函数作用下能满足自动控制任务，那么系统在其他缓慢变化的外作用下就更能满足要求。第二，阶跃信号本身属于一个开关信号，在工程中常见；其变化速度最快，也最容易引起元器件的损坏。第三，阶跃信号的数学表达式仅为两个常数的分段函数，形式上十分简单。基于以上原因，人们常选用阶跃函数作为典型输入来研究系统的性能。

　　在阶跃信号输入下，系统响应的某些特征值或性能指标，可用于统一评价系统的性能。针对系统调节过程而言，我们希望实际的调节过程尽可能接近于理想的调节过程。这种要求在工程上把它归结为稳定性、准确性和快速性三个方面的指标。

　　思考：若将稳定性、准确性和快速性三者的重要性相比较，我们会得出怎样的结论？

　　稳定性：就是指系统重新恢复平稳状态的能力，即过渡过程的收敛情况。系统稳定是系统正常工作的首要条件。

　　观察图 1.23 所描述的 4 种情况，哪几种情况是稳定的？为什么？

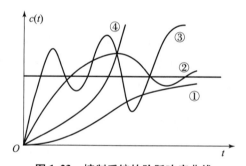

图 1.23　控制系统的阶跃响应曲线

　　准确性：指过渡过程结束，也就是进入稳态过程后，希望的输出量与实际输出量之间的差值，称稳态误差，它是衡量系统稳态精度的重要指标。稳态误差越小说明准确性越好。准确性反映了系统控制达到目标的优劣程度，其重要性仅次于稳定性。

　　快速性：指过渡过程持续的时间长短。动态过程持续时间长，说明系统反应迟钝，难以复现快速变化的指令信号，如图 1.23 中曲线①所示。快速性反映了控制达到目标的效率。在确保系统稳定性和准确性满足要求前提下，提高快速性可以得到更优的系统性能。

　　然而，同一系统这三方面的性能是相互制约的。提高了系统的稳态精度，可能使动态性能变坏；快速性的改善可能会引起系统的强烈振荡；平稳性好的系统又可能很迟缓。分析和解决这些矛盾，并提出具有兼顾性的方案，是本课程的重要内容之一。

1.5　关于自动控制理论的学习

自动控制理论这门课，在机械、电子、物化及工程学等学科是十分重要的课程，也是大学工科中的常见课程。本课程通常不针对具体的专业学科，其模型、系统均具有普适性，数学、电子、物理、机械、化工等知识均是该课程的重要基础。因此该课程需要的先修知识相对较多，属于理论性较强的知识型、应用型课程。在展开学习自动控制理论课程之前，有三个方面需要大家首先了解。

1.5.1　课程的知识原理贴近生活、应用广泛

自动控制系统在我们身边随处可见。若将人体视为一台机器，其本身就是一个典型的自动控制系统。我们能顺利地生活和工作，与人体具有相适应的自动调控功能密不可分。而在具体生活中，我们熟知的高压锅、马桶、汽车、空调、电梯、飞机等都具有自动控制功能；科学和工程研究中的生物发酵系统、机器人系统、数控机床等也都离不开自动控制理论的作用；相对抽象的还包括金融市场系统、物流系统、交通系统、教育系统等，也可采用自动控制理论进行优化和调控。基于以上原因，自动控制理论可以作为多个专业的基础课。

1.5.2　解决问题思想的形成比学习知识更重要

自动控制理论是人类几千年来生活实践和科学发展的共同结晶，也是采用科学理论探索系统规律的重要典范。本课程的知识和方法，是采用数学方法和几何原理等共同解决系统控制问题的高度概括。通过本课程的学习，同学们会掌握一些常见的自动控制知识和方法，然而，这些知识和方法未必能较好地解决如今现实中的某些控制问题。事实上，课堂所学的知识，虽然是成熟的，然而也是简化的，甚至是显得过时的。同学们要通过学习这些知识和方法开阔视野，学习解决问题的思路，进而泛化衍生成一种实践思想，用以解决现实中遇到的困难和问题，这比仅仅学习自动控制理论知识更重要。

1.5.3　怎样才能学好本门课程

本门课涉及广泛深入的数学、物理学及工程学知识。对于一些基础不是特别好的同学，学习本门课有一定的难度。但是，由于自动控制理论知识有较好的系统性和具体的方法论，并不十分抽象，因此，只要适当熟悉涉及的先修知识，并有针对性地学习、总结和练习，本门课程也不是十分难学。另外，学习的难度还与教师的教学方式有关。教师应尽力以浅显、通俗的方式将知识呈现给学生，宜加强课堂互动，有节奏地进行习题练习，使学生能有最大收获。同时，使用 MATLAB 进行本课程的辅助学习也是加强理解和提高学习效率的重要途径。

课 后 习 题

1-1　自动控制理论作为一门学科形成的标志是什么？

1-2　经典控制理论的快速发展时期是什么阶段？

1－3 什么是自动控制和自动控制系统？

1－4 经典控制理论的三大分析校正方法是什么？

1－5 评价一个控制系统的性能主要从哪几方面考虑？

1－6 按照补偿方式不同，复合控制系统主要分为哪两种？

1－7 自动控制系统能分成哪些类型？

1－8 开环控制与闭环控制各有何特点？

1－9 经典控制理论中，有哪些主要的非线性分析方法？

1－10 现代控制理论中，有哪些常见控制方法？

第 2 章

控制系统数学模型

本章学习要点

（1）复习巩固拉氏（反）变换知识。

（2）深入学习传递函数概念，掌握常见系统的传递函数求法。

（3）掌握方框图简化及求传递函数方法。

（4）掌握信号流图方法和根据梅逊增益公式求系统传递函数方法。

2.1 引　言

　　控制系统的分析和综合设计都离不开对系统运动的研究。要研究各种变量的运动，就必须把它们彼此相互作用的关系和规律以数学形式表示出来。描述系统输入输出变量以及系统内部各个变量之间关系的数学表达式统称为系统的数学模型。数学模型有动态和静态之分。描述系统各变量动态关系的表达式称为动态数学模型；在静态条件下（即变量的各阶导数为零），描述系统各变量之间关系的表达式称为静态数学模型。在工程实际中，无论是具体的机械、电气、热力系统，还是相对抽象的经济、生物、社会系统，虽然具有不同的物理属性，但却都具有相同的运动规律，即它们的动态行为都可以用相同的微分方程来描述。建立数学模型的方法可分为解析法和实验法。解析法即根据系统及元件各变量之间所遵循的物理、化学定律列写出变量间的数学表达式，并经实验验证。而实验法则是对系统或元件输入一定形式的信号（如阶跃信号、脉冲信号、正弦信号等），根据系统或元件的输出响应，经过数据处理而辨识出系统的数学模型。前者适用于简单、典型、通用、常见的系统。而后者适用于复杂、非常见的系统。在实际中，系统往往具有不同程度的非线性、时变性等特性，因而在具体分析时，需要忽略一些次要因素，进行可接受的简化。经简化后具有叠加性和齐次性的系统为线性系统。若考虑了非线性因素，则对应的系统为非线性系统。本章主要研究线性定常系统（定常，指系统参数具有时不变性），根据解决的问题、分析的方法不同，线性定常系统可以采用不同形式的数学模型。例如，微分方程、传递函数、差分方程、状态方程等。还有数学模型的图形表示，如结构图、信号流图、根轨迹、频率特性曲线等。本章研究系统的微分方程、传递函数和结构图、信号流图等。其他形式的数学模型将在后续的章节进行研究。

2.2 拉氏变换与反拉氏变换

对一个实变量函数做拉氏变换,并在复数域中做各种运算,再将运算结果做反拉氏变换来求得实数域中的相应结果,往往比直接在实数域中求出同样的结果在计算上容易得多。拉氏变换,就是用来简化计算而建立的实变量函数和复变量函数间的一种函数变换。反拉普拉斯变换(以下简称"反拉氏变换"),则是将复变函数回归到实变函数的一种变换。具体来说,对于难以直接求解的线性微分方程,通过拉氏变换将其转化为复数域的代数方程,再对其进行计算求解,进而得出解的复函数表达式,最后采用反拉氏变换将复函数形式的解转换为实函数形式,从实质上完成了微分方程的求解。概括而言,就是采用两次变换和一次代数计算,实现微分方程的求解。因此,可以将拉氏变换看作是一种求解线性微分方程的代数方法。

由于"复变函数与积分变换"通常作为自动控制理论课程的先修课程,因此,本节仅简要概述拉氏变换与反拉氏变换的知识要点。

2.2.1 拉氏变换及反拉氏变换的定义

设实函数 $f(t)$ 在 $t \geq 0$ 时有定义,且其积分 $\int_0^{+\infty} f(t) \cdot e^{-st} dt (s = \sigma + j\omega$ 为复变量)在域内收敛,那么此积分所确定的函数为

$$F(s) = \int_0^{+\infty} f(t) \cdot e^{-st} dt \tag{2.1}$$

式(2.1)称为 $f(t)$ 的拉氏变换式,简记为 $F(s) = L[f(t)]$。其中,$F(s)$ 称为 $f(t)$ 的象函数,而 $f(t)$ 称为 $F(s)$ 的原函数。由象函数 $F(s)$ 求原函数 $f(t)$ 的方法为

$$f(t) = \frac{1}{2\pi j} \int_{\sigma-j\infty}^{\sigma+j\infty} F(s) \cdot e^{st} ds \tag{2.2}$$

此称为反拉氏变换,简记为 $f(t) = L^{-1}[F(s)]$。

2.2.2 常见输入信号函数的拉氏变换

1. 单位脉冲函数

$$\delta(t) = \begin{cases} +\infty & t = 0 \\ 0 & t \neq 0 \end{cases} 且有 \int_{-\infty}^{+\infty} \delta(t) d(t) = 1 \tag{2.3}$$

该函数是一个在 $t = 0$ 时出现的理论幅值为 $+\infty$ 的瞬时跳跃信号特殊函数。其积分脉冲强度为 1,因此也称为单位脉冲函数。这样的函数在现实中并不存在,它是某些瞬时信号经数学抽象化的一种函数表达。单位脉冲函数的拉氏变换式为

$$L[\delta(t)] = \int_0^{+\infty} \delta(t) \cdot e^{-st} dt = 1 \tag{2.4}$$

2. 阶跃函数

$$f(t) = \begin{cases} A & t \geq 0 \\ 0 & t < 0 \end{cases} \tag{2.5}$$

当 $A = 1$ 时,称该阶跃函数为单位阶跃函数,用 $1(t)$ 表示。相应的拉氏变换为

$$L[1(t)] = \int_0^{+\infty} 1(t) \cdot e^{-st} dt = \frac{-1}{s} e^{-st} \Big|_0^{+\infty} = \frac{-1}{s}(0-1) = \frac{1}{s} \tag{2.6}$$

3. 斜坡函数

通常情况下，斜坡函数可视为阶跃函数的时间积分，在 $t = 0$ 时值为零，之后随着时间的推移，函数值线性增加。斜坡函数表达式为

$$f(t) = \begin{cases} At & t \geqslant 0 \\ 0 & t < 0 \end{cases} \tag{2.7}$$

相应的拉氏变换为

$$L[At] = \int_0^{+\infty} At e^{-st} dt = -\frac{At}{s} e^{-st} \Big|_0^{+\infty} + \int_0^{+\infty} \frac{A}{s} e^{-st} dt = \frac{A}{s^2} \tag{2.8}$$

4. 加速度函数

加速度函数可以视为斜坡函数的积分结果，其表达式为

$$f(t) = \begin{cases} \dfrac{1}{2} At^2 & t \geqslant 0 \\ 0 & t < 0 \end{cases} \tag{2.9}$$

相应的拉氏变换为

$$L\left[\frac{1}{2} At^2\right] = \int_0^{+\infty} \frac{1}{2} At^2 e^{-st} dt = \frac{A}{s}\left[\frac{t^2}{2} e^{-st} \Big|_0^{+\infty} + \int_0^{+\infty} t e^{-st} dt\right] = \frac{A}{s^3} \tag{2.10}$$

5. 指数函数

$$f(t) = \begin{cases} e^{at} & t \geqslant 0 \\ 0 & t < 0 \end{cases} \tag{2.11}$$

其拉氏变换式为

$$L[f(t)] = \int_0^{+\infty} e^{at} \cdot e^{-st} dt = \frac{-1}{s-a} e^{-(s-a)t} \Big|_0^{+\infty} = \frac{1}{s-a} \tag{2.12}$$

6. 正弦函数

$$f(t) = \begin{cases} \sin \omega t & t \geqslant 0 \\ 0 & t < 0 \end{cases} \tag{2.13}$$

其拉氏变换式为

$$
\begin{aligned}
L[f(t)] &= \int_0^{+\infty} \sin \omega t \cdot e^{-st} dt \\
&= \int_0^{+\infty} \frac{1}{2j}\left[e^{j\omega t} - e^{-j\omega t}\right] \cdot e^{-st} \\
&= \frac{1}{2j}\left[\frac{-1}{s-j\omega} e^{-(s-j\omega)t} \Big|_0^{+\infty} - \frac{-1}{s+j\omega} e^{-(s+j\omega)t} \Big|_0^{+\infty}\right] \\
&= \frac{\omega}{s^2 + \omega^2}
\end{aligned} \tag{2.14}
$$

7. 余弦函数

$$f(t) = \begin{cases} \cos \omega t & t \geqslant 0 \\ 0 & t < 0 \end{cases} \tag{2.15}$$

其拉氏变换式为

$$L[f(t)] = \int_0^{+\infty} \cos \omega t \cdot e^{-st} dt$$

$$= \int_0^{+\infty} \frac{1}{2} [e^{j\omega t} + e^{-j\omega t}] \cdot e^{-st}$$

$$= \frac{1}{2} \left[\frac{-1}{s - j\omega} e^{-(s-j\omega)t} \Big|_0^{+\infty} + \frac{-1}{s + j\omega} e^{-(s+j\omega)t} \Big|_0^{+\infty} \right]$$

$$= \frac{s}{s^2 + \omega^2} \tag{2.16}$$

2.2.3 拉氏变换的几个重要法则

1. 线性性质

若 a、b 是任意实数，且有 $F_1(s) = L[f_1(t)]$，$F_2(s) = L[f_2(t)]$，则有

$$L[af_1(t) \pm bf_2(t)] = aF_1(s) \pm bF_2(s) \tag{2.17}$$

$$L^{-1}[aF_1(s) \pm bF_2(s)] = af_1(t) \pm bf_2(t) \tag{2.18}$$

2. 微分定理

对于一阶导数时域函数，拉氏变换式为

$$L[f'(t)] = s \cdot F(s) - f(0) \tag{2.19}$$

证明：

$$左式 = \int_0^{+\infty} f'(t) \cdot e^{-st} dt$$

$$= \int_0^{+\infty} e^{-st} df(t)$$

$$= e^{-st} f(t) \Big|_0^{+\infty} - \int_0^{+\infty} f(t) de^{-st}$$

$$= sF(s) - f(0) = 右式$$

类似地，对于高阶微分可得如下结果：

$$[f^{(n)}(t)] = s^n F(s) - s^{n-1} f(0) - s^{n-2} f'(0) - \cdots - s f^{(n-2)}(0) - f^{(n-1)}(0) \tag{2.20}$$

在零初条件下有：$L[f^{(n)}(t)] = s^n F(s)$，这里的零初始条件指：系统在 $t = 0$ 时，输入、输出量及其时域函数的各阶导数为零。

3. 积分定理

对于可积时域函数的一重积分，拉氏变换式为

$$L\left[\int f(t) dt \right] = \frac{1}{s} \cdot F(s) + \frac{1}{s} f^{(-1)}(0) \tag{2.21}$$

在零初始条件下有：$L\left[\int f(t) dt \right] = \frac{1}{s} \cdot F(s)$。进一步地，对于 n 重积分，拉氏变换式为

$$L\left[\underbrace{\int \cdots \int}_{n重} f(t) dt^n \right] = \frac{1}{s^n} F(s) + \frac{1}{s^n} f^{(-1)}(0) + \frac{1}{s^{n-1}} f^{(-2)}(0) + \cdots \frac{1}{s} f^{(-n)}(0) \tag{2.22}$$

4. 时位移定理

若 $L[f(t)] = F(s)$，且 $t < 0, f(t) = 0$，那么对于任意实数 $\tau_0 > 0$，有

$$L[f(t - \tau_0)] = e^{-\tau_0 \cdot s} \cdot F(s) \tag{2.23}$$

证明：左式 $= \int_0^{+\infty} f(t - \tau_0) \cdot e^{-t \cdot s} dt$，令 $t - \tau_0 = \tau$，则有

$$\int_{-\tau_0}^{+\infty} f(\tau) \cdot e^{-s(\tau + \tau_0)} d\tau = e^{-\tau_0 s} \int_{-\tau_0}^{+\infty} f(\tau) \cdot e^{-\tau s} d\tau = 右式$$

注意这里的积分限从 $[0, +\infty]$ 改变成 $[-\tau_0, +\infty]$，但因为 $t < 0$ 时，$f(t) = 0$，故事实上积分结果是相同的。

5. 复位移定理

若 $L[f(t)] = F(s)$，存在

$$L[e^{A \cdot t} f(t)] = F(s - A) \tag{2.24}$$

证明：左式 $= \int_0^{+\infty} e^{At} f(t) \cdot e^{-t \cdot s} dt = \int_0^{+\infty} f(t) \cdot e^{-(s-A) \cdot t} dt$

令 $s - A = \hat{s}$，则有 $\int_0^{+\infty} f(t) \cdot e^{-\hat{s} \cdot t} dt = F(\hat{s}) = F(s - A) = 右式$

6. 初值定理

若 $L[f(t)] = F(s)$，且 $\lim\limits_{s \to +\infty} F(s)$ 收敛，则有

$$\lim_{t \to 0} f(t) = \lim_{s \to +\infty} s \cdot F(s) \tag{2.25}$$

证明：由微分定理 $\int_0^{+\infty} \dfrac{df(t)}{dt} \cdot e^{-st} dt = s \cdot F(s) - f(0)$，可得

$$\lim_{s \to +\infty} \int_0^{+\infty} \frac{df(t)}{dt} \cdot e^{-st} dt = \lim_{s \to +\infty} [s \cdot F(s) - f(0)]$$

$$左式 = \int_{0_+}^{+\infty} \frac{df(t)}{dt} \cdot \lim_{s \to +\infty} e^{-st} dt = 0 \Rightarrow \lim_{s \to +\infty} [s \cdot F(s) - f(0)] = 0$$

$$\Rightarrow f(0) = \lim_{t \to 0} f(t) = \lim_{s \to +\infty} s \cdot F(s) = 右式$$

7. 终值定理

若 $L[f(t)] = F(s)$，$\lim\limits_{s \to 0} F(s)$ 存在（即 $\lim\limits_{t \to +\infty} f(t)$ 收敛），则有

$$\lim_{t \to +\infty} f(t) = \lim_{s \to 0} s \cdot F(s) \tag{2.26}$$

证明：由微分定理 $\int_0^{+\infty} \dfrac{df(t)}{dt} \cdot e^{-st} dt = s \cdot F(s) - f(0)$

对左右两端取极限可得 $\lim\limits_{s \to 0} \int_0^{\infty} \dfrac{df(t)}{dt} \cdot e^{-st} dt = \lim\limits_{s \to 0} [s \cdot F(s) - f(0)]$

进行变换可得 $\int_0^{+\infty} \dfrac{df(t)}{dt} \cdot \lim\limits_{s \to 0} e^{-st} dt = \int_0^{+\infty} df(t) = \lim\limits_{t \to +\infty} \int_0^t df(t)$

$$= \lim_{t \to +\infty} [f(t) - f(0)] = \lim_{s \to 0} [s \cdot F(s) - f(0)]$$

由于 $f(0)$ 为定值，因此式（2.26）得证。

8. 卷积定理

若 $f_1(t)$ 和 $f_2(t)$ 的拉氏变换存在，即 $F_1(s) = L[f_1(t)]$，$F_2(s) = L[f_2(t)]$，则对于函数卷积 $f_1(t) * f_2(t)$，存在

$$L[f_1(t) * f_2(t)] = F_1(s) * F_2(s) \tag{2.27}$$

2.2.4　拉氏变换法则的应用

例 2.1　已知 $f(t) = 1 - e^{-\frac{1}{T}t}$，求 $F(s)$。

解：
$$F(s) = L(1 - \mathrm{e}^{-\frac{1}{T}t})$$
$$= L(1) - L(\mathrm{e}^{-\frac{1}{T}t})$$
$$= \frac{1}{s} - \frac{1}{s + \frac{1}{T}}$$
$$= \frac{1}{s} - \frac{T}{Ts + 1}$$
$$= \frac{1}{s(Ts + 1)}$$

解毕！

例 2.2 已知 $f(t) = 0.03(1 - \cos 2t)$，求 $F(s)$。

解：
$$F(s) = L[0.03(1 - \cos 2t)]$$
$$= 0.03 \times [L(1) - L(\cos 2t)]$$
$$= 0.03 \times \left[\frac{1}{s} - \frac{s}{s^2 + 2^2}\right]$$
$$= 0.03 \times \frac{4}{s(s^2 + 4)}$$
$$= \frac{0.12}{s(s^2 + 4)}$$

解毕！

例 2.3 已知 $f(t) = \sin\left(5t + \frac{\pi}{3}\right)$，求 $F(s)$。

解：
$$F(s) = L\left[\sin\left(5\left(t + \frac{\pi}{15}\right)\right)\right]$$

由

$$F_1(s) = L[f_1(t)] = L[\sin \omega t] = \frac{\omega}{(s^2 + \omega^2)}$$

和时位移定理

$$L[f_1(t - \tau)] = \mathrm{e}^{-\tau \cdot s} \cdot F_1(s)$$
$$\Rightarrow F(s) = \mathrm{e}^{-\frac{\pi s}{15}} \frac{5}{s^2 + 25}$$

解毕！

例 2.4 已知 $f(t) = \mathrm{e}^{-0.4t}\cos 12t$，求 $F(s)$。

解： 由复位移定理：

$$L[\mathrm{e}^{A \cdot t}f(t)] = F(s - A) \text{ 及 } L[\cos \omega t] = s/(s^2 + \omega^2)F(s)$$

可得

$$L[\mathrm{e}^{-0.4t}\cos 12t] = \frac{s - (-0.4)}{[s - (-0.4)]^2 + 12^2}$$

故

$$F(s) = \frac{s + 0.4}{(s + 0.4)^2 + 144}$$

解毕!

例 2.5 已知 $f(t) = \begin{cases} 0 & t < 0 \\ 1 & 0 \leqslant t \leqslant a, \text{ 求 } F(s) \text{。} \\ 0 & t > a \end{cases}$

解：题中的分段函数可以描述为两个阶跃函数的线性组合，即

$$f(t) = 1(t) - 1(t - a)$$

对其进行拉氏变换可得

$$F(s) = L[f(t)] = L[1(t) - 1(t - a)] = \frac{1}{s} - e^{-as} \cdot \frac{1}{s} = \frac{1 - e^{-as}}{s}$$

解毕!

例 2.6 已知 $f(t) = e^{-2t}\cos\left(5t - \frac{\pi}{3}\right)$，求 $F(s)$。

解：
$$\begin{aligned} F(s) &= L\left[e^{-2t}\cos\left(5t - \frac{\pi}{3}\right)\right] \\ &= L\left\{e^{-2t}\cos\left[5\left(t - \frac{\pi}{15}\right)\right]\right\} \\ &= L\left\{e^{-\frac{2\pi}{15}}e^{-2\left(t - \frac{\pi}{15}\right)}\cos\left[5\left(t - \frac{\pi}{15}\right)\right]\right\} \\ &= e^{-\frac{2\pi}{15}} \times L\left\{e^{-2\left(t - \frac{\pi}{15}\right)}\cos\left[5\left(t - \frac{\pi}{15}\right)\right]\right\} \end{aligned}$$

由时位移定理可得

$$\text{原式} = e^{-\frac{2\pi}{15}} \times e^{-\frac{\pi s}{15}} \times L(e^{-2t}\cos(5t))$$

由复位移定理可得

$$\text{原式} = e^{-\frac{\pi}{15}(s+2)} \cdot \frac{s + 2}{(s + 2)^2 + 5^2}$$

解毕!

例 2.7 已知

$$F(s) = \frac{3s^2 + 2s + 8}{s(s + 2)(s^2 + 2s + 4)}$$

求 $f(0)$ 和 $f(+\infty)$。

解：由初值定理：$\lim\limits_{t \to 0} f(t) = \lim\limits_{s \to +\infty} s \cdot F(s)$，可得

$$f(0) = sF(s)\,|_{s = +\infty} = \left.\frac{3s^2 + 2s + 8}{(s + 2)(s^2 + 2s + 4)}\right|_{s = +\infty} = 0$$

$F(s)$ 特征方程的根均位于左半复平面，说明系统稳定，$f(t)$ 的终值存在。
由终值定理：$\lim\limits_{t \to \infty} f(t) = \lim\limits_{s \to 0} s \cdot F(s)$，可得

$$f(+\infty) = sF(s)\,|_{s = 0} = \left.\frac{3s^2 + 2s + 8}{(s + 2)(s^2 + 2s + 4)}\right|_{s = 0} = 1$$

解毕!

例 2.8 已知如下象函数，求原函数 $f(t)$。

$$F(s) = \frac{1}{s(s + a)}$$

解：
$$F(s) = \frac{1}{a} \cdot \frac{(s+a)-s}{s(s+a)} = \frac{1}{a}\left[\frac{1}{s} - \frac{1}{s+a}\right]$$

$$f(t) = \frac{1}{a}(1 - e^{-at})。$$

解毕！

2.2.5 留数法求部分分式系数

在例 2.8 中，我们采用简单的因式分解方法获得了象函数 $F(s)$ 对应的原函数 $f(t)$，在本质上实现了一个反拉氏变换过程。但是在 $F(s)$ 形式比较复杂的情况下，要进行反拉氏变换，就需要分解更多的因式，这个分解过程有可能变得很复杂。那么，是否有更简单的分解方法呢？

对一个描述系统输入输出的微分方程，为了了解系统的输入输出关系，我们的目标是求解微分方程，得到解的表达式。假设一个线性定常系统的微分方程为

$$a_n c^{(n)} + a_{n-1} c^{(n-1)} + \cdots + a_1 c' + a_0 c$$
$$= b_m r^{(m)} + b_{m-1} r^{(m-1)} + \cdots + b_1 r' + b_0 r \tag{2.28}$$

那么在零初始条件下，对左右两侧进行拉氏变换可得

$$(a_n s^n + a_{n-1} s^{n-1} + \cdots + a_1 s + a_0) C(s)$$
$$= (b_m s^m + b_{m-1} s^{m-1} + \cdots + b_1 s + b_0) R(s) \tag{2.29}$$

移项后可得

$$\frac{C(s)}{R(s)} = \frac{b_m s^m + b_{m-1} s^{m-1} + \cdots + b_0}{a_n s^n + a_{n-1} s^{n-1} + \cdots + a_0} \tag{2.30}$$

当 $n > m$ 时，必有式（2.31）成立：

$$\Phi(s) = \frac{C(s)}{R(s)} = \frac{\text{num}(s)}{\text{den}(s)} = \frac{C_1}{s-\lambda_1} + \frac{C_2}{s-\lambda_2} + \cdots \frac{C_n}{s-\lambda_n} \tag{2.31}$$

这里，$\Phi(s) = \frac{C(s)}{R(s)}$ 描述了系统的输入输出关系，称为系统的传递函数，其概念与作用在今后详细探讨。式（2.31）中，$\text{num}(s)$ 和 $\text{den}(s)$ 分别为 $G(s)$ 的分子多项式与分母多项式，均为有理式。$\text{den}(s) = 0$ 称为系统的特征方程，相应的根 λ_i 称为系统的特征根，也称为系统的"极点"。

由式（2.31）可得

$$C(s) = \left(\frac{C_1}{s-\lambda_1} + \frac{C_2}{s-\lambda_2} + \cdots + \frac{C_n}{s-\lambda_n}\right) R(s) \tag{2.32}$$

为方便讲解，令 $r(t) = \delta(t)$，则有 $R(s) = 1$，然后对式（2.32）进行反拉氏变换可得

$$c(t) = L^{-1}[C(s)] = C_1 e^{\lambda_1 t} + C_2 e^{\lambda_2 t} + \cdots + C_n e^{\lambda_n t} \tag{2.33}$$

式中，$e^{\lambda_i t}$ 为相对于特征根 $\lambda_i (i = 1, 2, \cdots, n)$ 的模态。此时只要求得参数 $C_1, C_2, \cdots, C_n$，即可最终确定 $c(t)$ 的形式，即完成了反拉氏变换，实现了微分方程（2.28）的求解。下面重点介绍参数 $C_1, C_2, \cdots, C_n$ 的确定方法——留数法。

设 $F(s) = \frac{C(s)}{R(s)}$ 为有理函数。当 $F(s)$ 的特征方程的特征根为单极点情况时，$F(s)$ 可展开成

$$F(s) = \sum_{i=1}^{n} \frac{K_i}{s - p_i} \tag{2.34}$$

$p_i (i = 1, 2 \cdots, n)$ 为 n 个不相等的单根。根据式 (2.31) 可得

$$F(s) = \frac{b_1 s^m + b_2 s^{m-1} + \cdots + b_{m-1}s + b_m}{(s + p_1)(s + p_2) \cdots (s + p_n)} = \frac{K_1}{s + p_1} + \frac{K_2}{s + p_2} + \cdots + \frac{K_n}{s + p_n} \tag{2.35}$$

将式 (2.35) 左右两边同时乘以 $(s - p_i)$，即可得到关于 K_i 的表达式：

$$(s - p_i)F(s) = (s - p_i) \frac{(b_1 s^m + b_2 s^{m-1} + \cdots + b_{m-1}s + b_m)}{(s + p_1)(s + p_2) \cdots (s + p_n)}$$

$$= K_i + (s - p_i) \frac{K_j}{s + p_j} (i \neq j) \tag{2.36}$$

当 $(s - p_i) = 0$，或 $s = p_i$ 时，即可得

$$K_i = (s - p_i)F(s) \mid_{s = p_i} \tag{2.37}$$

或表示为

$$K_i = \lim_{s \to p_i} (s - p_i)F(s) \tag{2.38}$$

注意，$F(s)$ 的分母中，包含 $(s - p_i)$ 项，因此，$(s - p_i)F(s)$ 不会被强制为 0。所以在系统仅仅存在单根时，K_i 是容易求得的。在具体应用中，系统有可能存在相同的极点，也就是特征方程存在重根的情况。那么这样的情况下，又如何求得 K_i 呢？

假设系统 n 个特征根中有 j 个相同的根 p_1，而 $p_{j+1}, \cdots, p_n$ 为 $n - j$ 个单根，则 $F(s)$ 可以展开为如下分式之和。

$$F(s) = \frac{b_1 s^m + b_2 s^{m-1} + \cdots + b_{m-1}s + b_m}{(s - p_1)^j (s - p_{n-r}) \cdots (s - p_n)} = \frac{K_1}{(s - p_1)^j} + \frac{K_2}{(s - p_1)^{j-1}} + \cdots + \frac{K_{n-r}}{s - p_1} + \cdots + \frac{K_n}{s - p_n} \tag{2.39}$$

首先，对于其中单根对应的 K_i，易于通过以上处理式 (2.35) 的方法求得，然而对于重根对应的 K_i，采用处理式 (2.35) 的方法是无法求出的。其原因在于无法通过直接乘以 $(s - p_1)^x$, $x = 1, 2, \cdots, j$ 来获得独立的 K_i。要解决这个问题，一种可行的方法是对两端求导，通过求导，可以获得独立的 K_i。例如，系统有 3 个重根 p_1，那么式 (2.39) 可表示为

$$F(s) = \frac{K_1}{(s + p_1)^3} + \frac{K_2}{(s + p_1)^2} + \frac{K_1}{s + p_1} + \cdots \tag{2.40}$$

显然有

$$K_1 = \lim_{s \to p_1} ((s - p_1)^3 F(s)) \tag{2.41}$$

$$K_2 = \frac{d}{ds} (\lim_{s \to p_1} ((s - p_1)^3 F(s))) \tag{2.42}$$

$$K_3 = \frac{d^2}{ds^2} (\lim_{s \to p_1} ((s - p_1)^3 F(s))) \tag{2.43}$$

因此，对于 j 个重根的情况，对于系数的求法，需要对 $\lim_{s \to p_1} ((s - p_1)^j F(s))$ 进行求导，获得关于相应 K_i 的表达式。这就是留数法中求取重根分式系数的方法。推广到一般情况，当系统有 j 个重根时，相应的重根分式系数 K_i 求法的通用公式如下：

$$K_i = \frac{1}{(j-1)!} \lim_{s \to p_i} \left[\frac{d^{(j-1)}}{ds^{j-1}} ((s - p_i)^j F(s)) \right] \tag{2.44}$$

下面就单根的情况和有重根的情况举例说明，加深理解。

例2.9 已知如下象函数 $F(s)$，求原函数 $f(t)$。

$$F(s) = \frac{2s^2 + 16}{(s^2 + 5s + 6)(s + 12)}$$

解：由部分分式展开法可知

$$F(s) = \frac{2s^2 + 16}{(s + 2)(s + 3)(s + 12)} = \frac{K_1}{s + 2} + \frac{K_2}{s + 3} + \frac{K_3}{s + 12}$$

$$K_1 = \lim_{s \to -2}\left[\frac{2s^2 + 16}{(s + 3)(s + 12)}\right] = \frac{24}{10} = 2.4$$

$$K_2 = \lim_{s \to -3}\left[\frac{2s^2 + 16}{(s + 2)(s + 12)}\right] = -\frac{34}{9}$$

$$K_3 = \lim_{s \to -12}\left[\frac{2s^2 + 16}{(s + 2)(s + 3)}\right] = \frac{304}{90} = \frac{152}{45}$$

故

$$f(t) = 2.4e^{-2t} - \frac{34}{9}e^{-3t} + \frac{152}{45}e^{-12t}$$

解毕！

例2.10 已知如下象函数 $F(s)$，求原函数 $f(t)$。

$$F(s) = \frac{1}{s^3(s^2 - 1)}$$

解：$F(s) = \dfrac{1}{s^3(s + 1)(s - 1)} = \dfrac{K_1}{s^3} + \dfrac{K_2}{s^2} + \dfrac{K_3}{s} + \dfrac{K_4}{s + 1} + \dfrac{K_5}{s - 1}$

$$K_1 = \lim_{s \to 0}[s^3 F(s)] = \lim_{s \to 0}\left[\frac{1}{(s + 1)(s - 1)}\right] = -1$$

$$K_2 = \lim_{s \to 0}\frac{d}{ds}[s^3 F(s)] = \lim_{s \to 0}\frac{d}{ds}\left[\frac{1}{(s + 1)(s - 1)}\right] = \lim_{s \to 0}\left[\frac{-2s}{(s^2 - 1)^2}\right] = 0$$

$$K_3 = \frac{1}{2!}\lim_{s \to 0}\frac{d^2}{ds^2}[s^3 F(s)] = \lim_{s \to 0}\left[\frac{-2(s^2 - 1)^2 + 4s(s^2 - 1)2s}{(s^2 - 1)^4}\right] = -1$$

$$K_4 = \lim_{s \to -1}[(s + 1)F(s)] = \lim_{s \to -1}\left[\frac{1}{s^3(s - 1)}\right] = \frac{1}{2}$$

$$K_5 = \lim_{s \to 1}[(s - 1)F(s)] = \lim_{s \to -1}\left[\frac{1}{s^3(s + 1)}\right] = \frac{1}{2}$$

故有

$$f(t) = -\frac{1}{2!}t^2 - 1 + \frac{1}{2}e^{-t} + \frac{1}{2}e^{t}$$

解毕！

接下来，结合电路系统的分析举一个例子，让同学们体会微分方程、拉氏变换、部分分式展开、留数法及反拉氏变换是如何用来解决具体工程问题的。

例2.11 求解如图2.1所示电路的时域响应

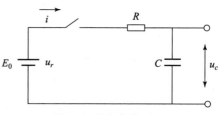

图2.1 RC电路（1）

$u_c(t)$ 的表达式。

解：由欧姆定律可得

$$u_r = Ri + u_c$$

其中，$i = C\dot{u}_c$，即可得系统的微分方程

$$RC\dot{u}_c + u_c = u_r$$

对上式两端取拉氏变换可得

$$RC[sU_c(s) - u_c(0)] + U_c(s) = U_r(s)$$

整理得

$$(RCs + 1)U_c(s) = U_r(s) + RCu_c(0)$$

进而得

$$U_c(s) = \frac{U_r(s)}{RCs + 1} + \frac{RCu_c(0)}{RCs + 1}$$

由于 $u_r(t) = E_0 \cdot 1(t)$，所以有 $U_r(s) = \dfrac{E_0}{s}$，代入上式得

$$U_c(s) = \frac{E_0}{s(RCs + 1)} + \frac{RCu_c(0)}{RCs + 1} = \frac{E_0/RC}{s\left(s + \dfrac{1}{RC}\right)} + \frac{u_c(0)}{s + \dfrac{1}{RC}}$$

进行部分分式展开可得

$$U_c(s) = \frac{C_0}{s} + \frac{C_1}{s + \dfrac{1}{RC}} + \frac{u_c(0)}{s + \dfrac{1}{RC}}$$

利用留数法求得未知系数 C_0、C_1：

$$\begin{cases} C_0 = \lim\limits_{s \to 0} s \dfrac{\dfrac{E_0}{RC}}{s\left(s + \dfrac{1}{RC}\right)} = E_0 \\[4mm] C_1 = \lim\limits_{s \to \frac{-1}{RC}} \left(s + \dfrac{1}{RC}\right) \dfrac{\dfrac{E_0}{RC}}{s\left(s + \dfrac{1}{RC}\right)} = -E_0 \end{cases}$$

故得

$$U_c(s) = \frac{E_0}{s} - \frac{E_0}{s + \dfrac{1}{RC}} + \frac{u_c(0)}{s + \dfrac{1}{RC}}$$

进而进行反拉氏变换可得

$$u_c(t) = E_0 - E_0 e^{-\frac{1}{RC}t} + u_c(0) \cdot e^{-\frac{1}{RC}t}$$

最后合并整理得到该电路的时域响应为

$$u_c(t) = E_0 - [E_0 - u_c(0)] \cdot e^{-\frac{1}{RC}t}$$

解毕！

2.3 传递函数

自动控制系统的微分方程是一种在时域中描述系统输入变量和输出变量之间动态关系的数学模型，在给定外输入信号和初始条件下，通过求解微分方程，可以得到系统的输出响应。这种分析系统的方法较直观，尤其是借助计算机辅助求解，将会准确而快速地得到微分方程的解。但当系统的结构或者某参数发生变化时，再求系统输出响应，就需要重新列写微分方程，再求解，这样就很难得到一个规律性的结论，不便于对系统进行分析和设计。

为了方便研究系统在参数改变时的运动变化规律，通过对线性定常微分方程进行拉氏变换，得到系统在复数域的数学模型——传递函数。传递函数不仅可以表征控制系统的输入变量和输出变量的动态特性，而且可以用来探究系统结构和参数变化对系统输出的影响。传递函数是经典控制论中的核心概念，根轨迹法、频域分析法都是建立在传递函数的基础上的，因此要求大家深入理解和掌握。

2.3.1 传递函数的定义

传递函数，是指线性定常系统（或元件）在零初始条件下，其输出量的拉氏变换与输入量的拉氏变换之比。

线性定常系统的微分方程一般形式为

$$
\begin{aligned}
&a_n c^{(n)} + a_{n-1} c^{(n-1)} + \cdots + a_1 c' + a_0 c \\
&= b_m r^{(m)} + b_{m-1} r^{(m-1)} + \cdots + b_1 r' + b_0 r(t)
\end{aligned}
\tag{2.45}
$$

在零初始条件下，对其两端取拉氏变换可得

$$
\begin{aligned}
&[a_n s^n + a_{n-1} s^{n-1} + \cdots + a_1 s + a_0] C(s) \\
&= [b_m s^m + b_{m-1} s^{m-1} + \cdots + b_1 s + b_0] R(s)
\end{aligned}
\tag{2.46}
$$

整理成输出量与输入量拉氏变换之比，以 $\Phi(s)$ 描述比值结果：

$$
\Phi(s) = \frac{C(s)}{R(s)} = \frac{b_m s^m + b_{m-1} s^{m-1} + \cdots + b_1 s + b_0}{a_n s^n + a_{n-1} s^{n-1} + \cdots + a_1 s + a_0}
\tag{2.47}
$$

这里的 $\Phi(s)$ 则称为传递函数。

在前面，已经对零初始条件进行定义。这里结合传递函数定义进一步说明：零初始条件，一是指输入作用是 $t = 0$ 之后才加于系统的，因此其输入量及其各阶导数在 $t = 0$ 时的值为零；二是指输入信号作用于系统之前系统是静止的，即 $t = 0$ 时，系统的输出量及各阶导数为零。这不是单纯的假定，是由于现实的工程控制系统多属此类情况。

2.3.2 传递函数的标准形式

如式（2.47）所示，传递函数在数学形式上是两个多项式之比。为了研究方便，人们对传递函数的表示形式进行了约定，称之为标准形式。

第一种为多项式形式，即使 $\Phi(s)$ 的分子和分母分别为阶次从高到低的有理多项式形式，这被称为传递函数的多项式标准形式。比如 $\Phi(s) = \dfrac{s+4}{s^2 + 2s + 1}$ 是标准形式，而 $\Phi(s) = \dfrac{4+s}{s^2 + 2s + 1}$ 则不然。当需要求解系统传递函数时，最终结果在没有特别要求下应化为多项式标准形式。

　　第二种为因式分解形式，即 $\Phi(s)$ 的分子和分母分别为因式乘积形式。这类形式的好处是可以直接观察到系统的环节特征，如系统的零、极点、增益等。因式乘积形式的传递函数可分为两种标准形式：首 1 标准型和尾 1 标准型，分别为：

　　首 1 标准型：

$$\Phi(s) = \frac{K^* \prod_{j=1}^{m}(s - z_j)}{s^v \prod_{i=1}^{n}(s - p_i)} \tag{2.48}$$

　　尾 1 标准型：

$$\Phi(s) = K \frac{\prod_{k=1}^{m_1}(\tau_k s + 1)\prod_{l=1}^{m_2}(\tau_l^2 s^2 + 2\xi\tau_l s + 1)}{s^v \prod_{i=1}^{n_1}(T_i s + 1)\prod_{j=1}^{n_2}(T_j^2 s^2 + 2\xi T_j s + 1)} \tag{2.49}$$

　　其中，首 1 标准型完全将分子和分母分解成 $(s - x)$ 的形式，首 1 表示复算子 s 之前的系数为 1，增益 K^* 称为根轨迹增益：在求系统的根轨迹时常用这种形式。尾 1 标准型指相应一阶和二阶环节的常数项被化作 1 的形式，这里的 K 称为传递系数或增益，表示系统的稳态增益。其物理意义为摒除系统动态特性影响时的信号放大倍数，其值在形式上等于在尾 1 标准型下去除所有与 s 有关联的项时的常数项之乘积。例如考虑 1 个一阶系统

$$\Phi(s) = \frac{1}{2s + 1} \tag{2.50}$$

其增益为 1，而该传递函数的单位阶跃响应的稳态值也为 1。

　　此外，也可得到首 1 标准型中的迹增益 K^* 与尾 1 标准型中的迹增益 K 之间的换算关系：

$$K = K^* \frac{\prod_{j=1}^{m}(-z_j)}{\prod_{i=1}^{n}(-p_i)} \text{ 或 } K^* = K \frac{\prod_{i=1}^{n}(-p_i)}{\prod_{j=1}^{m}(-z_j)} \tag{2.51}$$

下面用一个例子来说明传递函数标准型的求法。

例 2.12　已知传递函数

$$\Phi(s) = \frac{4s - 4}{s^3 + 3s^2 + 2s}$$

将其化为首 1 标准型、尾 1 标准型，并确定相应的增益。

解：传递函数 $\Phi(s)$ 的首 1 标准型为

$$\Phi(s) = \frac{4(s - 1)}{s^3 + 3s^2 + 2s} = 4 \cdot \frac{(s - 1)}{s(s + 1)(s + 2)}$$

相应的增益为 $K^* = 4$。

尾 1 标准型为

$$\Phi(s) = \frac{4}{2} \cdot \frac{(s - 1)}{s\left(\dfrac{1}{2}s^2 + \dfrac{3}{2}s + 1\right)} = 2 \cdot \frac{(s - 1)}{s\left(\dfrac{1}{2}s + 1\right)(s + 1)}$$

相应的增益为 $K = 2$。

解毕！

2.3.3　传递函数的特性

传递函数具有以下特性。

（1）传递函数是复变量 s 的有理真分式函数，分子阶次一般低于或等于分母的阶次。这是因为当分子的阶次大于分母阶次，系统存在多余的微分环节，这种多余的微分环节单独作为系统传递函数时，系统是不稳定的。

（2）所有的系数均为实数。这些系数都是系统元部件参数的函数，而描述这些元部件的参数在线性定常约束下只能是实数。

（3）传递函数的形式只取决于系统和元部件的结构与参数，与外部信号作用及初始条件件无关。

（4）传递函数的反拉氏变换即是该系统的脉冲响应函数。这是因为当 $r(t) = \delta(t)$ 时 $R(s) = 1$，则

$$\Phi(s) = \frac{C(s)}{R(s)} = C(s) \tag{2.52}$$

故 $c(t) = L^{-1}[C(s)] = L^{-1}[\Phi(s)]$。

（5）传递函数可以用零极点图来对应进行表征。在复平面上，系统的零点坐标用"o"标注，系统极点用"×"标注，若是虚根，则必然是共轭成对出现。系统的零极点图在根轨迹分析章节重点讲述。

在传递函数描述系统特性中也存在一些局限性，主要包括：

（1）仅适用于线性定常系统，对于系统或元部件的参数特性受到环境影响而发生漂移时，传递函数则无法描述。

（2）只适合研究单输入、单输出系统，对于多输入、多输出系统要用传递函数矩阵表示。

（3）只表示输入、输出之间的关系，不能反映输入变量与各中间变量之间的关系。

（4）只能研究零初始条件下的系统运动特性。当需要分析非零初始状态的系统运动特性时，只能由传递函数返回到微分方程，再考虑非零初始条件下用拉氏变换及反拉氏变换法求出系统的输出响应。

因此，在实际的应用分析中，我们对传递函数的应用要有"边界意识"，对于实际的控制系统是否适合用传递函数进行理论研究，需要具体甄别。

2.3.4 传递函数的初步运用

以上对传递函数的定义、标准形式及特性进行了描述。在本节，将采用几个实例来展示其在实践中的运用。重点了解传递函数的应用场景和体会它的求法。

例 2.13 已知某系统在零初条件下的单位阶跃响应为：$c(t) = 1 - \frac{2}{3}e^{-t} - \frac{1}{3}e^{-4t}$。试求：

（1）系统的传递函数；

（2）系统的增益；

（3）系统的特征根及相应的模态；

（4）作出系统的零极点图；

（5）求系统的单位脉冲响应；

（6）求系统微分方程；

（7）当 $c(0) = -1, c'(0) = 0, r(t) = 1(t)$ 时，求系统的响应。

解：（1）对 $c(t)$ 表达式直接进行拉氏变换，可得其传递函数形式如下：

$$C(s) = \frac{1}{s} - \frac{2}{3} \cdot \frac{1}{s+1} - \frac{1}{3} \cdot \frac{1}{s+4} = \frac{2(s+2)}{s(s+1)(s+4)}$$

（2）根据传递函数定义 $G(s) = \dfrac{C(s)}{R(s)}$ 及输入 $r(t) = 1(t)$ 的条件，即获得系统的传递函数：

$$\Phi(s) = \frac{C(s)}{R(s)} = \frac{C(S)}{1/s} = s \cdot C(s) = \frac{2(s+2)}{(s+1)(s+4)} = \frac{2s+4}{s^2+5s+4}$$

将 $\Phi(s)$ 化为尾 1 标准型

$$G(s) = \frac{4 \cdot (0.5s+1)}{4 \cdot (0.25s^2 + 1.25s + 1)}$$

故增益 $K = \dfrac{4}{4} = 1$。

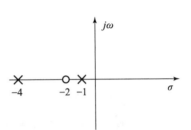

图 2.2　系统零极点图

（3）由 $\Phi(s)$ 可知，系统的特征方程是 $(s+1)(s+4) = 0$，因此 $\lambda_1 = -1$ 和 $\lambda_2 = -4$，相应的模态分别为 e^{-t} 和 e^{-4t}。

（4）由传递函数可知，系统的零点 $s = -2$，极点 $\lambda_1 = -1$ 及 $\lambda_2 = -4$，相应的零极点图如图 2.2 所示。

（5）由于传递函数的反拉氏变换是该系统的脉冲响应函数，因此该系统的脉冲响应为

$$k(t) = L^{-1}[\Phi(s)] = L^{-1}\left[\frac{2(s+2)}{(s+1)(s+4)}\right] = L^{-1}\left[\frac{C_1}{s+1} + \frac{C_2}{s+4}\right]$$

采用留数法求系数

$$C_1 = \lim_{s \to -1} \frac{2(s+2)}{s+4} = \frac{2}{3}, C_2 = \lim_{s \to -4} \frac{2(s+2)}{s+1} = \frac{4}{3}$$

故而可得

$$k(t) = L^{-1}\left[\frac{2}{3}\frac{1}{s+1} + \frac{4}{3}\frac{1}{s+4}\right] = \frac{2}{3}e^{-t} + \frac{4}{3}e^{-4t}$$

（6）根据传递函数 $\Phi(s)$ 表达式可得

$$(s^2 + 5s + 4)C(s) = (2s+4)R(s)$$

直接进行反拉氏变换，可得系统微分方程为

$$\ddot{c} + 5\dot{c} + 4c = 2\dot{r} + 4r$$

（7）在非零初始条件下，由微分定理对系统的微分方程进行拉氏变换得

$$[s^2 C(s) - sc(0) - \dot{c}(0)] + 5[sC(s) - c(0)] + [4C(s)]$$

合并整理得

$$(s^2 + 5s + 4)C(s) - (s+5)c(0) - \dot{c}(0) = 2(s+2)R(s)$$

写出 $C(s)$ 的传递函数

$$C(s) = \frac{2(s+2)}{s^2+5s+4} \cdot \frac{1}{s} - \frac{s+5}{s^2+5s+4} = \frac{-s^2-3s+4}{s(s+1)(s+4)} = -\frac{s-1}{s(s+1)}$$

对 $C(s)$ 进行反拉氏变换得

$$c(t) = L^{-1}[C(s)] = 1 - 2e^{-t}$$

解毕！

例 2.14 求解如图 2.3 所示电路系统传递函数 $\dfrac{U_o(s)}{U_i(s)}$。

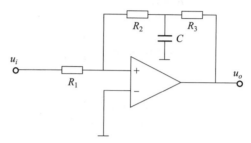

图 2.3　集成运放电路

解：假设通过输入端 R_1 的电流传递函数为 $I(s)$，对于输入端可得

$$U_i(s) - 0 = I(s)R_1 \tag{E1}$$

结合运放的虚断概念，可知通过 R_2 的电流为 I，而通过 R_3 的电流通过基尔霍夫定律（或分流原理）可知为 $I(s) \times \left(1 + \dfrac{R_2}{R_c}\right)$①。因此通过 R_3 的电流传递函数为 $I(s) \times (1 + R_2Cs)$。基于以上分析，对于输出端可得

$$0 - U_o(s) = I(s)R_2 + I(s) \times (1 + R_2Cs)R_3 \tag{E2}$$

联立式（E1）和式（E2），消去中间量 $I(s)$，整理可得系统的传递函数：

$$\frac{U_o(s)}{U_i(s)} = -\frac{R_2 + R_3 + R_2R_3Cs}{R_1}$$

解毕！

例 2.15 求解如图 2.4 所示电路系统传递函数 $\dfrac{U_o(s)}{U_i(s)}$。

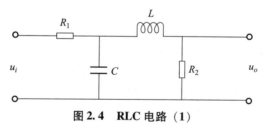

图 2.4　RLC 电路（1）

解：假设通过输入端 R_1 的电流传递函数为 $I(s)$，电路下端接地。分析可知电容 C 并联于电感 L 与电阻 R_2 形成的串联，因此要通过分流原理求得通过并联支路的电流。假设通过 C 的电流传递函数为 $I_1(s)$，通过电感 L 与电阻 R_2 的电流传递函数为 $I_2(s)$，那么将有如下关

---

① 其中，R_c 为电容的容抗。由库仑定律：$Q = Cu(t) = \int I(t)\mathrm{d}t$，对 $Cu(t)$ 及 $\int I(t)\mathrm{d}t$ 进行拉氏变换可得 $CU(s) = \dfrac{I(s)}{s}$，由此可得 $R_c = \dfrac{U(s)}{I(s)} = \dfrac{1}{Cs}$。

系成立。

$$I(s) = I_1(s) + I_2(s) \tag{E1}$$

对于输入端，由欧姆定律可得

$$U_i(s) - 0 = I(s)R_1 + I_1(s)R_c \tag{E2}$$

此外，对于电感存在电压 – 电流关系 $u_L(t) = L\dfrac{\mathrm{d}I(t)}{\mathrm{d}t}$，对两端进行拉氏变换可得 $U_L(s) =$

$LsI(s)$，以 R_L 表示感抗，可得 $R_L = \dfrac{U_L(s)}{I(s)} = Ls$。所以并联支路的电流关系由分流原理可得

$$\frac{I_1(s)}{I_2(s)} = \frac{R_L + R_2}{R_c} \tag{E3}$$

而对于输出端有

$$U_o(s) - 0 = I_2(s)R_2 \tag{E4}$$

联立以上四式，消除中间量 $I(s)$、$I_1(s)$ 和 $I_2(s)$ 可得最终的传递函数为

$$\frac{U_o(s)}{U_i(s)} = \frac{R_2}{R_1LCs^2 + (R_1R_2C + L)s + R_1 + R_2}$$

解毕！

例 2.16　已知 $t = 0$ 时，$y(t) = 0$；弹簧处于自然长度，相应弹性系数为 k；质量块质量为 m；阻尼器的阻尼系数为 f。求解如图 2.5 所示系统传递函数 $\dfrac{Y(s)}{F_i(s)}$。

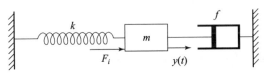

图 2.5　力学系统示意图

解：首先，对系统进行力学分析。设质量块的瞬时速度为 v，加速度为 a，则质量块所受合力满足

$$F_合 = F_i - ky - fv = ma$$

又知：$v = \dot{y}, a = \ddot{y}$，因此可得相应微分方程：

$$m\ddot{y} = F_i - ky - f\dot{y}$$

根据题意，系统的初始条件为零初始条件，因此对上式进行拉氏变换可得

$$ms^2 Y(s) = F_i(s) - kY(s) - fsY(s)$$

整理得

$$\frac{Y(s)}{F_i(s)} = \frac{1}{ms^2 + fs + k}$$

解毕！

例 2.17　如图 2.6 所示：已知 $t = 0$ 时，两弹簧处于自然长度，相应弹性系数分别为 k_1、k_2；阻尼器的阻尼系数为 f。求系统传递函数 $\dfrac{X_2(s)}{X_1(s)}$。

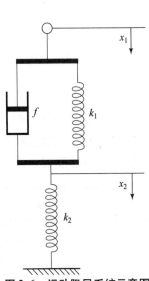

图 2.6　运动阻尼系统示意图

解： 依据题意，系统的输入为 $x_1(t)$，输出为 $x_2(t)$。由于下端固定，因此 $x_2(t)$ 为弹簧 2 的伸缩量，而 $x_1(t) - x_2(t)$ 则为弹簧 1 的伸缩量。此外，此系统是无质量系统，故其系统内部串联节点上来自输入作用的瞬时受力大小和方向都是相同的，即在施加 $x_1(t)$ 的位移输入量时，弹簧 1 与阻尼器产生的合力，必然与弹簧 2 的受力存在大小和方向相同的关系。这种关系可表示为

$$k_1(x_1 - x_2) + f\left(\frac{\mathrm{d}x_1}{\mathrm{d}t} - \frac{\mathrm{d}x_2}{\mathrm{d}t}\right) = k_2 x_2$$

在零初始条件下，对上式进行拉氏变换可得

$$k_1 X_1(s) - k_1 X_2(s) + sf X_1(s) - sf X_2(s) = k_2 X_2(s)$$

整理得

$$(k_1 + sf) X_1(s) = (k_2 + k_1 + sf) X_2(s)$$

故得

$$\frac{X_2(s)}{X_1(s)} = \frac{fs + k_1}{fs + k_1 + k_2}$$

解毕！

例 2.18 水槽是水位控制系统的控制对象，单容水槽中，水流通过控制阀门不断流入蓄水槽的同时，也通过负载阀门不断流出蓄水槽，如图 2.7 所示。在零初始条件下，试用传递函数表示阀门开度对液位的影响。求传递函数 $\dfrac{H(s)}{U(s)}$。

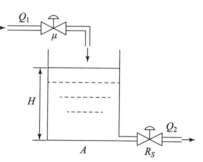

图 2.7 单容水槽示意图

解： 假定水的流入量为 Q_1，该变量由流入端阀门控制，相应变化量为 ΔQ_1；水的流出量为 Q_2，该变量由流出端阀门控制，其阀门开度不变，Q_2 的改变由液位的升降引起，相应变化量为 ΔQ_1；初始稳态水位设为 H_0，反映流入和流出之间的平衡关系，实时水位为 $H = H_0 + \Delta H$。在零初始条件下，初始时刻处于平衡状态：$H = H_0$，$Q_1 = Q_{10}$，$Q_2 = Q_{20}$，且有：$Q_{10} = Q_{20}$，其相应变化量存在如下关系：

$$\Delta H = H - H_0, \Delta Q_1 = Q_1 - Q_{10}, \Delta Q_2 = Q_2 - Q_{20} \tag{E1}$$

设入口阀门开度为 μ，初始值为 μ_0，k_1 是与开度 μ 有关的系数，简化起见，可认为是常数，则有

$$Q_1 = k_1 \mu \tag{E2}$$

设 A 为液槽横截面积。根据物料平衡关系，当调节输入端阀门开度发生变化时，液位会随之发生变化。在流出端负载阀门开度不变的情况下，液位的变化将使流出量 Q_2 改变。当出口阀门开度不变时，液位 H 越高，静压越大，Q_2 越大。假设出口平均流速为 v_o，根据势能和动能的守恒定理，由 $\rho g A \mathrm{d}H \cdot H = \dfrac{1}{2}\rho A \mathrm{d}H \cdot v_o^2$，可知 $v_o = \sqrt{2gH}$，由于 Q_2 与 v_o 存在正比关系，因此 $Q_2 = k\sqrt{H}$，k 为常数。液位随流量的变化关系为

$$\frac{\mathrm{d}H}{\mathrm{d}t} = \frac{1}{A}(Q_1 - Q_2) = \frac{1}{A}(k_1 \mu - k\sqrt{H}) \tag{E3}$$

根据 $(E1)$ 所表示的关系及 $Q_{10} = Q_{20}$，有

$$\frac{\mathrm{d}(H_0 + \Delta H)}{\mathrm{d}t} = \frac{1}{A}\left[(Q_{10} + \Delta Q_1) - (Q_{20} + \Delta Q_2)\right] = \frac{1}{A}(\Delta Q_1 - \Delta Q_2) \tag{E4}$$

因此有

$$\frac{\mathrm{d}\Delta H}{\mathrm{d}t} = \frac{1}{A}(\Delta Q_1 - \Delta Q_2) = \frac{1}{A}\left[k_1 \Delta\mu - k(\sqrt{H} - \sqrt{H_0})\right]$$

$$= \frac{1}{A}\left[k_1 \Delta\mu - k\frac{H - H_0}{\sqrt{H} + \sqrt{H_0}}\right]$$

$$\approx \frac{1}{A}\left[k_1 \Delta\mu - k\frac{1}{2\sqrt{H_0}}\Delta H\right] \tag{E5}$$

故

$$\frac{\mathrm{d}\Delta H}{\mathrm{d}t} = \frac{\mathrm{d}(H - H_0)}{\mathrm{d}t} = \frac{1}{A}\left[(k_1\mu - Q_{10}) - \left(k\frac{1}{2\sqrt{H_0}}H - Q_{20}\right)\right] \tag{E6}$$

因 $Q_{10} = Q_{20}$

$$\frac{\mathrm{d}H}{\mathrm{d}t} = \frac{1}{A}\left[k_1\mu - k\frac{1}{2\sqrt{H_0}}H\right] \tag{E7}$$

对上式两端进行拉式变换，可得

$$sH(s) = \frac{k_1}{A}U(s) - \frac{k}{2A\sqrt{H_0}}H(s) \tag{E8}$$

即得

$$\frac{H(s)}{U(s)} = \frac{\dfrac{k_1}{A}}{\left(s + \dfrac{k}{2A\sqrt{H_0}}\right)} \tag{E9}$$

令 $T = \dfrac{2A\sqrt{H_0}}{k}$，$K = \dfrac{2k_1\sqrt{H_0}}{k}$，可得

$$\frac{H(s)}{U(s)} = \frac{K}{(Ts + 1)} \tag{E10}$$

解毕！

2.4　典型环节

控制系统是由若干元部件按照一定的规则所组成的。这些元部件对信号有特定的影响，也有独立的传递函数。一个系统不论是从结构上，还是从模型上，都可以进行分解。从结构上分解，可得到独立的元部件，而从模型上分解，可得到元部件的传递函数，这些元部件的传递函数在形式和特性上均有共同特点，我们将这些具有相同形式传递函数的元部件的分类，称之为系统传递函数的"环节"。也就是说，不论元部件是机械的、电气的、液压的或其他形式的，只要它们的传递函数模型具有相同特征，都将其划分为同一种环节。这样的定义为系统的分析和研究带来很多方便，对理解和掌握各种元部件对系统动态性能的影响也很有帮助。此外，这里强调一点，对于同一元部件，若输入、输出变量选择不同，同一部件也可以有不同的传递函数。由于元部件的环节通常具有各自的突出的特征，因而也称作"典

型环节"。

一些常见的典型环节及其传递函数如表 2.1 所示。

表 2.1 典型环节及其传递函数

典型环节名称	传递函数
比例环节	K
微分环节	τs
积分环节	$1/s$
惯性环节	$1/[Ts+1]$
振荡环节	$1/[T^2s^2+2\zeta Ts+1]$
延迟环节	$e^{-\tau s}$

例如，对于传递函数

$$\Phi(s) = \frac{K(2s+1)}{s(Ts+1)(\tau^2s^2+2\zeta\tau s+1)}$$

就可以将其视为比例环节 K、比例微分环节 $2s+1$、积分环节 $1/s$、惯性环节 $1/[Ts+1]$、振荡环节 $1/[T^2s^2+2\zeta Ts+1]$ 的组合。下面，了解一下各种典型环节包含的具体内容。

2.4.1 比例环节

比例环节也称为放大环节，其输出量与输入量之间保持严格的比例关系，或者说是输出量以一定的比例复现输入信号。其运动方程为 $c(t)=Kr(t)$，相应传递函数 $G(s)=K$。常见的元部件包括杠杆、齿轮系、电位器、热阻、气阻等。如图 2.8 所示运放信号放大电路，可试求其传递函数 $\dfrac{X_c(s)}{X_r(s)}$。

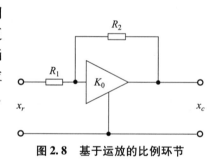

图 2.8 基于运放的比例环节

2.4.2 微分环节

理想的微分环节，其输出与输入信号对时间的微分成正比，其运动方程为 $c(t)=\tau\dfrac{\mathrm{d}r(t)}{\mathrm{d}t}$，相应传递函数为 $G(s)=\tau s$。对于阶跃输入，由于阶跃信号在时刻 $t=0$ 有一跃变，其他时刻均不变化，因此微分环节对阶跃输入的响应只在 $t=0$ 时刻产生一个响应脉冲。由于积分环节对信号变化敏感，有时候虽然输入信号幅值不大，然而却可以产生很强的瞬时输出，这对控制不利，因此控制系统中，通常不单独使用微分环节作为控制器或构建控制系统，微分环节通常需要和其他环节联合使用。常见的元部件有测速发电机（输入为转动角速度，输出为电压），以及微分电路等。

以图 2.9 所示测速发电机为例。假设转子转速

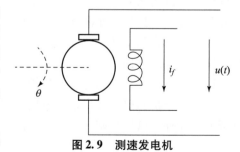

图 2.9 测速发电机

为 $\omega(t)$，产生的电压为 $u(t)$，在一定范围内存在 $u(t) = K\omega(t)$，那么对于输入 $\omega(t)$ 和输出 $u(t)$ 而言，测速发电机是一个比例环节。在工程实际中，还可以用角速度 $\theta(t)$ 来度量转速，这里 $\omega(t) = \dfrac{\mathrm{d}\theta(t)}{\mathrm{d}t}$，因此 $u(t) = K\dfrac{\mathrm{d}\theta(t)}{\mathrm{d}t}$。于是对于输入为角速度 $\theta(t)$ 和输出 $u(t)$ 而言，测速发电机是一个微分环节。这也印证了前文所述："对于同一元部件，若输入、输出变量选择不同，同一部件也可以有不同的传递函数。"

2.4.3　积分环节

积分环节是自动控制系统中的常见典型环节。其动态方程为 $c(t) = \dfrac{1}{T}\displaystyle\int_0^t r(\tau)\mathrm{d}\tau$，响应的传递函数为 $G(s) = \dfrac{1}{Ts}$。

对于单位阶跃输入，其输出为 $C(s) = \dfrac{1}{Ts}\cdot\dfrac{1}{s}$，相应时域响应为 $c(t) = \dfrac{1}{T}t$。输入输出信号的对应关系如图 2.10 所示。

可见，当输入阶跃函数时，该环节的输出随时间直线增长，增长速度由 $1/T$ 决定。当输入突然除去，积分停止，输出会维持不变。积分环节的特点是它的输出量为输入量随时间的积累，因此，凡是输出量对输入量有储存和积累特点的元部件一般都属于积分环节。如水箱的水位与水流量，烘箱的温度与热流量，机械运动中的转速与转矩，位移与速度，电容的电量与电流等。

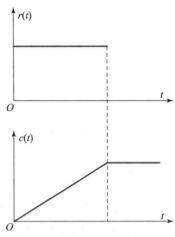

图 2.10　积分环节输入输出对照

2.4.4　惯性环节

惯性环节的特点是其输出量延缓地反映输入量的变化规律。它的动态方程是一个一阶微分方程，即 $T\dfrac{\mathrm{d}c(t)}{\mathrm{d}t} + c(t) = r(t)$。其相应的传递函数为 $G(s) = \dfrac{1}{Ts+1}$，式中，T 是惯性环节时间常数，它是系统惯性大小的量度。

惯性环节单位阶跃响应为 $C(s) = \dfrac{1}{Ts+1}R(s) = \dfrac{1}{Ts+1}\cdot\dfrac{1}{s} = \dfrac{1}{s} - \dfrac{1}{s+1/T}$，时域输出为 $c(t) = 1 - \mathrm{e}^{-\frac{t}{T}}$，$(t\geq 0)$。其输入输出信号曲线如图 2.11 所示。

一般而言，具有惯性环节特性的实际系统，都具有一个存储元件或称容量元件，进行物质或能量的存储。比如电容、热容等。由于系统的阻力，存储量的变化必须经过一段时间才能完成，这在信号的变化规律上即体现为惯性。

比如，对于如图 2.12 所示电路系统，其传递函数为 $G(s) = -\dfrac{R_2/R_1}{R_2Cs+1}$，因此本电路中 R_2/R_1 主要用来调节输入信号的放大倍数，在电容不改变的情况下，系统的惯性主要由 R_2 进行调节。在工程实际中可以用惯性环节描述的系统案例包括电加热炉（输入为控制电压，输出为炉温）、电阻 - 电感串联电路等。

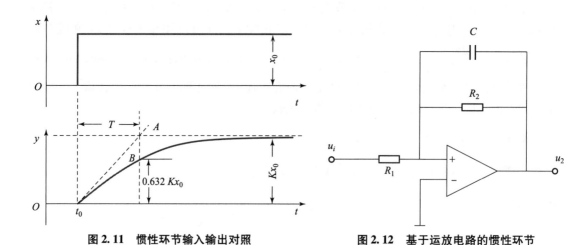

图 2.11 惯性环节输入输出对照　　　　图 2.12 基于运放电路的惯性环节

2.4.5 振荡环节

在振荡环节，通常包含两个独立的储存能量元件。如机械系统里的质量体和弹簧，电气系统里的电容和电感等，这些元部件都有储能的能力。相对应的阻尼器和电阻则为耗能元件。当系统受到输入作用时，能量可能在两个储能元件之间相互交换而形成振荡效应。例如，R－C－L 电路（例 2.15）、弹簧－质量机械系统（例 2.16）等。振荡环节的微分方程为

$$T_1^2\frac{\mathrm{d}^2y(t)}{\mathrm{d}t^2} + T_2\frac{\mathrm{d}y(t)}{\mathrm{d}t} + y(t) = Kx(t) \tag{2.53}$$

其中，T_1、T_2 为时间常数；K 为放大系数。

令 $\zeta = \dfrac{T_2}{2T_1}$，称之为阻尼系数。于是式（2.53）可写成

$$T_1^2\frac{\mathrm{d}^2y(t)}{\mathrm{d}t^2} + 2\zeta T_1\frac{\mathrm{d}y(t)}{\mathrm{d}t} + y(t) = Kx(t) \tag{2.54}$$

用 T_1^2 除以式（2.54）两边，并令 $\omega_n = 1/T_1$，$K = 1$；称 ω_n 为无阻尼振荡频率。则式（2.54）可写成

$$\frac{\mathrm{d}^2y(t)}{\mathrm{d}t^2} + 2\zeta\omega_n\frac{\mathrm{d}y(t)}{\mathrm{d}t} + \omega_n^2 y(t) = \omega_n^2 x(t) \tag{2.55}$$

在零初始条件下，对两端进行拉氏变换，整理可得二阶振荡环节的传递函数为

$$G(s) = \frac{Y(s)}{X(s)} = \frac{\omega_n^2}{s^2 + 2\zeta\omega_n s + \omega_n^2} \tag{2.56}$$

相应的单位阶跃响应为

$$y(t) = \left[1 - \frac{\mathrm{e}^{-\zeta\omega_n t}}{\sqrt{1 - \zeta^2}}\sin(\omega_n\sqrt{1 - \zeta^2}\,t + \theta)\right] \tag{2.57}$$

式中，$\theta = \arctan\dfrac{\sqrt{1 - \zeta^2}}{\zeta}$。

在振荡环节，阻尼系数 ζ 反映了系统抑制振荡的能力（它对系统的作用可以通俗地理解

为刹车对车辆系统的作用），ζ 对系统输出的影响如图 2.13 所示。

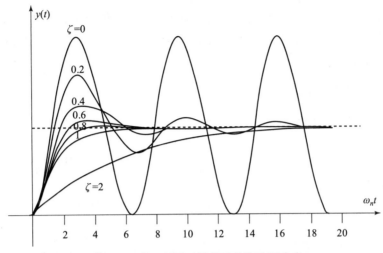

图 2.13   在 ζ 不同时振荡环节的阶跃响应

图 2.13 描绘了在阶跃输入下，ζ 从 0 到 2 变化范围内的时域响应曲线。结果表明，ζ 从 0 到 1 变化过程中，系统的振荡幅度逐渐减小；$\zeta = 1$ 时，系统的振荡现象消失；而 $\zeta = 2$（$\zeta > 1$）时的响应与一阶系统的性能类似。

2.4.6   延迟环节

在实际控制系统中，有时会遇到这样一种典型环节，当输入信号加入后，其输出端要延迟一段时间后才能对输入信号产生响应，且输出信号与输入信号完全相同，只是延迟了一段时间。例如，当输入为单位阶跃信号时，要经过一定时长 τ 后才会出现单位阶跃信号，而在 $0 < t < \tau$ 时间内，输出为零。我们将这种环节称为延迟环节，又称为延滞环节或纯滞后环节。其中，τ 称为延迟时间，$0 < t < \tau$ 之间的区间被称为死区。具有延迟环节的系统叫作延迟系统。延迟环节时域表达式为 $c(t) = r(t - \tau)$，相应传递函数 $G(s) = \mathrm{e}^{-\tau s} = 1/\mathrm{e}^{\tau s}$。若将 $\mathrm{e}^{\tau s}$ 进行泰勒展开，有

$$\mathrm{e}^{\tau s} = 1 + \tau s + \frac{\tau^2 s^2}{2!} + \frac{\tau^3 s^3}{3!} + \cdots \tag{2.58}$$

可见，当 $\tau \ll 1$ 时，可从式（2.58）右侧第三项开始舍去后面的高阶项，此时有

$$G(s) = \frac{1}{\tau s + 1} \tag{2.59}$$

这表明当延迟时间很短时，延迟环节可近似看作是以 τ 为时间常数的一阶惯性环节。

工程实践中，延迟环节也是常见的。一些典型的例子有：①热量通过传导介质而造成的时间上的延迟。②液压油从液压泵到阀控油缸间的管道传输产生的时间上的延迟。③各种传送带（或传送装置）因物料传送过程造成的延迟。

2.5   结   构   图

通过前面的学习，我们知道控制系统由一些典型环节组成的，将各环节的传递函数用方

框包围，形成独立的方块；再根据系统中信号传递的关系将这些方块连接，所形成的整体结构图称为"结构图"，或称作"方框图""方块图"。具体来说，自动控制系统的结构图是控制系统各部分的相对位置和功能的一种图解描述。相对于传递函数，结构图是控制系统的又一种动态数学模型描述，采用结构图可更便于求传递函数，同时能形象直观地表明信号在系统中的传递过程。

2.5.1　结构图的组成

一个控制系统结构图的实例如图 2.14 所示。

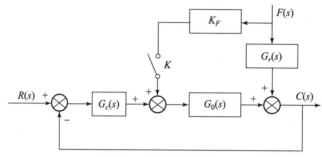

图 2.14　控制系统结构图

结合图 2.14，可知结构图包括：

（1）信号线。信号线是带箭头的线段，信号线的箭头表示信号的传输方向。在结构图中，信号只能单向传输。

（2）引出点。引出点或称为分支点，表示信号引出位置（图 2.15）。注意：从同一信号线上取出的信号，其大小和性质不发生变化（相对于电流信号的分流特征有所区别）。

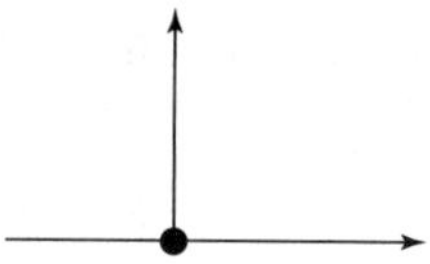

图 2.15　引出点示意图

（3）相加点。相加点又称比较点，指两个或更多信号进行代数相加的位置，其中"＋"和"－"表示信号的正负。为了简化，"＋"可以不进行标注，但"－"必须进行标注。相加点可以表示成如图 2.16 所示的两种方式。

（4）函数方框。函数方框用于对控制系统的环节进行描述，其结构如图 2.17 所示。

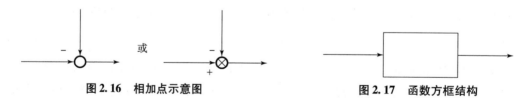

图 2.16　相加点示意图　　　　　　　　　　图 2.17　函数方框结构

2.5.2　结构图的特点

结构图的特点如下。

（1）利用微分方程或经拉氏变换得到的积分变换方程，可以方便地画出结构图。经过结构图的等效变换，便可求出图中任意两点之间的传递函数。

（2）结构图体现直观的空间结构，可方便研究整个控制系统的动态性能及分析各环节对系统总体性能的影响。

（3）同一系统，可体现为不同形式的结构图，即对所描述的系统来说，结构图并非唯一。但经结构变换并简化所得的结果该是相同的，即同一系统的传递函数是唯一的。

（4）结构图只包括与系统性能有关的信息，并不体现系统的物理结构。因此，不同的物理系统有可能具有相同的结构图。

2.5.3 结构图的绘制

结构图的绘制步骤总结如下。

（1）按照系统的结构和工作原理，建立系统元件的原始微分方程。

（2）分别对上述微分方程在零初始条件下进行拉氏变换，并根据各拉氏变换的因果关系，分别绘出各环节的结构图。

（3）按照信号在系统中传递、变换的过程，依次将上述各个传递函数结构图连接起来（同一变量的信号通路连在一起），使系统的输入量置于左端，输出量置于右端，便得到整个控制系统的结构图。

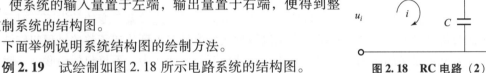

图 2.18 RC 电路（2）

下面举例说明系统结构图的绘制方法。

例 2.19 试绘制如图 2.18 所示电路系统的结构图。

解：首先列出系统的微分方程：

$$\begin{cases} u_R(t) = u_i(t) - u_C(t) \\ u_C(t) = \dfrac{1}{C}\int i(t)\,\mathrm{d}t \\ i(t) = \dfrac{u_R(t)}{R} \end{cases}$$

在零初始的条件下，对上式进行拉式变换得

$$\begin{cases} U_R(s) = U_i(s) - U_C(s) \\ U_C(s) = \dfrac{1}{Cs}I(s) \\ I(s) = \dfrac{U_R(s)}{R} \end{cases}$$

根据上式因果关系绘制各环节动态结构图如图 2.19 所示。

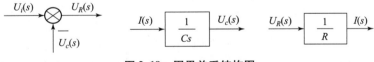

图 2.19 因果关系结构图

最后根据各信号之间的传递关系，将各元部件的动态结构图进行连接，最终得到的系统结构图如图 2.20 所示。

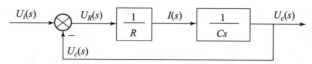

图 2.20 最终得到的系统结构图

解毕！

2.5.4 传递函数结构图的等效变换

传递函数结构图有时是比较复杂的，需要进行化简后方能求出传递函数。这就需要我们对结构图进行变换，将复杂的信号传递结构变换为简单形式，最终将所有元部件的模型整合到一个方框中，结果如图 2.21 所示。

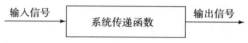

图 2.21 传递函数模块及输入输出关系示意图

这就要求对信号的空间传输进行梳理，并在保证信号传递关系不变的前提下，对元部件的模型进行等效合并。这种将系统结构图进行形式变换最终得到传递函数的过程叫作结构图化简。等效变换是结构图化简的主要方法。在结构图等效变换中，不仅包括串联、并联和反馈三种连接方式的变换，还包括信号连接位置调整。下面对于相应的变换规则进行逐一说明。

（1）串联：前一个环节的输出信号为后一个环节的输入信号，多个环节按顺序相连。环节串联结构如图 2.22 所示。

图 2.22 环节串联结构

图 2.22 中串联环节的总传递函数表示为各环节传递函数相乘：

$$G(s) = \frac{Y(s)}{X(s)} = \frac{Y_1(s)}{X(s)} \cdot \frac{Y_2(s)}{Y_1(s)} \cdot \frac{Y(s)}{Y_2(s)} = G_1(s)G_2(s)G_3(s) \tag{2.60}$$

（2）并联：各环节的输入信号相同，输出信号通过环节之间相加（或相减）得到。环节并联结构如图 2.23 所示。

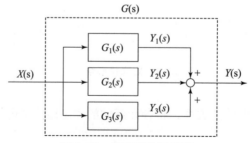

图 2.23 并联结构示意图

图 2.23 中并联环节的总传递函数为各环节传递函数求和：

$$G(s) = \frac{Y(s)}{X(s)} = \frac{Y_1(s)}{X(s)} + \frac{Y_2(s)}{X(s)} + \frac{Y_3(s)}{X(s)} = G_1(s) + G_2(s) + G_3(s) \qquad (2.61)$$

（3）反馈：若将系统或环节的输出信号反馈到
输入端，与输入信号进行比较，如图 2.24 所示，就
构成了反馈连接。

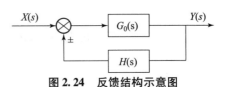

图 2.24　反馈结构示意图

结构图中，"－"表示负反馈，是指输入信号与
反馈信号相减；若为"＋"，则为正反馈，表示输入
信号与反馈信号相加。相应传递函数为

$$\Phi(s) = \frac{G_0(s)}{1 \mp G_0(s)H(s)} \qquad (2.62)$$

其中，"∓"中的"＋"对应负反馈情况；"－"对应正反馈情况。单位负反馈结构示意图
如图 2.25 所示，其中增益为 1 的模块，在结构图中可以省略。（图 2.25 右）

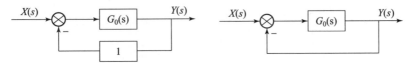

图 2.25　单位负反馈结构示意图

其闭环传函为

$$\Phi(s) = \frac{Y(s)}{X(s)} = \frac{G_0(s)}{1 + G_0(s)} \qquad (2.63)$$

（4）引出点前后移动：在结构图化简过程中，为了形成串联、并联或反馈结构，经常
需要把引出点越过某环节传递函数，这就涉及信号补偿问题。主要包括引出点前移和引出点
后移两种情况。

引出点前移是指引出点沿着信号传输的逆方向越过一个环节 G。这种前移导致前移后的
信号不再通过 G，因此要在前移的支路上额外再串联一个环节 G，这样才能使得图结构的改
变不影响信号的传输结果，如图 2.26 所示。

图 2.26　引出点前移

相应地，引出点后移的情况如图 2.27 所示。为了使信号传输不受结构改变的影响，要
在后移的引出点支路上抵消所引入的环节 G，即串联一个 $1/G$ 的环节。

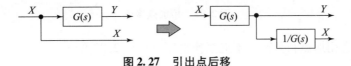

图 2.27　引出点后移

（5）相加点前后移动。

首先是相加点前移。相加点前移，导致信号 X_2 上额外加载了环节 G，为了消除因结构变化带来的影响，在 X_2 的支路上要串联一个 $1/G$ 环节，如图 2.28 所示。

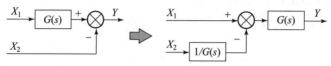

图 2.28　相加点前移

其等效变换的计算式可表示为

$$Y = X_1 G(s) - X_2 \Leftrightarrow Y = \left(X_1 - \frac{X_2}{G(s)} \right) G(s) \tag{2.64}$$

然后是相加点后移。相加点后移，导致信号 X_2 上未能加载环节 G。为了消除因结构变化带来的影响，在 X_2 的支路上要串联一个 G 环节作为补偿，如图 2.29 所示。

图 2.29　相加点后移

其等效变换的计算式可表示为

$$Y = (X_1 - X_2) G(s) \Leftrightarrow Y = X_1 G(s) - X_2 G(s) \tag{2.65}$$

（6）引出点和相加点的换位。由于引出点不对信号产生影响，因此相邻引出点之间的位置可以互换，如图 2.30 所示。

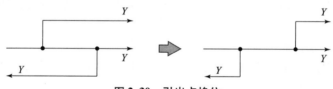

图 2.30　引出点换位

相加点实现信号的求和，对于系统的输入输出而言，求和顺序改变也不会影响系统信号的传输，如图 2.31 所示。

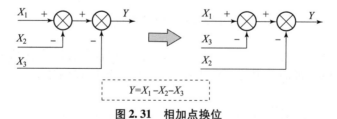

$$Y = X_1 - X_2 - X_3$$

图 2.31　相加点换位

此外，要注意相加点和分离点不能互换次序，如图 2.32 所示。

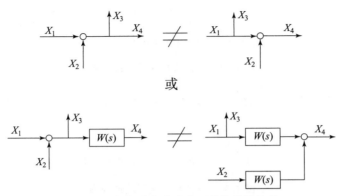

图 2.32　相加点和分离点不能换位的情况

因而，在结构图化简过程中，要避免出现引出点和相加点之间的换位。下面举例说明结构图化简的步骤。

例 2.20　采用等效变换法化简结构图，如图 2.33 所示。

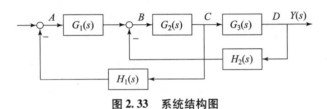

图 2.33　系统结构图

解：第一步：将引出点 D 前移跨过环节 $G_3(s)$ 可得如图 2.34 所示的结构图。

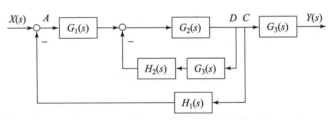

图 2.34　第一步简化系统结构图

第二步：消除 $G_2(s)$、$G_3(s)$、$H_2(s)$ 形成的负反馈回路，得如图 2.35 所示的结构图。

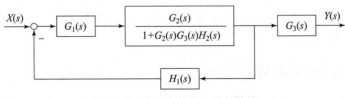

图 2.35　第二步简化系统结构图

第三步：消除第二步结构图中的负反馈回路，得如图 2.36 所示的结构图。

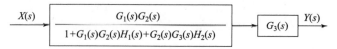

图 2.36　第三步简化系统结构图

第四步：消除第三步中的串联结构得结构图的最简形式，如图 2.37 所示。

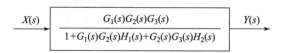

图 2.37　第四步简化系统结构图

解毕！

作为练习，请大家自行练习化简如图 2.38 所示结构图，这里也给出了答案以供验证。

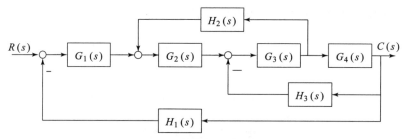

图 2.38　待简化系统结构图

答案为

$$\Phi(s) = \frac{G_1(s)G_2(s)G_3(s)G_4(s)}{1 + G_1(s)G_2(s)G_3(s)G_4(s)H_1(s) + G_2(s)G_3(s)H_2(s) + G_4(s)G_3(s)H_3(s)}$$

2.6　信号流图

　　虽然结构图是一种相对直观和简单的系统表示法，但对于更复杂的控制系统，使用结构图表示会显得庞杂，其化简将会涉及大量的等效变换，这种过程也很易出错。信号流图具有结构图直观的特征，相似之处在于也具有信号线、信号引出点、相加点等概念，主要区别在于在信号流图中，没有了函数方框，而是以在信号线上标注"增益"的方式，来体现环节模型。相对结构图而言，信号流图的优势在于可处理结构更复杂的系统结构，无须进行结构化简便可直接使用梅逊（Mason）公式方便地求得系统的传递函数（也称总增益）。因此信号流图在控制工程中也得到了广泛应用。

2.6.1　信号流图的定义

　　信号流图，是一种表示线性化代数方程组变量间关系的图示方法。信号流图表明了系统中各信号的关系，包含了系统结构图中所包含的全部信息，并可与之逐一对应。考虑简单等式 $x_i = a_{ij}x_j$，这里变量 x_i 和 x_j 是时间函数，可视为信号变量。a_{ij} 是变量 x_i 变换到变量 x_j 的映射关系，称作传输函数，可视为环节模型。若信号变量 x_i 和 x_j 用节点"〇"表示，传输函数用一有向有权的线段（称为支路，箭头表示信号的流向，信号只能单方向流动）来表示，则 $x_i = a_{ij}x_j$ 可以图示化，如图 2.39 所示。

相应地，其传递函数关系 $X_i(s) = A_{ij}(s)X_j(s)$ 也可以图示化，如图 2.40 所示。

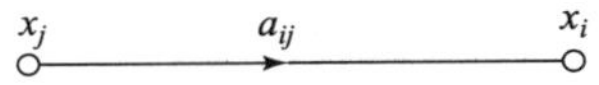

图 2.39　信号流图的信号与传输表示方法 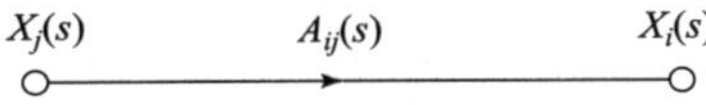　　　　**图 2.40　信号流图的信号与传输的传递函数表示方法**

2.6.2　信号流图的常用术语

信号流图是一套图示法，涉及不同的图示术语。图 2.41 为信号流图的结构与术语。

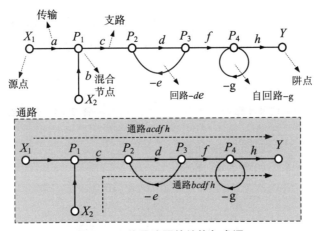

图 2.41　信号流图的结构与术语

图 2.41 中相应的术语说明如下。

节点：用以表示变量或信号的点称为节点，用符号"〇"表示。节点包括源点、阱点及混合节点。

传输：两个节点之间的增益或传输函数称为传输。

支路：联系两个节点并标有信号流向的定向线段称为支路。图 2.41 中传输为"a"和"b"的支路称为输入支路；传输为"h"的支路为输出支路。

源点：只有输出支路、没有输入支路的节点称为源点，它对应于系统的输入信号，或称为输入节点。如图 2.41 中的 X_1 及 X_2 节点。

阱点：只有输入支路、没有输出支路的节点称为阱点，它对应于系统的输出信号，或称为输出节点。如图 2.41 中的 Y 节点。

混合节点：既连接输入支路、又连接输出支路的节点。如图 2.41 中的 P_1、P_2、P_3 及 P_4 节点。

通路（或称为通道）：沿着支路箭头方向通过各个相连支路的路径，并且每个节点仅通过一次。通路中各支路传输的乘积称为通路增益。

回路（或称为闭通路）：如果通路的终点也是它的起点，并且与任何其他节点相交不多于一次的通路称为回路。如图 2.41 中的 $-de$ 回路。

自回路：信号从一个节点出发，在不经历其他节点情况下，又回到该节点的回路，称为自回路。如图 2.41 中的 $-g$ 回路。

前向通路：是指从源点开始并终止于汇点且与其他节点相交不多于一次的通路，该通路的各传输乘积称为前向通路增益。如图 2.41 中的 $acdfh$ 就是一条前向通路。

不接触回路：如果一信号流图有多个回路，各回路之间没有任何公共节点，就称为不接触回路；否则称为接触回路。

2.6.3 信号流图的简化

与结构图类似，信号流图也有一些简化变换规则，其简化的总体原则包括三点：①串联支路合并，减少节点；②并联支路合并，减少支路；③消除环路。其具体简化规则总结如下。

（1）有一个输入支路的阱点值等于输入信号乘以支路增益，如图 2.42 所示。

（2）串联支路的合并。总增益等于各支路增益的乘积，如图 2.43 所示。

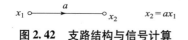

图 2.42　支路结构与信号计算　　　　　　**图 2.43　合并串联支路**

（3）并联支路的合并，如图 2.44 所示。

（4）混合节点的消除，如图 2.45 所示。

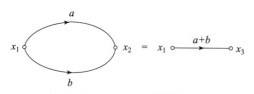

图 2.44　合并并联支路

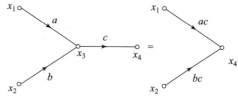

图 2.45　消除混合节点

（5）环路的消除，如图 2.46 所示。

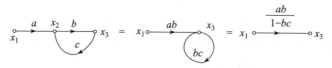

图 2.46　消除环路

2.6.4 信号流图的绘制方法

信号流图的绘制方法主要分为两种：直接法和翻译法。

直接法，是指根据系统的微分方程，首先获得各环节的传递函数模型，再依据这些模型的输入输出关系，最后采用信号线连接形成一个整体。其具体步骤为：

（1）将描述系统的微分方程进行拉氏转换为以 s 为变量的代数方程。

（2）按因果关系将代数方程写成如下形式：

$$x_1 = a_{11}x_1 + a_{12}x_2 + \cdots + a_{1n}x_n$$
$$x_2 = a_{21}x_1 + a_{22}x_2 + \cdots + a_{2n}x_n$$
$$\vdots$$
$$x_n = a_{n1}x_1 + a_{n2}x_2 + \cdots + a_{nn}x_n$$

(2.66)

（3）用节点"○"表示 n 个变量或信号，用支路表示变量与变量之间的关系。通常把输入变量放在图形左端，输出变量放在图形右端。

下面，举一个例子来说明如何用直接法绘制信号流图。

例 2.21 RLC［电阻（R）、电感（L）和电容（C）］电路如图 2.47 所示，考虑初始条件，试画出该系统的信号流图。

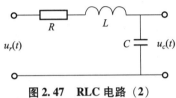

图 2.47 RLC 电路（2）

解：第一步，列写系统的微分方程组：

$$\begin{cases} u_r(t) = L\dfrac{\mathrm{d}i(t)}{\mathrm{d}t} + Ri(t) + u_c(t) \\ \\ i(t) = C\dfrac{\mathrm{d}u_c(t)}{\mathrm{d}t} \end{cases}$$

第二步，在非零初始条件下进行拉氏变换：

$$\begin{cases} U_r(s) = LsI(s) - Li(0^+) + RI(s) + U_c(s) \\ I(s) = CsU_c(s) - Cu_c(0^+) \end{cases}$$

第三步，整理成因果关系：

$$\begin{cases} I(s) = \dfrac{1}{Ls+R}U_r(s) - \dfrac{1}{Ls+R}U_c(s) + \dfrac{L}{Ls+R}i(0^+) \\ \\ U_c(s) = \dfrac{1}{Cs}I(s) + \dfrac{1}{s}u_c(0^+) \end{cases}$$

第四步，整理信号的输入输出关系，画出信号流图如图 2.48 所示。

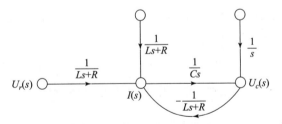

图 2.48 最终得到的信号流图

解毕！

翻译法，是依据已有的传递函数结构图，按照转换规则转换为信号流图。一些简单系统结构图及相应信号流图的对应关系总结如图 2.49 ～ 图 2.51 所示。

以上对应关系表明，结构图和信号流图两者有类似的信号传输结构，但是信号流图的表示方法更简单。

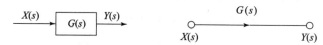

图 2.49　传递函数转换为支路结构

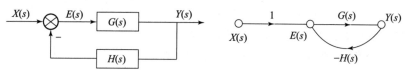

图 2.50　回路转换

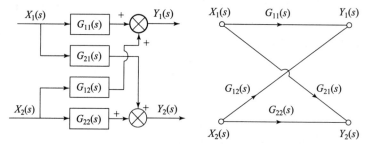

图 2.51　复杂结构转换

　　结构图与信号流图都可用来表示系统，它们两者之间可以相互转换，在转换过程中应注意以下几点。

　　（1）在转换中，信号流动的方向（即支路方向）及正、负号不能改变，如图 2.52 所示。

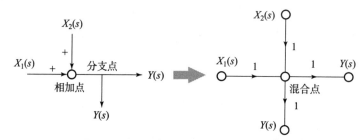

图 2.52　相加点和分支点换位时的转换

　　（2）先是"相加点"后是"分支点"的地方，应画成一个"混合节点"。

　　（3）先是"分支点"后是"相加点"的地方，应在"分支点"与"相加点"之间，增加一条传输函数为 1 的支路，如图 2.53 所示。

　　（4）两个"相加点"之间，有时要增加一条传输函数为 1 的支路，以避免出现环路的接触。

　　（5）若输入节点上有反馈信号与输入信号叠加，应在输入节点与此"相加点"之间增加一条传输函数为 1 的支路。

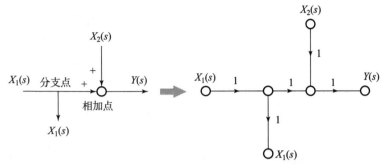

图 2.53　先"分支点"后"相加点"时的转换

（6）若输出节点上有反馈信号输出，可从输出节点上引出一条传输函数为 1 的支路。例如，根据如图 2.54 所示系统结构图，可以将其转化为信号流图。

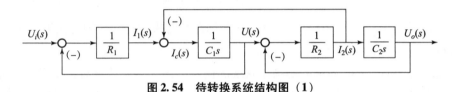

图 2.54　待转换系统结构图（1）

所得到的结果如图 2.55 所示。

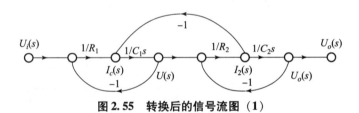

图 2.55　转换后的信号流图（1）

又如，根据图 2.56 所示的系统结构图可以得到相应的信号流图，如图 2.57 所示。

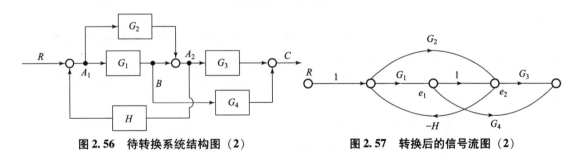

图 2.56　待转换系统结构图（2）　　　　**图 2.57　转换后的信号流图（2）**

2.6.5　梅逊增益公式

对于一些比较复杂的系统，采用结构图等效简化方法求系统的传递函数是比较麻烦的。而使用梅逊增益公式，不用做任何变换，只要通过对信号流图进行相应的分析就能直接写出系统的传递函数。

确定信号流图中输入变量与输出变量之间关系的梅逊增益公式如下：

$$G = \frac{1}{\Delta} \sum_{k=1}^{n} P_k \Delta_k \tag{2.67}$$

其中，

$$\Delta = 1 - \sum_a L_a + \sum_{b,c} L_b L_c - \sum_{d,e,f} L_d L_e L_f + \cdots \tag{2.68}$$

式（2.67）中，G 为从源点到汇点的总传输或总增益；P_k 为第 k 条前向通路的增益；n 为前向通道的数目；Δ 为信号流图的特征式；Δ_k 为信号流图的余子式，等于与第 k 条前向通路不接触的那部分信号流图的 Δ 值。或者说，它等于把与第 k 条前向通路接触的回路去掉后的 Δ 值。

式（2.68）中，$\sum_a L_a$ 为信号流图中所有闭通路（即回路）增益之和；$\sum_{b,c} L_b L_c$ 为每 2 个互不接触回路增益乘积之和，即信号流图中所有不接触回路每次取 2 个所有可能组合的增益乘积之和；而 $\sum_{d,e,f} L_d L_e L_f$ 为每 3 个互不接触回路增益乘积之和，即每次取 3 个不接触回路的所有可能组合的增益乘积之和。

在应用梅逊增益公式时，首先要画出系统的信号流图，然后计算有多少条前向通路 P_k，有多少回路 L_a，回路之间哪些是互不接触的以及哪些回路与前向通路是不接触的。接着，算出式（2.67）中的 n、Δ、P_k、Δ_k，由此可求出系统的传递函数。

下面举一个例子来展示梅逊增益公式的用法。

例 2.22 求图 2.58 所示系统信号流图的总增益。

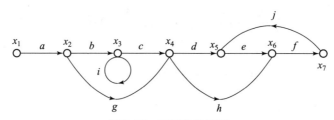

图 2.58 系统信号流图

解：第一步，分析系统的前向通路。发现图 2.58 所示系统共有 $n = 4$ 条前向通路，其增益分别为 $P_1 = abcdef, P_2 = abchf, P_3 = agdef, P_4 = aghf$。

第二步，分析系统回路。发现系统有两个回路，分别为 $L_1 = i$，$L_2 = efj$，且这两个回路互不接触，因此 $L_1 L_2 = iefj$。

第三步，写出系统的特征式，可得

$$\Delta = 1 - (L_1 + L_2) + L_1 L_2 = 1 - i - efj + iefj$$

第四步，写出余子式。由于前向通路 P_1 和 P_2 与所有回路都接触，因此 $\Delta_1 = 1$，$\Delta_2 = 1$；而前向通路 P_3 和 P_4 与回路 L_1 不接触，与 L_2 接触，因此有 $\Delta_3 = 1 - L_1 = 1 - i$，$\Delta_4 = 1 - L_1 = 1 - i$。

综上，该信号流图的总增益为

$$G = \frac{1}{\Delta} \sum_{k=1}^{4} P_k \Delta_k = \frac{1}{\Delta}(P_1\Delta_1 + P_2\Delta_2 + P_3\Delta_3 + P_4\Delta_4)$$

$$= \frac{abcdef + abchf + agdef(1-i) + aghf(1-i)}{1 - i - efj + iefj}$$

解毕!

上面的例子表明,应用梅逊增益公式不经任何结构变换,可求出源节点和汇节点之间的传递函数。因此应用梅逊增益公式可以大大简化系统结构变换的计算。但当系统结构过于复杂时,前向通道、回路,余子式的数目很容易判断错误。为了确保结果的正确性,人们常常将梅逊增益公式和结构图变换结合起来用,两者可互相检验。

课 后 习 题

2-1　求下列函数拉氏变换式(零初始条件)或反拉氏变换式。

(1) $f(t) = e^{-2t}\cos 4t$。

(2) $f(t) = 2 - e^{-\frac{t}{T}} + \sin 3t$。

(3) $F(s) = \dfrac{s+1}{s(s^2 + s + 1)}$。

(4) $F(s) = \dfrac{s+2}{s^2 + 4}$。

2-2　已知系统的单位脉冲响应为 $g(t) = 4e^{-t} + 3e^{-0.2t}$,试求系统的传递函数。

2-3　已知系统传递函数

$$\frac{C(s)}{R(s)} = \frac{2}{s^2 + 3s + 2}$$

其中,初始条件为 $c(0) = -1, \dot{c}(0) = 0$,试求系统在输入 $r(t) = 1(t)$ 作用下的输出 $c(t)$。

2-4　证明图 2.59(a)、(b) 所示的力学系统和电路系统是相似系统(即有相同形式的数学模型)。

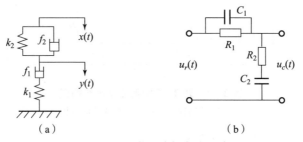

图 2.59　力学系统与电路系统

(a) 力学系统;(b) 电路系统

2-5　求图 2.60 所示各有源网络的传递函数 $U_c(s)/U_r(s)$。

2-6　已知一机械系统受力情况如图 2.61 所示。

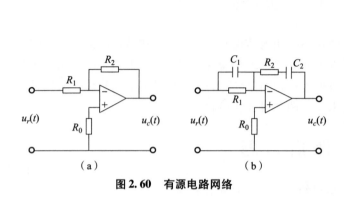

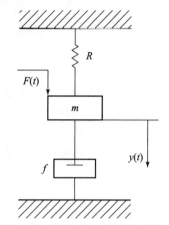

图 2.60　有源电路网络　　　　　　　图 2.61　题 2 – 6 力学系统示意图

其中，弹簧弹性系数为 k，阻尼器阻尼系数为 f，质量块的质量为 m，求传递函数 $Y(s)/F(s)$。

2 – 7　试用结构图等效化简求图 2.62 所示各系统的传递函数 $C(s)/R(s)$。

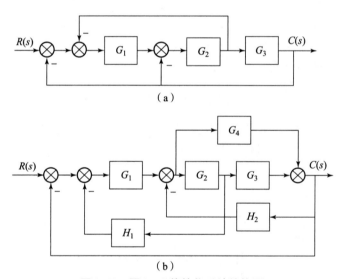

（a）

（b）

图 2.62　题 2 – 7 待简化系统结构图

（a）系统结构图 I；（b）系统结构图 II

2 – 8　试绘制图 2.63 所示系统的信号流图并求传递函数 $C(s)/R(s)$。

2 – 9　求图 2.64 所示系统结构图的 $C(s)/R(s)$ 与 $E(s)/R(s)$。

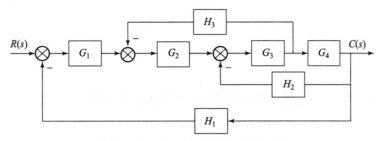

图 2.63　题 2 - 8 待转换系统结构图

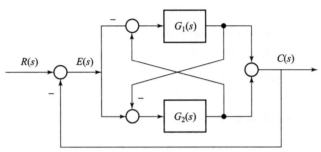

图 2.64　题 2 - 9 系统结构图

2 - 10　已知系统结构图如图 2.65 所示。

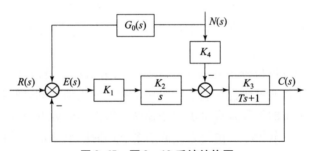

图 2.65　题 2 - 10 系统结构图

（1）求传递函数 $C(s)/R(s)$ 与 $E(s)/R(s)$。

（2）若要消除干扰对输出的影响，求 $G_0(s)$ 的表达式。

第 3 章

线性系统的时域分析

本章学习要点

（1）熟悉一阶、二阶系统时域响应的规律。
（2）掌握一阶、二阶系统动态性能指标的求法。
（3）初步掌握高阶系统的简化分析方法。
（4）掌握系统稳定性的判断方法及劳斯判据的用法。
（5）掌握系统稳态误差的求取方法。

3.1　引　　言

　　系统的数学模型建立以后，便可对其进行分析和校正，分析和校正是自动控制理论课程的两大任务。分析是指由已知的系统模型确定系统的性能指标（认识系统）；校正是指根据需要在系统中加入一些机构和装置并确定相应的参数，用以改善系统以使其满足要求的性能指标（改造系统）。

　　经典控制理论中的分析与校正方法主要包括时域分析法、复域法（根轨迹法）和频域分析法。时域分析法就是通过研究控制系统对一个特定输入信号的时间响应来评价系统性能的方法。这种方法所采用的手段是直接求解描述系统特性的微分方程或状态方程，因此对低阶系统是一种比较准确的分析法。由于许多高阶系统的时间响应常可近似为一个二阶系统的时间响应，因而时域分析法对研究高阶系统的性能也具有重要意义。

3.2　典型输入信号

　　在实际控制系统中，输入信号并不是一成不变的，它可以随时间变化。为了便于分析和设计，有必要假定一些有代表性的基本输入函数形式，即典型的输入信号。这不仅可以简化数学处理方法，而且可以由此推知其他更为复杂的输入情况下的系统性能。此外，在用实验法进行控制系统性能分析时，也经常采用典型输入信号。常见的典型输入信号包括阶跃函数、脉冲函数、斜坡函数、加速度函数及正弦函数。

3.2.1　阶跃函数

　　在控制系统的分析和设计中，阶跃输入通常取单位阶跃函数形式，其原因已在 1.4.2 节进行了阐述。单位阶跃函数的数学表示式为

$$u(t) = \begin{cases} 1(t) & t \geq 0 \\ 0 & t < 0 \end{cases} \tag{3.1}$$

相应函数图形如图 3.1 所示。

相应的拉氏变换为

$$L[u(t)] = \frac{1}{s} \tag{3.2}$$

系统在单位阶跃输入作用下的输出称为单位阶跃响应。

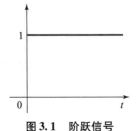

图 3.1　阶跃信号

3.2.2　脉冲函数

脉冲函数中，理论上脉冲幅度为 ∞，然而这种理想的信号在现实中是不存在的。研究中，通常取单位脉冲函数，其数学表示为

$$u(t) = \delta(t) \tag{3.3}$$

相应函数图形如图 3.2 所示。

系统在单位脉冲函数输入作用下的输出，称为单位脉冲响应。对单位阶跃函数取时间的一阶导数，就成为单位脉冲函数。单位脉冲函数的拉氏变换为

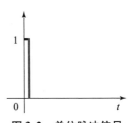

图 3.2　单位脉冲信号

$$L[u(t)] = 1 \tag{3.4}$$

工程实际中，通常采用矩形脉冲信号作为系统输入以测试输出参数随时间变化的过程。这种方法称为矩形脉冲反应曲线法。

3.2.3　斜坡函数

斜坡函数描述了系统的输入随着时间推移而线性增长的规律，其表达式为

$$u(t) = \begin{cases} Kt & t \geq 0 \\ 0 & t < 0 \end{cases} \tag{3.5}$$

式 (3.5) 中，当 $K = 1$ 时称为单位斜坡函数，也称等速函数或单位递增函数。它等于单位阶跃函数对时间的积分，而它对时间的导数就是单位阶跃函数。其函数图形如图 3.3 所示。

单位斜坡函数的拉氏变换为

$$L[r(t)] = \frac{1}{s^2} \tag{3.6}$$

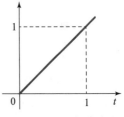

图 3.3　单位斜坡信号

3.2.4　加速度函数

加速度函数，也称为物线函数，描述了系统的输入随着时间推移而以时间的 2 次方增长的规律，其表达式为

$$u(t) = \begin{cases} Kt^2 & t \geq 0 \\ 0 & t < 0 \end{cases} \tag{3.7}$$

当 $K = 1/2$ 时，称为单位加速度函数，其表达式为

$$u(t) = \frac{1}{2}t^2 \cdot 1(t) \tag{3.8}$$

其函数图形如图 3.4 所示。

工程实际中，加速度函数信号的主要用于测试系统对信号的跟踪能力。

单位加速度函数的拉氏变换为

$$L\left[\frac{1}{2}t^2 \cdot 1(t)\right] = \frac{1}{s^3} \tag{3.9}$$

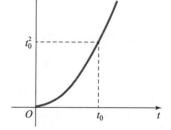

图3.4 单位加速度信号

3.2.5 正弦函数

正弦函数的主要特征量为频率、幅值和相位。将正弦函数作为输入信号，可以观察系统对其幅值和相位的影响，即系统的频率响应。频率响应是分析和设计自动控制系统的重要方法之一，这部分内容将在第5章详细介绍。

3.3 控制系统的时间响应与动态性能

控制系统的时间响应，从时序上可以划分为动态和稳态两个过程。动态过程又称为过渡过程，是指系统从初始状态到接近最终状态的响应过程。稳态过程是指时间 t 趋于无穷时系统的输出状态。研究系统的时间响应，须对动态和稳态两个过程的特点与性能进行探讨。

3.3.1 一阶系统的时间响应

用一阶微分方程描述的控制系统称为一阶系统。下面就一阶系统对单位阶跃函数、单位脉冲函数、单位斜坡函数响应进行分析。在分析过程中，系统均以零初始条件为前提。

一阶系统的微分方程为

$$T\frac{\mathrm{d}c(t)}{\mathrm{d}t} + c(t) = r(t) \tag{3.10}$$

相应传递函数为

$$\frac{C(s)}{R(s)} = \frac{1}{Ts + 1} \tag{3.11}$$

式中，T 为时间常数。标准一阶系统的结构图如图3.5所示。

此外，对于图3.6所示系统，其传递函数为

$$\frac{C(s)}{R(s)} = \frac{\dfrac{K_0}{T_0 s + 1}}{1 + \dfrac{K_0}{T_0 s + 1}} = \frac{K_0}{T_0 s + 1 + K_0} = \frac{\dfrac{K_0}{1 + K_0}}{\dfrac{T_0}{1 + K_0}s + 1} = \frac{K}{Ts + 1} \tag{3.12}$$

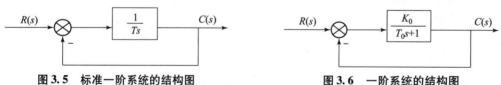

图3.5 标准一阶系统的结构图　　　　　**图3.6 一阶系统的结构图**

可见，由一阶惯性环节构成的单位反馈控制系统，仍具有一阶特性。式（3.12）中的 T 为系统的时间常数，K 为系统的放大系数。下面来分析当 $K = 1$ 时系统的瞬态响应。

1. 一阶系统的单位阶跃响应

在单位阶跃输入下 $R(s) = 1/s$，系统的输出为

$$C(s) = \frac{1}{Ts+1}R(s) = \frac{1}{s(Ts+1)} = \frac{1}{s} - \frac{T}{Ts+1} \tag{3.13}$$

由反拉氏变换得到系统的单位阶跃响应为

$$h(t) = y(t) = L^{-1}[Y(s)] = 1 - e^{-\frac{t}{T}} \tag{3.14}$$

其相应的时间响应曲线如图 3.7 所示。

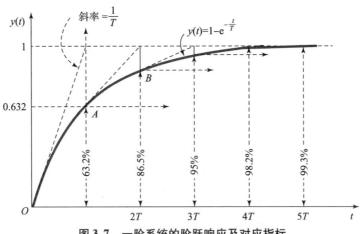

图 3.7　一阶系统的阶跃响应及对应指标

根据图 3.7，响应曲线在 $t = 0$ 处的斜率最大，其值为 $1/T$。若系统保持 $1/T$ 斜率不变，在 $t = T$ 时输出就能达到稳态值，而实际上只上升到稳态值的 63.2%；在 $t = 2T$ 时上升到稳态值的 86.5%；在 $t = 3T$ 时上升到稳态值的 95%。可见一阶系统的时域响应输出与其时间常数是相关的。

2. 一阶系统的单位脉冲响应

在单位脉冲输入作用下，系统的输出为

$$C(s) = \frac{1}{Ts+1}L(\delta(t)) = \frac{1}{Ts+1} \tag{3.15}$$

由反拉氏变换得到相应的系统单位脉冲响应为

$$g(t) = y(t) = L^{-1}[Y(s)] = \frac{1}{T}e^{-\frac{t}{T}} \tag{3.16}$$

其相应的时间响应曲线如图 3.8 所示。

根据图 3.8，当 $t = 0$ 时，系统的输出信号幅度为 $1/T$，然后按照指数规律下降到趋于零。本质上，对于一阶系统来说，单位脉冲响应函数是单位阶跃响应函数的导数。

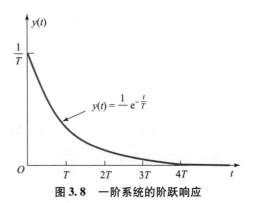

图 3.8　一阶系统的阶跃响应

3. 一阶系统的单位斜坡响应

在单位斜坡信号输入作用下，一阶系统的输出为

$$Y(s) = \frac{1}{s^2(Ts+1)} = \frac{1}{s^2} - \frac{T}{s} + \frac{T^2}{Ts+1} \tag{3.17}$$

由反拉氏变换得到相应的系统单位斜坡响应为

$$y(t) = L^{-1}[Y(s)] = t - T + Te^{-\frac{t}{T}} \tag{3.18}$$

其相应的时域响应曲线如图 3.9 所示。

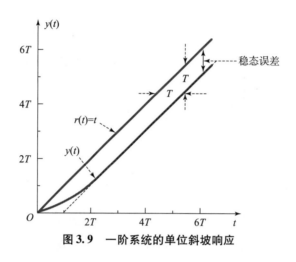

图 3.9　一阶系统的单位斜坡响应

根据图 3.9 所示的响应曲线，可知一阶系统单位斜坡响应的稳态分量与输入函数斜率相同，但在时间上有一个时间常数 T 的延迟。在过渡过程结束后，系统的稳态输出与单位斜坡输入之间存在着跟踪误差，其大小也正好等于时间常数 T。本质上，对于一阶系统来说，单位阶跃响应函数是单位斜坡响应函数的一阶导数，而单位脉冲响应函数是单位斜坡响应函数的二阶导数。

下面举两个例子来体会一下一阶系统时域响应的特性。

例 3.1　某温度计插入温度恒定的水后，其显示温度变化的规律满足

$$h(t) = 1 - e^{-\frac{t}{T}}$$

测试发现，当 $t = 60$ s 时，测量的温度达到实际温度的 95%，试确定该温度计的传递函数。

解：由典型一阶系统的时域响应规律可知，当输出信号上升到输入幅值的 95% 时，所对应的时间为 $t = 3T$，那么，系统的时间常数为 $T = \frac{t}{3} = 20$ s。所以系统的时域响应为

$$h(t) = 1 - e^{-\frac{t}{20}}$$

这满足一阶系统的单位阶跃响应函数形式。由题设，输入为单位阶跃信号，即 $R(s) = 1/s$。由传递函数定义 $\Phi(s) = \dfrac{H(s)}{R(s)}$ 可知

$$H(s) = R(s)\Phi(s) = \frac{1}{s}\Phi(s)$$

移项变换得 $\Phi(s) = sH(s)$。零初始条件下，由微分定理可得

$$g(t) = h'(t) = \frac{1}{20}\mathrm{e}^{-\frac{t}{20}}$$

最终可得传递函数

$$\Phi(s) = L^{-1}\left(\frac{1}{20}\mathrm{e}^{-\frac{t}{20}}\right) = \frac{1}{20s + 1}$$

解毕！

例 3.2　已知原系统传递函数为

$$G(s) = \frac{10}{0.2s + 1}$$

现采用如图 3.10 所示方法进行改进，要求将反馈系统的调节时间缩短为原来的 0.1，并保持原放大倍数不变。试确定 K_0 和 K_1 的值。

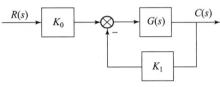

图 3.10　系统结构图（1）

解：改进后的系统传递函数为

$$\frac{C(s)}{R(s)} = \frac{K_0 G(s)}{1 + K_1 G(s)} = \frac{K_0 \dfrac{10}{0.2s + 1}}{1 + K_1\left(\dfrac{10}{0.2s + 1}\right)} = \frac{10 K_0}{0.2s + 1 + 10 K_1}$$

可见改进后的传递函数依然是一个一阶系统。转化为一阶系统传递函数的标准形式可得

$$\frac{10 K_0}{0.2s + 1 + 10 K_1} = \frac{\dfrac{10 K_0}{1 + 10 K_1}}{\dfrac{0.2s}{1 + 10 K_1} + 1} = \frac{K_\Phi}{T_\Phi s + 1}$$

进而可得关于 K_0 和 K_1 的二元一次方程组

$$\begin{cases} K_\Phi = \dfrac{10 K_0}{1 + 10 K_1} = 10 \\ T_\Phi = \dfrac{0.2}{1 + 10 K_1} = 0.02 \end{cases}$$

解得

$$\begin{cases} K_0 = 10 \\ K_1 = 0.9 \end{cases}$$

解毕！

3.3.2　二阶线性系统的瞬态响应

在分析和设计系统时，二阶线性系统在控制理论研究中占有十分重要的位置。尽管工程实际中的二阶线性系统并不多见，更多的是三阶或更高阶系统，但它们可以用二阶线性系统去近似分析。因此，在自动控制理论的学习中，熟悉并掌握二阶线性系统的性能和特性至关重要。

1. 二阶系统的标准形式

与第 2 章推导得出的二阶对象（环节）的数学模型一样，二阶线性控制系统也可以表示为一般形式的线性常系数微分方程式：

$$a_1 \frac{\mathrm{d}^2 y(t)}{\mathrm{d}t^2} + a_2 \frac{\mathrm{d}y(t)}{\mathrm{d}t} + a_3 y(t) = Kx(t) \tag{3.19}$$

若 $a_3 \neq 0$，则可以写成

$$T^2 \frac{\mathrm{d}^2 y(t)}{\mathrm{d}t^2} + 2\zeta T \frac{\mathrm{d}y(t)}{\mathrm{d}t} + y(t) = K_p x(t) \tag{3.20}$$

或

$$\frac{\mathrm{d}^2 y(t)}{\mathrm{d}t^2} + 2\zeta \omega_n \frac{\mathrm{d}y(t)}{\mathrm{d}t} + \omega_n^2 y(t) = K_p \omega_n^2 x(t) \tag{3.21}$$

式中

$$T^2 = a_1/a_3, \; 2\zeta T = a_2/a_3, \; K_p = K/a_3, \; T = 1/\omega_n \tag{3.22}$$

对于

$$\frac{\mathrm{d}^2 y(t)}{\mathrm{d}t^2} + 2\zeta \omega_n \frac{\mathrm{d}y(t)}{\mathrm{d}t} + \omega_n^2 y(t) = K_p \omega_n^2 x(t) \tag{3.23}$$

令 $K_p = 1$，就可以得到二阶线性系统数学模型的标准形式：

$$\frac{\mathrm{d}^2 y(t)}{\mathrm{d}t^2} + 2\zeta \omega_n \frac{\mathrm{d}y(t)}{\mathrm{d}t} + \omega_n^2 y(t) = \omega_n^2 x(t) \tag{3.24}$$

式中，ω_n 为自然频率或无阻尼振荡频率，ζ 为阻尼系数或阻尼比，阻尼（damping）是指任何振动系统在振动中，由于外界作用或系统本身固有的原因引起的振动幅度逐渐下降的特性，以及此特性的量化表征。

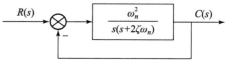

图 3.11　标准形式二阶线性系统的结构图

标准形式二阶线性系统的结构图如图 3.11 所示。

系统的闭环传递函数为

$$\Phi(s) = \frac{C(s)}{R(s)} = \frac{\omega_n^2}{s^2 + 2\zeta \omega_n s + \omega_n^2} \tag{3.25}$$

特征方程为

$$s^2 + 2\zeta \omega_n s + \omega_n^2 = 0 \tag{3.26}$$

可见，二阶线性系统的时间响应取决于参量 ζ 和 ω_n。特性方程相应的根为

$$-s_{1,2} = -\zeta \omega_n \pm \omega_n \sqrt{\zeta^2 - 1} \tag{3.27}$$

显然，当阻尼系数 ζ 具有不同值时，特征根将可能是两个相异实根、两个相等实根、一对共轭复根或一对纯虚根。

2. 二阶线性系统的单位阶跃响应

下面，依据阻尼系数 ζ 的不同范围对二阶线性系统的时域响应进行探讨，具体分为过阻尼（$\zeta > 1$）、临界阻尼（$\zeta = 1$）、欠阻尼（$0 < \zeta < 1$）、无阻尼（$\zeta = 0$）及负阻尼 $\zeta < 0$ 五种情况分别进行分析。

1）过阻尼（$\zeta > 1$）

在过阻尼情况下，二阶线性系统有两个不相等的负实根：

$$-s_1 = -\zeta \omega_n + \omega_n \sqrt{\zeta^2 - 1}; \; -s_2 = -\zeta \omega_n - \omega_n \sqrt{\zeta^2 - 1} \tag{3.28}$$

因此，系统单位阶跃响应的象函数可写成

$$C(s) = R(s)\Phi(s) = \frac{\omega_n^2}{s(s + s_1)(s + s_2)} \tag{3.29}$$

令 $s_1 = 1/T_1, s_2 = 1/T_2$，将其代入式（3.28）并注意到 $s_1 s_2 = \omega_n^2$，整理可得

$$Y(s) = \frac{1}{s(T_1 s + 1)(T_2 s + 1)} \tag{3.30}$$

可求得系统的单位阶跃响应：

$$h(t) = L^{-1}[Y(s)] = 1 - \frac{1}{T_1 - T_2}(T_1 e^{-\frac{t}{T_1}} - T_2 e^{-\frac{t}{T_2}}) \tag{3.31}$$

式（3.31）表明，输出瞬态响应由两个单调衰减的指数项组成，这是一个不振荡的衰减过程。根据 s_1 和 s_2 的表达式，可知 $s_2 - s_1 = 2\omega_n\sqrt{\zeta^2 - 1}$，所以当 $\zeta \gg 1$ 时 $s_1 \ll s_2$，即 $T_1 \gg T_2$，对于式（3.31），可知相对于 $T_1 e^{-\frac{t}{T_1}}$，$T_2 e^{-\frac{t}{T_2}}$ 会衰减得很快，若将 $T_2 e^{-\frac{t}{T_2}}$ 的影响忽略不计，则系统的输出响应与一阶系统的响应相同。若 $T_2 \approx 0$，则式（3.31）近似为

$$h(t) = 1 - e^{-\frac{t}{T_1}} \tag{3.32}$$

结合零极点图可以描述为：极点离原点越远，如图 3.12（a）中的极点 2，过渡进行得越迅速；而极点离原点越近，如图 3.12（a）中的极点 1，过渡变化就越慢。对于二阶线性系统的整体稳定性来讲，离原点较近的极点离原点越近，系统的过渡过程就越长。这说明该极点主导了系统的动态过程。相应一阶、二阶线性系统时域响应曲线对照如图 3.12（b）所示。其中，该曲线"1""2"分别为单极点的一阶系统时域响应曲线；而"1 * 2"是包含以上两个极点的二阶线性系统时域响应曲线。对照以上曲线可以看出，"1"和"1 * 2"具有相似的响应过程。

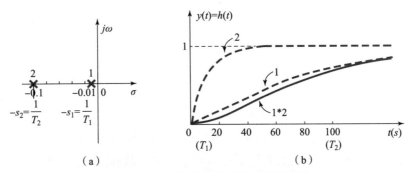

图 3.12　负实轴极点及对应的时间响应

（a）零极点图；（b）阶跃响应曲线示意图

对于过阻尼系统，其零极点图（复频域）与阶跃响应曲线（时域）示意图如图 3.13 所示。

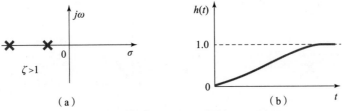

图 3.13　过阻尼系统的零极点图与阶跃响应曲线示意图

（a）零极点图；（b）阶跃响应曲线示意图

2）临界阻尼（$\zeta = 1$）

当 $\zeta = 1$ 时，系统有两个相等的负实根，即

$$-s_1 = -s_2 = -\omega_n \tag{3.33}$$

系统响应的象函数为

$$C(s) = \frac{\omega_n^2}{s(s + \omega_n)^2} \tag{3.34}$$

相应的单位阶跃响应为

$$h(t) = L^{-1}[C(s)] = 1 - e^{-\omega_n t}(1 + \omega_n t) \tag{3.35}$$

因此，当阻尼系数 $\zeta = 1$ 时，二阶线性系统的单位阶跃响应仍是一个不振荡的衰减过程。对于临界阻尼系统，其零极点图（复频域）与阶跃响应曲线（时域）示意图如图 3.14 所示。

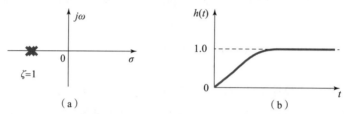

图 3.14　临界阻尼系统的零极点图与阶跃响应曲线示意图

（a）零极点图；（b）阶跃响应曲线示意图

3）欠阻尼（$0 < \zeta < 1$）

在欠阻尼情况下，系统有一对共轭复根，即

$$-s_1 = -\zeta\omega_n + j\omega_n \sqrt{1 - \zeta^2} \tag{3.36}$$

$$-s_2 = -\zeta\omega_n - j\omega_n \sqrt{1 - \zeta^2} \tag{3.37}$$

若令

$$\sigma = \zeta\omega_n, \omega_d = \omega_n \sqrt{1 - \zeta^2} \tag{3.38}$$

则相应共轭复根可写为 $-s_{1,2} = -\sigma \pm j\omega_d$。式中，$\sigma = \zeta\omega_n$ 为衰减系数；$\omega_d = \omega_n \sqrt{1 - \zeta^2}$ 为系统响应信号的振荡频率，由于其数值与阻尼系数 ζ 有关，故称阻尼振荡频率。当 $\zeta = 0$ 时，$\omega_d = \omega_n$，因此 ω_n 也称无阻尼振荡频率。

对于欠阻尼系统，其零极点图（复频域）与阶跃响应曲线（时域）示意图如图 3.15 所示。

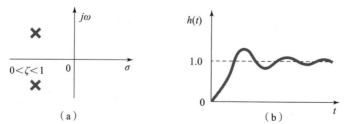

图 3.15　欠阻尼系统的零极点图与阶跃响应曲线示意图

（a）零极点图；（b）阶跃响应曲线示意图

系统的单位阶跃响应：

$$h(t) = L^{-1}[Y(s)] = 1 - \frac{e^{-\zeta\omega_n t}}{\sqrt{1-\zeta^2}}\sin(\omega_n\sqrt{1-\zeta^2}t + \varphi) \tag{3.39}$$

其中，$\varphi = \arccos\zeta$，故欠阻尼线性二阶系统单位阶跃响应的瞬态分量是振幅随时间按指数函数规律衰减的周期函数。从式（3.39）也可以看到，系统响应曲线的振荡频率为 $\omega_d = \omega_n\sqrt{1-\zeta^2}$，因此 ω_d 是输出信号的频率表征，这要与系统的无阻尼振荡频率 ω_n 区分。

欠阻尼系统单位阶跃响应的象函数为

$$C(s) = \frac{\omega_n^2}{s^2 + 2\zeta\omega_n s + \omega_n^2} \cdot \frac{1}{s} \tag{3.40}$$

可分解为

$$C(s) = \frac{1}{s} - \frac{s + 2\zeta\omega_n}{(s + \zeta\omega_n + j\omega_d)(s + \zeta\omega_n - j\omega_d)} \tag{3.41}$$

进一步变换可得

$$C(s) = \frac{1}{s} - \frac{s + \zeta\omega_n}{(s + \zeta\omega_n)^2 + \omega_d^2} - \frac{\zeta}{\sqrt{1-\zeta^2}}\frac{\omega_n\sqrt{1-\xi^2}}{(s + \zeta\omega_n)^2 + \omega_d^2} \tag{3.42}$$

进行反拉氏变换可得

$$c(t) = 1 - e^{-\zeta\omega_n t}\cos\omega_d t - \frac{\zeta}{\sqrt{1-\zeta^2}}e^{-\zeta\omega_n t}\sin\omega_d t \tag{3.43}$$

进而可得

$$c(t) = 1 - e^{-\zeta\omega_n t}\frac{1}{\sqrt{1-\zeta^2}}\sin(\omega_d t + \theta) \tag{3.44}$$

其中的 θ 可以采用三种方式求得

$$\theta = \arcsin(\sqrt{1-\zeta^2}) \text{ 或 } \theta = \arccos(\zeta) \text{ 或 } \theta = \arctan\left(\frac{\sqrt{1-\zeta^2}}{\zeta}\right) \tag{3.45}$$

可见 $c(t)$ 的收敛主要取决于 $e^{-\zeta\omega_n t}$ 这一项，这也是 $\sigma = \zeta\omega_n$ 被称为衰减系数的原因，$\zeta\omega_n$ 越大，$e^{-\zeta\omega_n t}$ 衰减得越快，$c(t)$ 的收敛就越快。

此外，我们也观察到在 $\sin(\omega_d t + \theta)$ 前的系数为 $e^{-\zeta\omega_n t}\frac{1}{\sqrt{1-\zeta^2}}$，结合图 3.16 可知，$\zeta$ 越趋于 0，其衰减越慢；ζ 越趋近于 1，衰减就越快。这表明在阻尼系数 ζ 趋于 0 时，系统的振荡会比较明显；而在阻尼系数 ζ 趋于 1 时，系统的振荡会比较快地消失。

对于传递函数为

$$G(s) = \frac{1}{s^2 + 2\zeta s + 1} \tag{3.46}$$

的系统，当 $\zeta = 0.1, 0.2, \cdots, 1$ 时，系统的单位阶跃响应如图 3.17 所示。从图中的响应曲线可以看出，当 $\zeta = 0.1$ 时，系统的输出振荡是很明显的，并且振荡持续时间长；而当 $\zeta = 0.9$ 时，系统的输出响应曲线振荡就不明显了。通过对比不同阻尼系数下的系统输出特性，大家要熟练掌握欠阻尼情况下 ζ 对系统特性的影响规律。

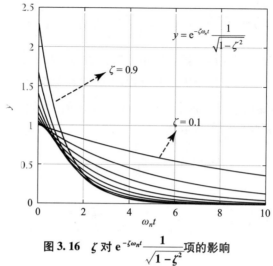

图 3.16 ζ 对 $\mathrm{e}^{-\zeta\omega_n t}\dfrac{1}{\sqrt{1-\zeta^2}}$ 项的影响

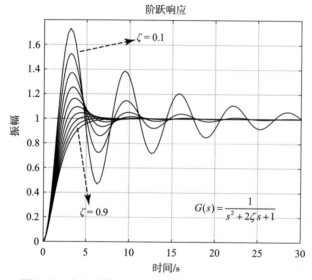

图 3.17 欠阻尼情况下 ζ 对系统单位阶跃响应的影响

4）无阻尼（$\zeta = 0$）

当 $\zeta = 0$ 时，系统的根是一对纯虚根 $-s_1$，$-s_2 = \pm j\omega_n$，相应的象函数为

$$C(s) = \frac{\omega_n^2}{s(s^2 + \omega_n^2)} = \frac{1}{s} - \frac{s}{s^2 + \omega_n^2} \tag{3.47}$$

所以系统的单位阶跃响应为

$$h(t) = L^{-1}[C(s)] = 1 - \cos(\omega_n t) \tag{3.48}$$

无阻尼系统的零极点图与阶跃响应曲线示意图如图 3.18 所示。

无阻尼时，系统输出的等幅振荡情况介于稳定和不稳定之间，通常将其划为不稳定的范围。

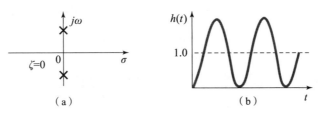

图 3.18　无阻尼系统的零极点图与阶跃响应曲线示意图

（a）零极点图；（b）阶跃响应曲线示意图

5）负阻尼（$\zeta < 0$）

在负阻尼情况下，由于 $\zeta < 0$，系统特征根 $-s_1$，$-s_2 = -\zeta\omega_n \pm \omega_n \sqrt{\zeta^2 - 1}$ 将具有正的实部，相应 $-\zeta\omega_n > 0$，因此系统不稳定，输出会发散。当 $-1 < \zeta < 0$ 时，系统有一对实部为正的共轭虚根，系统的零极点图与阶跃响应曲线示意图如图 3.19 所示。

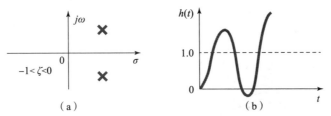

图 3.19　负阻尼系统的零极点图与阶跃响应曲线示意图 $(-1 < \zeta < 0)$

（a）零极点图；（b）阶跃响应曲线示意图

因此，此种情况系统会振荡发散。

而当 $\zeta \leqslant -1$ 时，系统存在两个正实根，系统将不振荡发散，相应零极点图与阶跃响应曲线示意图如图 3.20 所示。

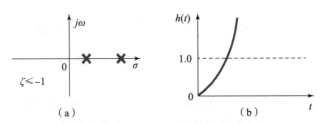

图 3.20　负阻尼系统的零极点图与阶跃响应曲线示意图（$\zeta \leqslant -1$）

（a）零极点图；（b）阶跃响应曲线示意图

显然，在负阻尼系统中，由于输出响应式中含有正指数，因此单位阶跃响应不能达到稳定状态，而是随着时间的推移发散到无穷大。这样的系统是不稳定系统，容易引起巨大的安全隐患，是我们在设计过程中必须避免的。

3. 二阶线性系统的单位脉冲响应

由于系统单位阶跃响应 $h(t)$，对时间的导数就是系统的单位脉冲响应 $g(t)$。按阻尼系数范围的不同，其仍然可以分为过阻尼（$\zeta > 1$）、临界阻尼（$\zeta = 1$）、欠阻尼（$0 < \zeta < 1$）、无阻尼（$\zeta = 0$）及负阻尼 $\zeta < 0$ 五种情况。

（1）当 $\zeta > 1$ 时，$g(t) = \dfrac{1}{T_1 - T_2}(e^{-\frac{t}{T_1}} - e^{-\frac{t}{T_2}})$。这是两个衰减的指数函数之差，在 $T_1 \neq T_2$ 时，均有 $g(t) > 0$；且在 $t = 0$ 及 $t \to +\infty$ 时，均有 $g(t) \to 0$，因此在 $\zeta > 1$ 时，脉冲输出为一个信号先上升后下降的过程。

（2）当 $\zeta = 1$ 时，$g(t) = \omega_n^2 t e^{-\omega_n t}$。与 $\zeta > 1$ 类似，其响应是一个信号先上升后下降的过程。

（3）当 $0 < \zeta < 1$ 时，$g(t) = \dfrac{\omega_n}{\sqrt{1 - \zeta^2}} e^{-\zeta \omega_n t} \sin \omega_n \sqrt{1 - \zeta^2} t$。这是一个振荡衰减的过程。

如图 3.21 所示，ζ 越接近 1，$\dfrac{\omega_n}{\sqrt{1 - \zeta^2}} e^{-\zeta \omega_n t}$ 的衰减越快；ζ 越接近 0，$\dfrac{\omega_n}{\sqrt{1 - \zeta^2}} e^{-\zeta \omega_n t}$ 的衰减越慢。振荡幅度越大，振荡持续的时间也越长。

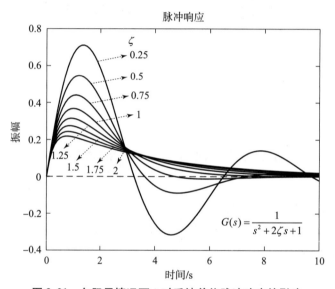

图 3.21　欠阻尼情况下 ζ 对系统单位脉冲响应的影响

（4）当 $\zeta = 0$ 时，$g(t) = \omega_n \sin(\omega_n t)$。这与单位阶跃响应类似，系统将输出连续等幅的振荡信号。

（5）当 $\zeta < 0$ 时，系统存在正实部的根。同样，这与单位阶跃响应类似，在输出响应曲线函数中指数部分为正，且随时间增加而增大，这会导致系统不稳定。

图 3.21 给出了在 $0 \sim 2$ 范围内不同 ζ 值的单位脉冲响应曲线。大家需要对 ζ 对脉冲响应的影响有一个初步的了解。

3.3.3　高阶线性系统的瞬态响应

在控制工程中，几乎所有的控制系统都是高阶线性系统，即用高阶微分方程描述的系统。高阶线性系统的动态性能分析是比较复杂的。工程上常采用闭环主导极点的概念进行近似分析，从而得到高阶线性系统动态性能指标的估算公式。

描述系统的微分方程高于二阶的系统为高阶系统，高阶线性系统的微分方程为

$$a_0 \frac{\mathrm{d}^n}{\mathrm{d}t^n} c(t) + a_1 \frac{\mathrm{d}^{n-1}}{\mathrm{d}t^{n-1}} c(t) + \cdots + a_{n-1} \frac{\mathrm{d}}{\mathrm{d}t} c(t) + a_n c(t)$$

$$= b_0 \frac{\mathrm{d}^m}{\mathrm{d}t^m} r(t) + b_1 \frac{\mathrm{d}^{m-1}}{\mathrm{d}t^{m-1}} r(t) + \cdots + b_{m-1} \frac{\mathrm{d}}{\mathrm{d}t} r(t) + b_m r(t) \tag{3.49}$$

相应的传递函数为

$$\Phi(s) = \frac{b_0 s^m + b_1 s^{m-1} + \cdots + b_{m-1} s + b_m}{a_0 s^n + a_1 s^{n-1} + \cdots + a_{n-1} s + a_n}$$

$$= \frac{K_r \prod_{i=1}^{m} (s - z_i)}{\prod_{j=1}^{q} (s - p_j) \prod_{k=1}^{r} (s^2 + 2\zeta_k \omega_k s + \omega_k^2)} \tag{3.50}$$

相应单位阶跃响应的复域函数为

$$C(s) = \frac{K_r \prod_{i=1}^{m} (s - z_i)}{s \prod_{j=1}^{q} (s - p_j) \prod_{k=1}^{r} (s^2 + 2\zeta_k \omega_k s + \omega_k^2)} \frac{1}{s} \tag{3.51}$$

$$= \frac{A_0}{s} + \sum_{j=1}^{q} \frac{A_j}{s - p_j} + \sum_{k=1}^{r} \frac{B_k s + C_k}{s^2 + 2\zeta_k \omega_k s + \omega_k^2} \tag{3.52}$$

反拉氏变换可得系统的时域输出：

$$c(t) = L^{-1}[C(s)] = A_0 + \sum_{j=1}^{q} A_j e^{p_j t} + \sum_{k=1}^{r} A_k e^{-\zeta_k \omega_k t} \sin[\omega_{dk} t + \varphi_k] \tag{3.53}$$

根据以上结果可知，高阶线性系统的时间响应，由一阶惯性子系统和二阶振荡子系统的时间响应函数项组成；如果高阶线性系统所有闭环极点都具有负实部，随着 t 的增长，式（3.53）的第二项和第三项都趋于 0，系统的稳态输出为 A_0。如果有一个闭环极点位于 s 右半平面，则由它决定的模态是发散的，导致整个系统发散。

当零点和极点位置很近时，两者在传递函数中的作用相当于一个值为 1 的比例环节，因此，相邻成对出现的零极点不会对系统的动态性能造成显著影响。而对于无零点"相伴"的极点中，远离原点的极点 p_j，$e^{p_j t}$ 将会由于 $|p_j| \gg 0$ 而很快衰减为 0。因此，远离原点的极点，对系统的动态性能影响不大。而靠近原点的极点 p_i 对应的模态 $e^{p_i t}$，其衰减慢，对系统的动态过程会有显著影响。因此，高阶线性系统的瞬态特性主要由系统传递函数中那些靠近虚轴而又远离零点的极点来决定。这样的极点，被称为系统的主导极点。

下面举一个例子来说明如何应用主导极点分析高阶系统。

例 3.3　已知一个三阶线性系统的传递函数如下，试讨论将其简化为二阶线性系统的可行性。

$$\Phi(s) = \frac{1}{(s + 5)(s^2 + 0.8s + 1)}$$

解：易知该系统的增益为 0.2；系统无零点，其 3 个极点分别为 $s_1 = -5$，$s_2 = -0.4 + 0.92j$ 和 $s_3 = -0.4 - 0.92j$。极点中，$s_1 = -5$ 相对于 $s_{2,3} = -0.4 \pm 0.92j$，属于远离原点的情况。因此理论上可以去除 $s_1 = -5$。在去除 $s_1 = -5$ 时，为了保证在简化过程中，不改变系统的增益，简化后的传递函数应为

$$\Phi(s) = \frac{0.2}{(s^2 + 0.8s + 1)}$$

画出简化前后的单位阶跃响应曲线，如图 3.22 所示，可见两者的输出是十分相近的。因此该三阶线性系统可以通过保留主导极点的方式简化为一个二阶线性系统。

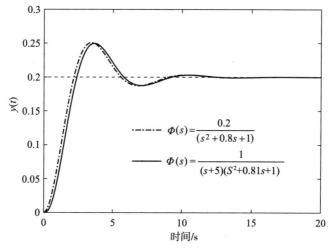

图 3.22　三阶线性系统与所简化为的二阶线性系统响应对照

解毕！

关于高阶线性系统的动态响应性能特征，还有很多更深层次的内容，在本书中不做进一步探讨。大家重点理解主导极点的概念，并掌握高阶线性系统的常规简化方法。

3.3.4　二阶线性系统瞬态响应性能指标

在 3.3.2 节，主要介绍了二阶线性系统瞬态响应，随着系统的参数发生变化，其响应曲线也会发生改变。那么，什么样的输出结果能表明系统的参数配置是合理的呢？也就是说，在同样的输入信号下，如何定量衡量系统的输出信号反映出的系统性能优劣？比如，一些衡量指标包括：输出信号是否发生振荡？振荡幅度如何？振荡次数多少？达到稳定的时间需要多长？稳定后与期望值之间误差如何？要回答以上问题，通常需要用一些定量化的指标来进行描述。由于二阶线性系统欠阻尼输出响应存在较多的变化，也是工业生产过程中最常见的情况，因此，这里以欠阻尼系统的时域输出特性为例定义相应的瞬态响应性能指标。在没有特别声明的情况下，统一选用单位阶跃输入信号。

二阶线性系统瞬态响应性能指标主要包括上升时间、峰值时间、超调量、衰减比、调节时间、振荡周期等，如图 3.23 所示。

（1）上升时间 t_r：对于单位阶跃响应来说，上升时间是指响应曲线首次达到设定值的时间，即 $c(t_r) = 1$。也就是

$$c(t_r) = 1 - \frac{e^{-\zeta\omega_n t_r}}{\sqrt{1 - \zeta^2}}\sin(\omega_n \sqrt{1 - \zeta^2}t_r + \varphi) = 1 \tag{3.54}$$

由此可知：

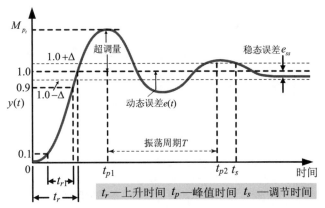

图 3.23　二阶线性系统单位阶跃响应动态性能指标示意图

$$\frac{\mathrm{e}^{-\zeta\omega_n t_r}}{\sqrt{1-\zeta^2}}\sin(\omega_d t_r + \theta) = 0 \tag{3.55}$$

仅当 $\omega_d t_r + \theta = m\pi$（$m = 1,2,3,\cdots$）时，式（3.55）成立。由于响应曲线是首次达到设定输出，故有 $m = 1$，从而有

$$t_r = \frac{\pi - \theta}{\omega_d} = \frac{\pi - \theta}{\omega_n\sqrt{1-\zeta^2}} \tag{3.56}$$

其中，$\theta = \arccos(\zeta)$。

此外，工业上也将响应从设定值 10% 到 90% 过程需要的时间称为上升时间（图 3.23 中的 t_{r1}）。在理论分析中，我们采用的上升时间 t_r 是响应从设定值 0 到 100% 过程需要的时间。

（2）峰值时间 t_p：是指过渡过程达到第一个峰值的时间。如果这个时间短，那么表示系统的响应灵敏。峰值时间对应响应输出的第一个波峰，其响应函数在该时间点的导数为 0，即

$$g(t) = \frac{\mathrm{d}y(t)}{\mathrm{d}t} = \frac{\omega_n}{\sqrt{1-\zeta^2}}\mathrm{e}^{-\zeta\omega_n t}\sin\sqrt{1-\zeta^2}\omega_n t = 0 \tag{3.57}$$

由正弦函数的性质知道，只有当

$$\sqrt{1-\zeta^2}\omega_n t = m\pi,\ (m = 1,2,3\cdots) \tag{3.58}$$

时，$g(t) = 0$ 才能成立。由此可知，响应曲线出现极值的时间是

$$t_p = \frac{m\pi}{\omega_n\sqrt{1-\zeta^2}},\ (m = 1,2,3\cdots) \tag{3.59}$$

对于 m 的所有奇数值，给出正向波峰出现的时间，如图 3.24 所示。

由于阶跃响应第一次达到波峰值是发生在 $m = 1$，因此，峰值时间 t_{p1} 为

$$t_{p1} = \frac{\pi}{\omega_n\sqrt{1-\zeta^2}} \tag{3.60}$$

（3）超调量 σ_p（或表示为 $\sigma\%$）：对于定值调节系统来说，瞬态响应最大偏差就是被控制参数第一个波峰值与给定值之差。采用超调量 σ_p 来描述这个偏差相对于输入的大小，以百分数表示：

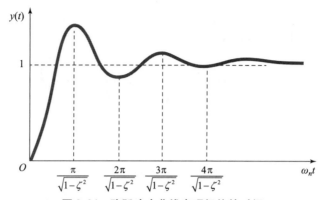

图 3. 24　阶跃响应曲线出现极值的时间

$$\sigma_p = \frac{y(t_p) - y(\infty)}{y(\infty)} \times 100\% \tag{3.61}$$

最大偏差或超调量表示被控制参数偏离给定值的程度。若这个指标超过了规定值，表示偏离了正常运行状态，很容易造成生产事故。

将 t_{p1} 代入阶跃响应算式求得响应曲线的第一个峰值：

$$y(t_{p1}) = 1 - \frac{e^{-\frac{\zeta\pi}{\sqrt{1-\zeta^2}}}}{\sqrt{1-\zeta^2}}\sin(\pi+\varphi) = 1 - \frac{e^{-\frac{\zeta\pi}{\sqrt{1-\zeta^2}}}}{\sqrt{1-\zeta^2}}(-\sin(\varphi)) \tag{3.62}$$

因为有 $\sin(\varphi) = \sqrt{1-\zeta^2}$，所以有 $y(t_{p1}) = 1 + e^{-\frac{\zeta\pi}{\sqrt{1-\zeta^2}}}$。根据定义及 $y(\infty) = 1$，可得超调量 σ_p 为

$$\sigma_p = \frac{y(t_p) - y(\infty)}{y(\infty)} \times 100\% = e^{-\frac{\zeta\pi}{\sqrt{1-\zeta^2}}} \times 100\% \tag{3.63}$$

式（3.63）说明超调量仅与阻尼系数 ζ 有关，而与无阻尼振荡频率 ω_n 无关。ζ 越大，超调量越小，二阶线性系统的阻尼系数确定之后，便可求出相应的超调量；相反，如果规定了超调量指标，可以求出系统应具有的阻尼系数 ζ 值。

超调量 σ_p 与阻尼系数 ζ 的关系如图 3.25 所示。

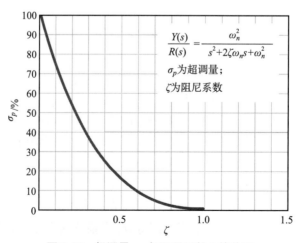

图 3. 25　超调量 σ_p 与阻尼系数 ζ 的关系

（4）衰减比 n：衰减比规定为瞬态响应曲线相同方向上第一波峰值与第二波峰值之比，记作 n。显然，n 越小，过渡过程的波动越大，当 $n=1$ 时，瞬态响应过程为等幅振荡；相反，n 越大，瞬态响应过程的衰减越大，当 $n \to \infty$ 时，系统无振荡，是单调的衰减过程。实际操作中，根据操作经验希望过渡过程有 2~3 个波峰，这种过程对应的衰减比为 $n=4\sim10$，表示衰减振荡的情况是 4:1 与 10:1 之间。习惯采用的 4:1 过程，它虽不是最优过程，但是操作人员所希望的便于观察的过程。根据

$$t_p = \frac{m\pi}{\omega_n \sqrt{1-\zeta^2}}, m = 1,2,3,\cdots \tag{3.64}$$

可知第一正向波峰对应时间 $t_{p1} = \dfrac{\pi}{\omega_n \sqrt{1-\zeta^2}}$，第二正向波峰（第三个驻点）对应时间 $t_{p3} = \dfrac{3\pi}{\omega_n \sqrt{1-\zeta^2}}$，将这两个时间代入响应输出函数式（3.62），得到 $y(t_{p1})$、$y(t_{p3})$ 的波峰高度分别为

$$B_1 = \mathrm{e}^{-\frac{\zeta\pi}{\sqrt{1-\zeta^2}}}; \qquad B_3 = \mathrm{e}^{-\frac{3\zeta\pi}{\sqrt{1-\zeta^2}}} \tag{3.65}$$

因此衰减比为

$$n = \frac{B_1}{B_3} = \frac{\mathrm{e}^{-\frac{\zeta\pi}{\sqrt{1-\zeta^2}}}}{\mathrm{e}^{-\frac{3\zeta\pi}{\sqrt{1-\zeta^2}}}} = \mathrm{e}^{\frac{2\zeta\pi}{\sqrt{1-\zeta^2}}} \tag{3.66}$$

衰减比 n 和阻尼系数 ζ 的关系也可以用曲线表示，如图 3.26 所示。

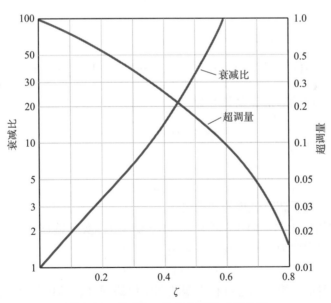

图 3.26 衰减比 n 和阻尼系数 ζ 的关系

衰减比 n 与超调量一样，也只和系统的阻尼系数 ζ 有关。阻尼系数 ζ 增大，衰减比 n 随之增大。

（5）调节时间 t_s：调节时间是系统输出达到稳定状态所经历的时间。从理论上讲，需要无限长的时间，系统输出才能达到新的稳定状态。通常调节时间规定为系统输出衰减到与它

的稳态值之差达到并且不再超出某个容许误差范围 Δ 所需的时间，记作 t_s。这个容许误差范围的大小，应根据系统的设计要求确定，一般取 $\Delta = \pm 5\%$ 或 $\pm 2\%$。从阶跃输入开始作用之时起，经过这段时间，调节已基本完成。这个指标用来衡量系统响应的快速性。

要根据调节时间的定义准确地计算出 t_s 是十分困难的。在一般分析和设计中，经常采用近似方法进行计算。

假定在到达 t_s 时，响应曲线正好出现第 k 个极值，可能是波峰也可能是波谷，在 $t = t_s$ 时响应曲线的振幅应为

$$B_k = \left| y(t_s) - 1 \right| = e^{-\zeta \omega_n t_s} \tag{3.67}$$

若要求在 t_s 时系统输出衰减到稳态值的 $\pm 5\%$ 范围内，即

$$e^{-\zeta \omega_n t_s} = 0.05 \tag{3.68}$$

则调节时间为

$$t_s = \frac{\ln 20}{\zeta \omega_n} \approx \frac{3}{\zeta \omega_n} = \frac{3}{\sigma} \tag{3.69}$$

此外，为了确保 t_s 可以被严格限制在 $\pm 5\%$ 之内，有的文献将 t_s 规定为 $\frac{3.5}{\sigma}$。在具体的应用中，是选择 $t_s = \frac{3}{\sigma}$，还是选择 $t_s = \frac{3.5}{\sigma}$，要根据应用场景的要求确定，本书默认 $t_s(\Delta = \pm 5\%) = \frac{3}{\sigma}$。相应地，若要求在 t_s 时系统输出衰减到稳态值的 $\pm 2\%$ 范围内，则有

$$t_s = \frac{\ln 50}{\zeta \omega_n} \approx \frac{4}{\zeta \omega_n} = \frac{4}{\sigma} \tag{3.70}$$

（6）振荡周期 T：由单位阶跃响应的输出函数

$$y(t) = h(t) = 1 - \frac{e^{-\zeta \omega_n t}}{\sqrt{1 - \zeta^2}} \sin(\omega_n \sqrt{1 - \zeta^2} t + \varphi) \tag{3.71}$$

可知系统输出响应的阻尼振荡频率为

$$\omega_d = \omega_n \sqrt{1 - \zeta^2} \tag{3.72}$$

由此可求振荡周期为

$$T = \frac{2\pi}{\omega_d} \tag{3.73}$$

这个性能指标反映了调节过程的波动快慢。

（7）动态误差指标 $e(t)$：对于一个给定输入为 $r(t)$、实际输出为 $c(t)$ 的单位反馈控制系统，当传递函数的增益为 1 时，其动态误差为

$$e(t) = c(t) - y(t) \tag{3.74}$$

动态误差主要衡量系统在动态过程中偏离期望值的程度，其积分形式通常用于调节控制参数以优化动态过程。常用的动态误差积分指标有以下四种：

$$\text{ITSE} = \int_0^\infty t e^2(t)\,\mathrm{d}t \tag{3.75}$$

$$\text{ITAE} = \int_0^\infty t \left| e(t) \right|\,\mathrm{d}t \tag{3.76}$$

$$\text{IAE} = \int_0^\infty \left| e(t) \right|\,\mathrm{d}t \tag{3.77}$$

$$\text{ISE} = \int_0^\infty e^2(t)\,\mathrm{d}t \qquad (3.78)$$

如果以上指标在数值上小，表明系统的输出与期望值的差异也小，这样符合控制预期。因此在实际应用中，可通过使以上指标达到极小来进行参数调整。

下面，我们举一些例子来加深对控制系统动态性能指标的理解。

例 3.4 设单位反馈控制系统的开环传递函数为

$$G(s) = \frac{1}{s(s+1)}$$

试求系统的上升时间、峰值时间、超调量和调整时间。

解： 由题意，二阶线性系统结构图如图 3.27 所示。

系统的闭环传递函数为

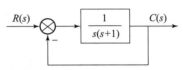

图 3.27 二阶线性系统结构图

$$\varPhi(s) = \frac{C(s)}{R(s)} = \frac{\dfrac{1}{s(s+1)}}{1 + \dfrac{1}{s(s+1)}} = \frac{1}{s^2 + s + 1}$$

分析此二阶系统得 $\zeta = 0.5$，$\omega_n = 1$，为欠阻尼状态。

上升时间为

$$t_r = \frac{\pi - \theta}{\omega_d} = \frac{\pi - \cos^{-1}(\zeta)}{\omega_n\sqrt{1-\zeta^2}} = \frac{\pi - \pi/3}{\sqrt{1-0.5^2}} \approx 2.42 \text{ s}$$

峰值时间为

$$t_p = \frac{\pi}{\omega_n\sqrt{1-\zeta^2}} = \frac{\pi}{\sqrt{1-0.5^2}} \approx 3.63 \text{ s}$$

超调量为

$$\sigma_p = \mathrm{e}^{-\frac{\zeta\pi}{\sqrt{1-\zeta^2}}} \times 100\% = \mathrm{e}^{-\frac{0.5\pi}{\sqrt{1-0.5^2}}} \times 100\% \approx 16.2\%$$

调整时间：

对于 $\Delta = \pm 5\%$ 范围：$t_s = \dfrac{3}{\zeta\omega_n} = \dfrac{3}{0.5} = 6 \text{ s}$

对于 $\Delta = \pm 2\%$ 范围：$t_s = \dfrac{4}{\zeta\omega_n} = \dfrac{4}{0.5} = 8 \text{ s}$

解毕！

例 3.5 某典型二阶线性系统的单位阶跃响应如图 3.28 所示。试确定系统的闭环传递函数。

解： 依题意，系统闭环传递函数形式应为

$$\varPhi(s) = \frac{K\omega_n^2}{s^2 + 2\zeta\omega_n s + \omega_n^2}$$

由单位阶跃响应曲线有

$$h(\infty) = \lim_{s\to 0} s\varPhi(s)R(s) = \lim_{s\to 0} s\varPhi(s)\cdot\frac{1}{s} = K = 2$$

由峰值时间和超调量信息可知：

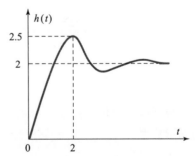

图 3.28 二阶线性系统的单位阶跃响应

$$\begin{cases} t_p = \dfrac{\pi}{\omega_n \sqrt{1-\zeta^2}} = 2 \\[3mm] \sigma_p = e^{-\zeta\pi/\sqrt{1-\zeta^2}} \times 100\% = \dfrac{2.5-2}{2} \times 100\% = 25\% \end{cases}$$

联立求解得 $\zeta = 0.404$, $\omega_n = 1.717$。故系统的闭环传递函数为

$$\Phi(s) = \frac{2 \times 1.717^2}{s^2 + 2 \times 0.404 \times 1.717s + 1.717^2} = \frac{5.9}{s^2 + 1.39s + 2.95}$$

解毕!

3.4 线性系统的稳定性分析

自动控制系统若要正常工作,首先其必须是一个稳定的系统。稳定的系统是指当系统受到外界干扰,虽然它原有的平衡状态被破坏,但是在去除外部干扰后,仍有能力自动地回到原有的平衡状态下继续工作。稳定是控制系统正常工作的首要条件。分析、判定系统的稳定性,并提出确保系统稳定的条件是自动控制理论的基本任务之一。

3.4.1 稳定性的概念

稳定性定义为:如果在扰动作用下系统偏离了原来的平衡状态,当扰动消失后,系统能够以足够的准确度恢复到原来的平衡状态,则系统是稳定的;否则系统不稳定。

如图 3.29 所示,分别描述的是一个光滑小球在凹面、平面和凸面上的情况。对于凹面内的小球,它的平衡位置位于凹面的最低点,当有外力干扰小球时,小球将偏离这个平衡点,但当干扰的外力撤销后,小球将在重力下逐渐回归到原有的平衡位置,这种情况下,我们说这个小球所在的系统是一个稳定的系统。相对应地,还存在临界稳定和不稳定的情况。仍以小球系统为例,当小球在一个平面上运动时,尽管外力撤销,小球也不能回到原来的位置,但是其将一直保持静止或匀速直线运动,这样的运动状态是可预测的,也可以视为一种新的平衡。这样介于稳定和不稳定之间的系统,称为临界稳定系统。而当小球被放在一个凸面上时,理论上小球不存在平衡点,也不存在平衡态,其运动状态将变得难以预测,这样的系统就称为不稳定系统。

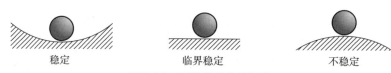

稳定　　　　　　　　　　临界稳定　　　　　　　　　不稳定

图 3.29 系统的稳定性概念

根据以上分析,可知一个系统的稳定性,是由这个系统自身的结构和参数决定的,与扰动的形式无关。

3.4.2 稳定的充要条件

根据系统稳定的定义,若 $\lim\limits_{t\to\infty} f(t) = k$, k 为任意常数,则系统是稳定的。首先来看系统

稳定的必要性条件。一个系统的传递函数可以表示为

$$F(s) = \frac{C(s)}{R(s)} = \frac{b_m(s-z_1)(s-z_2)\cdots(s-z_m)}{a_n(s-\lambda_1)(s-\lambda_2)\cdots(s-\lambda_n)} \tag{3.79}$$

也可表示为

$$F(s) = \frac{A_1}{s-\lambda_1} + \frac{A_2}{s-\lambda_2} + \cdots + \frac{A_n}{s-\lambda_n} = \sum_{i=1}^{n} \frac{A_i}{s-\lambda_i} \tag{3.80}$$

相应时域表达式为

$$f(t) = A_1 e^{\lambda_1 t} + A_2 e^{\lambda_2 t} + \cdots A_n e^{\lambda_n t} = \sum_{i=1}^{n} A_i e^{\lambda_i t} \tag{3.81}$$

若系统稳定，必然 $\sum_{i=1}^{n} A_i e^{\lambda_i t}$ 收敛，这就必然意味着 $\lambda_i < 0$，$i = 1, 2, \cdots, n$，也就是系统极点的实部必须全部为负值。这是系统稳定的必要条件。此外，也可知系统稳定的充分条件为

对于所有 $\lambda_i < 0$，$i = 1, 2, \cdots, n$，必然存在

$$\lim_{t\to\infty} f(t) = \lim_{t\to\infty} \sum_{i=1}^{n} A_i e^{\lambda_i t} = k(\text{常数}) \tag{3.82}$$

因此，可总结出系统稳定的充要条件是：系统所有闭环特征根均具有负的实部，或所有闭环特征根均位于左半 s 平面。

思考：为何系统稳定性与极点虚部没有必然联系？

假设某极点可表示为 $s = x + iy$，那么所对应的模态为 $e^{(x+iy)t} = e^{xt} e^{iyt}$，其中 e^{iyt} 用欧拉公式 $e^{iyt} = \cos(yt) + i \cdot \sin(yt)$，此为一个模为有限大小的复数，不会引起系统输出发散，因此 $e^{(x+iy)t}$ 是否收敛只取决于实部的符号。此外，如果为纯虚根情况，实部为 0，输出为等幅振荡（无阻尼），输出既不发散也不收敛，系统处于临界稳定状态。

3.4.3　稳定判据

根据系统稳定的充要条件，可知判定系统的稳定性时须知道系统特征根实部的全部符号。若可解出系统的全部根，则易于判断系统的稳定性。然而，对于一些高阶系统，求根的工作量很大。人们希望获得一种避免求解根而判断这些根是否均在 s 左半平面的方法。目前主要有两种方法可以不求根而对系统的稳定性进行判断：一是通过判断特征方程的系数判断一个线性系统是否不稳定，二是通过判断劳斯表首列系数的方法判断一个线性系统是否稳定。

设线性系统特征方程为

$$D(s) = a_n s^n + a_{n-1} s^{n-1} + \cdots + a_1 s + a_0 = 0 \tag{3.83}$$

1. 线性系统稳定性的必要性判据

对于稳定的线性系统及 $i = 0, 1, 2, \cdots, n-1$，必然存在 $a_i > 0$。对于任意 $s_1 > 0, s_2 > 0$ 及 $s_3 > 0$，若有

$$D(s) = (s+s_1)(s+s_2)(s+s_3)$$
$$= s^3 + (s_1 s_2 + s_2 s_3 + s_1 s_3)s^2 + (s_1 + s_2 + s_3)s + s_1 s_2 s_3 \tag{3.84}$$

则必有 $s_1 s_2 + s_2 s_3 + s_1 s_3 > 0, s_1 + s_2 + s_3 > 0$ 和 $s_1 s_2 s_3 > 0$。因此，对于多项式方程的系数符号判断，可以从必要条件角度判断一个特征方程对应的线性系统是否不稳定。比如方程：

$D(s) = s^5 + 6s^4 + 9s^3 - 2s^2 + 8s + 12 = 0$。其中含有负系数项，所对应的线性系统是不稳定的。又如：$D(s) = s^5 + 4s^4 + 6s^2 + 9s + 8 = 0$，其中 s^3 的系数项为 0，所对应的线性系统也是不稳定的。综上，系统稳定性的必要性判据为：一个稳定线性系统的特征方程系数，必然具有均大于零的形式。通过这个条件，我们可以判断当闭环特征方程仅有部分系数为正时，系统必然是不稳定的；而当所有的系数为正时，系统的稳定性尚需进一步判断。这就需要用到另一种方法：劳斯判据（Routh criterion，或 Louts criterion）。

2. 线性系统稳定性的充分必要性判据——劳斯判据

1877 年，爱华德·约翰·劳斯提出了不求系统微分方程根的稳定性判据，称为劳斯判据。本节中有关劳斯判据自身的数学证明从略，主要介绍与该判据有关的结论及其在判别控制系统稳定性方面的应用。

劳斯表是劳斯判据的主要手段和依据。得到系统的特征方程后，可列出相应劳斯表。一个劳斯表可表示如下：

s^n	a_n	a_{n-2}	a_{n-4}	a_{n-6}	$\cdots$
s^{n-1}	a_{n-1}	a_{n-3}	a_{n-5}	a_{n-7}	$\cdots$
s^{n-2}	b_1	b_2	b_3	b_4	$\cdots$
s^{n-3}	c_1	c_2	c_3	c_4	$\cdots$
$\cdots$	$\cdots$	$\cdots$	$\cdots$	$\cdots$	$\cdots$
s^0	x_0				

其中，最左侧一列，是特征方程的最高阶次决定的，从上至下从 s^n 到 s^0 依次排列。确定第一列之后，再确定 s^n 和 s^{n-1} 两行的参数，根据其特征方程系数，将 a_n 到 a_0 从左到右进行"锯齿形"排列。最后，上表中，除 a_i（$i = 0,\ 1,\ 2,\ \cdots,\ n$）之外的参数，就需要根据一定的计算规则进行推导确定。首先计算 b_1，b_2，b_3，$\cdots$，计算方法为

$$b_1 = \frac{a_{n-1}a_{n-2} - a_n a_{n-3}}{a_{n-1}} \tag{3.85}$$

$$b_2 = \frac{a_{n-1}a_{n-4} - a_n a_{n-5}}{a_{n-1}} \tag{3.86}$$

$$b_3 = \frac{a_{n-1}a_{n-6} - a_n a_{n-7}}{a_{n-1}} \tag{3.87}$$

$$\cdots$$

接下来，再继续计算 c_1，c_2，c_3，$\cdots$，计算方法为

$$c_1 = \frac{b_1 a_{n-3} - a_{n-1} b_2}{b_1} \tag{3.88}$$

$$c_2 = \frac{b_1 a_{n-5} - a_{n-1} b_3}{b_1} \tag{3.89}$$

$$c_3 = \frac{b_1 a_{n-7} - a_{n-1} b_4}{b_1} \tag{3.90}$$

$$\cdots$$

这样的计算一直进行，直到劳斯表底端 a_0 项，最终得到完整的劳斯表。得到完整劳斯表之后，可得判断系统稳定性的充要条件：特征方程式的全部系数为正，且由该方程式构造的劳斯表中第一列全部元素都为正。若不满足上述条件，则系统不稳定。此外，劳斯表中第一列元素符号改变的次数，等于相应特征方程式位于 s 右半平面上根的个数。

下面举例说明劳斯判据的使用方法。

例 3.6 利用劳斯判据判断如下特征方程对应线性系统的稳定性。

$$D(s) = s^4 + 5s^3 + 7s^2 + 2s + 10 = 0$$

解：列出劳斯表

s^4	1	7	10
s^3	5	2	
s^2	b_1	b_2	
s^1	c_1		
s^0	d_1		

计算出劳斯表中的未知系数：

$$b_1 = \frac{5 \times 7 - 2}{5} = \frac{33}{5}$$

$$b_2 = \frac{5 \times 10 - 1 \times 0}{5} = 10$$

$$c_1 = \frac{33/5 \times 2 - 5 \times 10}{33/5} = -\frac{184}{33}$$

$$d_1 = \frac{-184/33 \times 10 - 33/5 \times 0}{-184/33} = 10$$

故最终的劳斯表为

s^4	1	7	10
s^3	5	2	
s^2	33/5	10	
s^1	$-184/33$		
s^0	10		

所以，劳斯表第一列元素变号 2 次，有 2 个正根，系统不稳定。

解毕！

例 3.6 中，展示了劳斯判据的用法，可发现系数的计算为简单的代数运算。然而，在实际应用中，也可能遇到一些特殊情况，使得劳斯表系数的计算遇到困难，要求对计算进行特殊处理，主要有两种情况，下面逐一说明。

第一种情况：某行第一列元素为 0，而该行元素不全为 0 时，可将此 0 值改为一个无穷小数 ε（正值），再继续计算，以例 3.7 进行说明。

例 3.7 已知某系统特征方程为 $D(s) = s^3 - 3s + 2 = 0$，不解方程判断在右半平面的极点数。

解：根据特征方程的系数不满足全部为正的情况，可以判断本系统不稳定，必然存在右根。右根个数可由劳斯判据进行判断。列出劳斯表

$$
\begin{array}{c|cc}
s^3 & 1 & -3 \\
s^2 & \varepsilon & 2 \\
s^1 & b_1 & b_2 \\
s^0 & c_1 &
\end{array}
$$

计算出劳斯表中的未知系数：

$$b_1 = \frac{-3\varepsilon - 2}{\varepsilon} = -\infty$$

$$b_2 = 0$$

$$c_1 = \frac{-2 \times \infty - 0}{-\infty} = 2$$

故最终的劳斯表为

$$
\begin{array}{c|cc}
s^3 & 1 & -3 \\
s^2 & \varepsilon & 2 \\
s^1 & -\infty & 0 \\
s^0 & 2 &
\end{array}
$$

根据劳斯表第一列元素变号 2 次，可判断系统有 2 个正根。

解毕！

第二种情况：出现全零行时，用上一行元素组成辅助方程，将其对 s 求导一次，用新方程的系数代替全零行系数，之后继续运算，以例 3.8 进行说明。

例 3.8 已知某系统特征方程为 $D(s) = s^5 + 3s^4 + 12s^3 + 20s^2 + 35s + 25 = 0$，试判断系统的稳定性。

解：已知系统特征方程系数全部大于 0，其稳定性由劳斯判据进一步确定。列出劳斯表

$$
\begin{array}{c|ccc}
s^5 & 1 & 12 & 35 \\
s^4 & 3 & 20 & 25 \\
s^3 & b_1 & b_2 & \\
s^2 & c_1 & c_2 & \\
s^1 & d_1 & d_2 & \\
s^0 & e_1 & &
\end{array}
$$

计算出劳斯表中的未知系数：

$$b_1 = \frac{12 \times 3 - 1 \times 20}{3} = \frac{16}{3}$$

$$b_2 = \frac{35 \times 3 - 1 \times 25}{3} = \frac{80}{3}$$

$$c_1 = \frac{\frac{16}{3} \times 20 - 3 \times \frac{80}{3}}{\frac{16}{3}} = 5$$

$$c_2 = \frac{\frac{16}{3} \times 25 - 0}{\frac{16}{3}} = 25$$

$$d_1 = \frac{5 \times \frac{80}{3} - \frac{16}{3} \times 25}{5} = 0$$

$$d_2 = \frac{5 \times 0 - 0 \times 25}{5} = 0$$

算到此，可知 $d_1 = d_2 = 0$。遇到这种情况，说明方程中含有一些大小相等、符号相反的实根或共轭虚根。出现这种情况，可以用上一行元素组成辅助方程：

$$5s^2 + 25 = 0$$

对方程中的 s 求一阶导数得

$$\frac{\mathrm{d}}{\mathrm{d}s}(5s^2 + 25) = 10s + 0$$

然后用新方程的系数代替全零行系数可得 $d_1 = 10, d_2 = 0$，继续计算

$$e_1 = \frac{10 \times 25 - 0 \times 5}{10} = 25$$

基于以上结果，可知劳斯表的第一列没有出现有负号系数的情况，但是出现了全零行。因此，系统的稳定性需要根据辅助方程的根来进一步判断。求解辅助方程 $5s^2 + 25 = 0$ 可得一对共轭虚根 $s = \pm \sqrt{5}j$（原方程的 5 个根分别为 $s = -1, -1 \pm 2j, \pm \sqrt{5}j$）。这说明系统最终是处于一种临界稳定状态。

解毕！

劳斯判据除了用于直接判断特征方程对应系统的稳定性，还可以进一步用于系统参数的选择，下面以例 3.9、例 3.10 进行说明。

例 3.9 某单位负反馈系统的开环零、极点分布如图 3.30 所示，判定系统能否稳定，若能稳定，试确定相应开环增益 K 的范围。

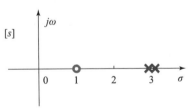

图 3.30 系统的零极点图

解：依题意可列出系统的开环传递函数：

$$G(s) = \frac{K(s-1)}{(s/3 - 1)^2} = \frac{9K(s-1)}{(s-3)^2}$$

进而获得系统的闭环传递函数：

$$\Phi(s) = \frac{G(s)}{1 + G(s)} = \frac{9K(s-1)}{(s-3)^2 + 9K(s-1)}$$

因此，系统的闭环特征方程为
$$D(s) = (s-3)^2 + 9K(s-1) = s^2 + (9K-6)s + 9(1-k) = 0$$
由劳斯判据

$$
\begin{array}{ccc}
s^2 & 1 & 9(1-k) \\
s^1 & 9K-6 & \\
s^0 & 9(1-k) &
\end{array}
$$

因此，存在不等式

$$
\begin{cases}
9K-6 > 0 \\
1-K > 0
\end{cases}
$$

解得：$\dfrac{2}{3} < K < 1$。

因此存在可选择的参数范围 $\dfrac{2}{3} < K < 1$，可使得系统稳定。

解毕！

例 3.10 系统结构图如图 3.31 所示。

（1）确定使系统稳定的开环增益 K 及阻尼系数 ζ 的范围；

（2）当 $\zeta = 2$ 时，确定使全部极点均位于 $s = -1$ 之左的 K 值范围。

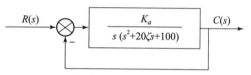

图 3.31　系统结构图（2）

解：（1）系统的开环传递函数被化为尾 1 标准型后，可得开环增益 $K = \dfrac{K_a}{100}$。

闭环传递函数为

$$\Phi(s) = \frac{C(s)}{R(s)} = \frac{\dfrac{K_a}{s(s^2+20\zeta s+100)}}{1 + \dfrac{K_a}{s(s^2+20\zeta s+100)}} = \frac{100K}{s^3 + 20\zeta s^2 + 100s + 100K}$$

可得系统的闭环特征方程：

$$D(s) = s^3 + 20\zeta s^2 + 100s + 100K = 0$$

列出劳斯表

$$
\begin{array}{ccc}
s^3 & 1 & 100 \\
s^2 & 20\zeta & 100K \\
s^1 & b_1 & b_2 \\
s^0 & c_1 &
\end{array}
$$

计算出劳斯表中的未知系数：

$$b_1 = \frac{2\,000\zeta - 100K}{20\zeta} = 100 - 5K/\zeta$$

$$b_2 = 0$$

$$c_1 = \frac{100K \times (100 - 5K/\zeta) - 0}{100 - 5K/\zeta} = 100K$$

根据劳斯判据，若要使系统稳定，必有 $100 - 5K/\zeta > 0$ 以及 $100K > 0$，从而可知闭环系统稳定的条件为 $K > 0$ 并且 $\zeta > K/20$。区域的空间划分如图 3.32 所示。

（2）要使得全部极点均位于 $s = -1$ 之左，可等价于 $\hat{s} = s + 1$ 中 $\hat{s}$ 均位于左半复平面。也就是 $D(\hat{s}) = 0$ 所对应的系统稳定。将 $s = \hat{s} - 1$ 代入 $D(s)$ 可得

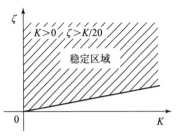

图 3.32　稳定区域对应参数

$$D(\hat{s}) = (\hat{s} - 1)^3 + 40(\hat{s} - 1)^2 + 100(\hat{s} - 1) + 100K = 0$$

整理得

$$D(\hat{s}) = \hat{s}^3 + 37\hat{s}^2 + 23\hat{s} + (100K - 61) = 0$$

列出劳斯表

$\hat{s}^3$	1	23
$\hat{s}^2$	37	$100K - 61$
$\hat{s}^1$	b_1	b_2
$\hat{s}^0$	c_1	

计算出劳斯表中的未知系数：

$$b_1 = \frac{37 \times 23 - (100K - 61)}{37} = \frac{912 - 100K}{37}$$

$$b_2 = 0$$

$$c_1 = \frac{b_1 \times (100K - 61) - 37 \times b_2}{b_1} = 100K - 61$$

根据劳斯判据，若要使得系统稳定，必有 $912 - 100K > 0$ 以及 $100K - 61 > 0$，从而可知闭环系统稳定的条件为 $0.61 < K < 9.12$。这也是当 $\zeta = 2$ 时，系统全部极点均位于 $s = -1$ 之左的 K 值范围。

解毕！

3.5　控制系统的稳态误差

控制系统的稳态误差是系统控制精度的一种度量，与系统的动态性能指标相对应，它是系统的稳态性能指标。也就是在 $t > t_s$ 时，衡量系统实际输出与期望输出差值的指标。这个指标越趋近于零，说明系统的控制精度越高。

由于线性系统本身的结构参数、外作用类型（控制量或扰动量）以及外作用形式的不同，控制系统的稳态输出不可能在任意情况下都与期望输出严格一致，因此会产生原理性误差。此外，系统中存在的不灵敏区、间隙、零漂等非线性因素也会造成额外误差。这些误差的存在，增加了系统控制的不确定性。而控制系统的设计任务之一，就是要通过优化设计尽量减小系统的稳态误差。

在控制系统设计中，稳态误差是系统控制精度或抗扰动能力的一种度量，一个符合工程

要求的系统，其稳态误差必须控制在允许的范围之内。此外，稳态误差是针对稳定系统而言的，因此计算稳态误差应以系统稳定为前提。

本书只讨论系统的原理性误差，不考虑由于非线性因素引起的误差。人们把在阶跃输入作用下没有原理性稳态误差的系统称为无差系统，而把有原理性稳态误差的系统称为有差系统。

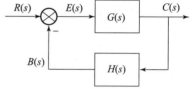

图 3.33　误差传递函数定义的结构框图

3.5.1　误差与稳态误差

一个典型的负反馈系统如图 3.33 所示。

关于误差的定义，常见的有两种。

第一种是从输出端定义：该定义下的误差等于系统输出量期望值 $c^*(t)$ 与实际值 $c(t)$ 之差，即

$$\varepsilon(t) = c^*(t) - c(t) \tag{3.91}$$

$\varepsilon(t)$ 也称偏差，有的文献将其与误差 $e(t)$ 相区分。偏差 $\varepsilon(t)$ 描述的是系统输出与期望值之间的差异，这是直观的概念，也是人们经常使用和提及的概念，物理意义明确。但在实际系统中，输出量的直接测量会比较麻烦，如转速、液位等都需要专门的设备去测量。这使 $\varepsilon(t)$ 的获得，需要投入额外成本。

第二种是从输入端定义：该定义下的误差等于系统的输入信号与主反馈信号之差，即

$$e(t) = r(t) - b(t) \tag{3.92}$$

这种方法定义的误差，在实际系统中作为一种传输信号是方便测量的，故具有比较直接的物理意义。在工程实际中，人们多采用从系统输入端定义的误差来计算和分析系统的准确性。

从图 3.33 可知 $E(s) = R(s) - B(s)$，其中 $B(s) = C(s)H(s) = E(s)G(s)H(s)$，故有 $E(s) = R(s) - E(s)G(s)H(s)$，整理可得

$$\Phi_e(s) = \frac{E(s)}{R(s)} = \frac{1}{1 + G(s)H(s)} \tag{3.93}$$

这里的 $\Phi_e(s)$ 称为系统的误差传递函数。

在求取误差本身 $e(t)$ 时，需要进行如下反拉氏变换：

$$e(t) = L^{-1}[E(s)] = L^{-1}[\Phi_e(s)R(s)] = e_{ts}(t) + e_{ss}(t) \tag{3.94}$$

式中，$e_{ts}(t)$ 为误差的动态分量，此分量随时间增长而消失；$e_{ss}(t)$ 为系统误差的稳态分量，在系统的动态过程结束后，e_{ss} 的值不再随着时间增长而发生改变。因而，可给出稳态误差的定义：对于稳定的控制系统，其误差的终值称为稳态误差，记作 e_{ss}，可表示为 $e_{ss} = \lim_{t \to \infty} e(t)$。

3.5.2　计算稳态误差的方法

计算系统的稳态误差主要有两种方法：一种是终值定理方法；另一种是静态误差系数法。

（1）终值定理方法。采用终值定理求系统的稳态误差主要分为三个步骤。

第一步，判定系统的稳定性。可以采用劳斯判据等判断一个系统是否稳定，如果稳定，即可继续下一步。

第二步，求误差传递函数。这里的误差传递函数，根据输入信号的不同分为给定输入误差传递函数 $\Phi_e(s) = \dfrac{E(s)}{R(s)}$ 和扰动输入误差传递函数 $\Phi_{en}(s) = \dfrac{E(s)}{N(s)}$。

第三步，用终值定理求系统的稳态误差。

$e_{ss} = \lim\limits_{s \to 0} s\left[\Phi_e(s)R(s) + \Phi_{en}(s)N(s)\right]$。

下面举例说明系统稳态误差的求取方法。

例 3.11　系统结构图如图 3.34 所示，已知 $r(t) = n(t) = t$，求系统的稳态误差 e_{ss}。

解：在给定输入下，系统的闭环传递函数为

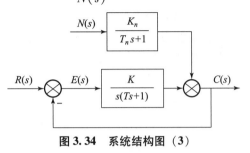

图 3.34　系统结构图（3）

$$\Phi(s) = \frac{C(s)}{R(s)} = \frac{\dfrac{K}{s(Ts+1)}}{1 + \dfrac{K}{s(Ts+1)}} = \frac{K}{s(Ts+1)+K}$$

可知其特征方程为 $D(s) = Ts^2 + s + K = 0$，当 $T > 0$ 和 $K > 0$ 时，系统稳定。

先求给定输入的误差传递函数：

$$\Phi_e(s) = \frac{E(s)}{R(s)} = \frac{1}{1 + \dfrac{K}{s(Ts+1)}} = \frac{s(Ts+1)}{s(Ts+1)+K}$$

由终值定理可求得

$$e_{ssr} = \lim_{s \to 0} s\Phi_e(s)R(s) = \lim_{s \to 0} s \cdot \frac{s(Ts+1)}{s(Ts+1)+K} \cdot \frac{1}{s^2} = \frac{1}{K}$$

再求扰动输入的误差传递函数。由代数法有 $-E(s) = E(s)G_k(s) + N(s)P(s)$，所以

$$\frac{E(s)}{N(s)} = \frac{-P(s)}{1 + G_k(s)}$$

即

$$\Phi_{en}(s) = \frac{E(s)}{N(s)} = \frac{-\dfrac{K_n}{T_n s + 1}}{1 + \dfrac{K}{s(Ts+1)}} = \frac{-K_n s(Ts+1)}{(T_n s+1)\left[s(Ts+1)+K\right]}$$

由终值定理可求得

$$e_{ssn} = \lim_{s \to 0} s\Phi_{en}(s)N(s) = \lim_{s \to 0} s \cdot \frac{-K_n s(Ts+1)}{(T_n s+1)\left[s(Ts+1)+K\right]} \cdot \frac{1}{s^2} = \frac{-K_n}{K}$$

所以，系统最终的稳态误差为

$$e_{ss} = e_{ssr} + e_{ssn} = \frac{1 - K_n}{K}$$

解毕！

从例 3.11 可以看出，影响 e_{ss} 的主要因素有三个：一是系统自身的结构参数；二是外作用的类型（控制量、扰动量及作用点等）；三是外作用的形式（阶跃、斜坡或加速度等）。

（2）静态误差系数法。控制系统按积分环节数分类。

$$G(s)H(s) = \frac{K\prod_{i=1}^{m}(\tau_i s + 1)}{s^v \prod_{j=1}^{n-v}(T_j s + 1)} \tag{3.95}$$

式（3.95）中 K 叫系统的开环增益（也叫系统的开环传递系数）。v 为开环系统在 s 平面坐标原点上的极点个数，因 $1/s$ 是理想积分环节的传递函数，所以 v 也表示系统的开环传递函数中串接的积分环节个数，即决定系统的型别。规定：$v = 0$，叫 0 型系统；$v = 1$，叫Ⅰ型系统；$v = 2$，叫Ⅱ型系统，以此类推，令

$$G_0(s)H_0(s) = \frac{\prod_{i=1}^{m}(\tau_i s + 1)}{\prod_{j=1}^{n-v}(T_j s + 1)} \tag{3.96}$$

则有

$$G(s)H(s) = \frac{K}{s^v}G_0(s)H_0(s) \tag{3.97}$$

进一步可得

$$e_{ss} = \lim_{s \to 0} sE(s) = \lim_{s \to 0} \frac{sR(s)}{1 + G(s)H(s)} = \lim_{s \to 0} \frac{sR(s)}{1 + \frac{K}{s^v}G_0(s)H_0(s)}$$

$$= \lim_{s \to 0} \frac{s^{v+1}R(s)}{s^v + KG_0(s)H_0(s)} = \frac{\lim_{s \to 0} s^{v+1}R(s)}{\lim_{s \to 0} s^v + K} \tag{3.98}$$

由式（3.98）可见，稳态误差 e_{ss} 与系统的型别 v、开环增益 K 及输入信号的形式及大小有关，由于工程实际上的输入信号多为阶跃信号、斜坡信号（即等速度信号）、抛物线信号（即等加速度信号）或者这三种信号的组合，所以下面只讨论这三种信号作用下的稳态误差问题。

1. 阶跃输入下的静态位置误差系数 K_p

设 $r(t) = A \cdot 1(t)$，则 $R(s) = A/s$，从而有

$$e_{ss} = \lim_{s \to 0} sE(s) = \lim_{s \to 0} \frac{sR(s)}{1 + G(s)H(s)} = \frac{A}{1 + \lim_{s \to 0} G(s)H(s)} \tag{3.99}$$

定义 $K_p = \lim_{s \to 0} G(s)H(s)$，那么

$$e_{ss} = \lim_{s \to 0} sE(s) = \frac{A}{1 + K_p} \tag{3.100}$$

由于

$$G(s)H(s) = \frac{K\prod_{i=1}^{m}(\tau_i s + 1)}{s^v \prod_{j=1}^{n-v}(T_j s + 1)} \tag{3.101}$$

所以可知：

$$K_p = \begin{cases} K, & e_{ss} = A/(1 + K), & v = 0 \\ \infty, & e_{ss} = 0, & v \geq 1 \end{cases} \tag{3.102}$$

以上结果说明，0 型系统在阶跃信号下的稳态误差为一定值，e_{ss} 大小与开环放大系数 K 大致成反比，K 越大则 e_{ss} 越小，但总会有误差存在。所以 0 型系统又被称为有差系统。同时可知，为了减小系统稳态误差，在稳定条件允许的前提下，可通过增大开环放大系数 K 来实

现。

2. 斜坡输入下的静态速度误差系数 K_v

设 $r(t) = At$，则 $R(s) = A/s^2$，从而有

$$e_{ss} = \lim_{s \to 0} sE(s) = \lim_{s \to 0} \frac{sR(s)}{1 + G(s)H(s)} = \lim_{s \to 0} \frac{\dfrac{A}{s}}{1 + G(s)H(s)}$$

$$= \lim_{s \to 0} \frac{A}{s + sG(s)H(s)} = \frac{A}{\lim_{s \to 0} sG(s)H(s)} = \frac{A}{K_v} \quad (3.103)$$

由于

$$G(s)H(s) = \frac{K\prod_{i=1}^{m}(\tau_i s + 1)}{s^v \prod_{j=1}^{n-v}(T_j s + 1)} \quad (3.104)$$

因此可知

$$K_v = \lim_{s \to 0} sG(s)H(s) = \lim_{s \to 0} \frac{K}{s^{v-1}} \quad (3.105)$$

最后可得

$$K_v = \begin{cases} 0 \\ K \\ \infty \end{cases} \Rightarrow e_{ss} = \begin{cases} \infty, & v = 0 \\ A/K, & v = 1 \\ 0, & v \geq 2 \end{cases} \quad (3.106)$$

3. 加速度输入下的静态速度误差系数 K_a

设 $r(t) = At^2/2$，则 $R(s) = A/s^3$，从而有

$$e_{ss} = \lim_{s \to 0} sE(s) = \lim_{s \to 0} \frac{sR(s)}{1 + G(s)H(s)} = \lim_{s \to 0} \frac{\dfrac{A}{s^2}}{1 + G(s)H(s)}$$

$$= \lim_{s \to 0} \frac{A}{s^2 + s^2 G(s)H(s)} = \frac{A}{\lim_{s \to 0} s^2 G(s)H(s)} = \frac{A}{K_a} \quad (3.107)$$

由于

$$G(s)H(s) = \frac{K\prod_{i=1}^{m}(\tau_i s + 1)}{s^v \prod_{j=1}^{n-v}(T_j s + 1)} \quad (3.108)$$

因此可知

$$K_a = \lim_{s \to 0} s^2 G(s)H(s) = \lim_{s \to 0} \frac{K}{s^{v-2}} \quad (3.109)$$

最后得到

$$K_a = \begin{cases} 0 \\ K \\ \infty \end{cases} \Rightarrow e_{ss} = \begin{cases} \infty, & v = 0,1 \\ A/K, & v = 2 \\ 0, & v \geq 3 \end{cases} \quad (3.110)$$

有了以上结论，下面举例来分析稳态误差指标的优化和应用。

例 3 – 12 系统结构图如图 3.35 所示，已知

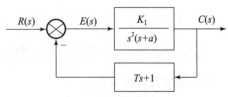

图 3.35　系统结构图（4）

输入 $r(t) = 2t + 4t^2$，求系统的稳态误差。

解：由题意，开环传递函数

$$G_k(s) = \frac{K_1(Ts + 1)}{s^2(s + a)}$$

此为 II 型系统，开环增益为 $K = K_1/a$。闭环传递函数为

$$\Phi(s) = \frac{s^2(s + a)}{s^2(s + a) + K_1(Ts + 1)}$$

系统的闭环特征方程为 $D(s) = s^3 + as^2 + K_1Ts + K_1 = 0$

列出劳斯表

s^3	1	K_1T
s^2	a	K_1
s^1	b_1	b_2
s^0	c_1	

计算出劳斯表中的未知系数：

$$b_1 = \frac{aK_1T - K_1}{a}$$

$$b_2 = 0$$

$$c_1 = \frac{b_1 \times K_1 - 0}{b_1} = K_1$$

因此，当 $a > 0$、$T > 1/a$ 及 $K_1 > 0$ 时，系统稳定，可以求稳态误差。

由于本系统为 II 型系统，由静态误差系数法可知：$r_1(t) = 2t$ 时，$e_{ss1} = 0$；$r_2(t) = 4t^2 = 8 \cdot \frac{1}{2}t^2$ 时，$e_{ss2} = \frac{A}{K} = \frac{8a}{K_1}$。

因此系统的稳态误差为

$$e_{ss} = e_{ss1} + e_{ss2} = \frac{8a}{K_1}$$

解毕！

例 3.13　系统结构图如图 3.36 所示，已知输入 $r(t) = At$，求 $G_c(s)$，使稳态误差为零。

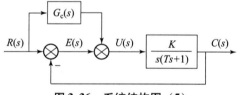

图 3.36　系统结构图（5）

解：由题意，开环传递函数

$$G(s) = \frac{K}{s(Ts + 1)}$$

此为 I 型系统，开环增益为 K。闭环传递函数为

$$\Phi(s) = \frac{K}{Ts^2 + s + K}$$

相应的闭环特征方程为

$$D(s) = Ts^2 + s + K = 0$$

由劳斯判据，$T > 0$ 及 $K > 0$ 时系统稳定。

由于 $E(s) = R(s) - [R(s)G_c(s) + E(s)]G_k(s)$，因此

$$\Phi_e(s) = \frac{E(s)}{N(s)} = \frac{1 - G_c(s)G_k(s)}{1 + G_k(s)} = \frac{1 - \dfrac{KG_c(s)}{s(Ts+1)}}{1 + \dfrac{K}{s(Ts+1)}} = \frac{s(Ts+1) - KG_c(s)}{s(Ts+1) + K}$$

系统的输入为 $r(t) = At$，则 $R(s) = A/s^2$ 应用终值定理可得

$$e_{ss} = \lim_{s \to 0} s\Phi_e(s)\frac{A}{s^2} = \lim_{s \to 0} \frac{A\left[sT + 1 - \dfrac{K}{s}G_c(s)\right]}{s(Ts+1) + K} = \frac{A\left[1 - \dfrac{K}{s}G_c(s)\right]}{K}$$

若使 $e_{ss} = 0$，则必有 $1 - \dfrac{K}{s}G_c(s) = 0$，此时要求 $G_c(s) = s/K$。

解毕！

例 3.13 说明，按前馈补偿的复合控制方案可以有效提高系统的稳态精度。

例 3.14　系统结构图如图 3.37 所示，已知

$$r(t) = At^2/2, \qquad n(t) = At$$

求系统的稳态误差 e_{ss}。

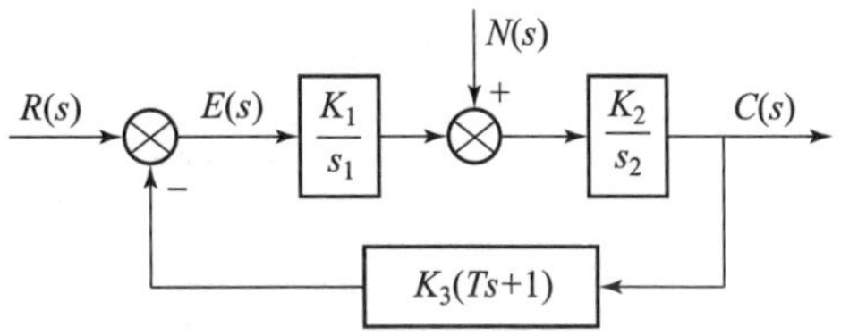

图 3.37　系统结构图（6）

解：由题意，开环传递函数

$$G(s) = \frac{K_1K_2K_3(Ts+1)}{s_1s_2}$$

此为 Ⅱ 型系统，开环增益为 $K = K_1K_2K_3$。闭环传递函数为

$$\Phi(s) = \frac{K_1K_2K_3(Ts+1)}{s_1s_2 + K_1K_2K_3(Ts+1)}$$

相应的闭环特征方程为

$$D(s) = s_1s_2 + K_1K_2K_3Ts + K_1K_2K_3$$

由劳斯判据，$T > 0$ 及 $K_1K_2K_3 > 0$ 时系统稳定。

给定输入形成的误差传递函数为

$$\Phi_e(s) = \frac{E(s)}{R(s)} = \frac{1}{1 + G_k(s)} = \frac{s_1s_2}{s_1s_2 + K_1K_2K_3(Ts+1)}$$

相应的稳态误差为

$$e_{ssr} = \lim_{s \to 0} s\Phi_e(s)\frac{A}{s^3} = \lim_{s \to 0} \frac{A}{s^2}\frac{s_1s_2}{s_1s_2 + K_1K_2K_3Ts + K_1K_2K_3} = \frac{A}{K_1K_2K_3}$$

由于 $-E(s) = \left[E(s)\dfrac{K_1}{s_1} + N(s)\right]\dfrac{K_2}{s_2}K_3(Ts+1)$

扰动输入形成的误差传递函数为

$$\Phi_{en}(s) = \frac{E(s)}{N(s)} = \frac{-K_2K_3(Ts+1)/s_2}{1 + K_1K_2K_3(Ts+1)/(s_1s_2)}$$

相应的稳态误差为

$$e_{ssn} = \lim_{s \to 0} s \cdot \Phi_{en}(s) \cdot N(s) = \lim_{s \to 0} s \cdot \frac{A}{s^2} \cdot \frac{-K_2K_3s_1(Ts+1)}{s_1s_2 + K_1K_2K_3Ts + K_1K_2K_3} = \frac{-A}{K_1}$$

故系统总的稳态误差为

$$e_{ss} = e_{ssr} + e_{ssn} = \frac{A}{K_1 K_2 K_3} - \frac{A}{K_1} = \frac{A}{K_1}\left(\frac{1}{K_2 K_3} - 1\right)$$

解毕!

例 3.14 表明，在主反馈口到干扰作用点之间的前向通道中提高增益、设置积分环节，可以同时减小或消除控制输入和干扰作用下产生的稳态误差。

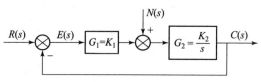

图 3.38　系统结构图（7）

例 3.15　系统结构图如图 3.38 所示。当 $r(t) = n(t) = 1(t)$ 时，求系统的稳态误差 e_{ss}；若要求稳态误差为零，如何改变系统结构？

解：该系统对给定输入而言属于 I 型系统。所以当给定输入为单位阶跃函数时，稳态误差 $e_{ssr} = 0$。但系统在扰动输入为单位阶跃函数时的稳态误差 e_{ssn} 不为零。由 $-E(s) = [E(s)G_1(s) + N(s)]G_2(s)$ 得

$$\Phi_{en}(s) = \frac{E(s)}{N(s)} = \frac{-G_2(s)}{1 + G_1(s)G_2(s)}$$

$$e_{ssn} = \lim_{s \to 0} s\Phi_{en}N(s) = \lim_{s \to 0} \frac{-K_2}{s + K_1 K_2} = -\frac{1}{K_1}$$

故系统的稳态误差为

$$e_{ss} = e_{ssr} + e_{ssn} = -\frac{1}{K_1}$$

下面分析如何改造系统使得 $e_{ss} = 0$。根据前面的分析知，对于在主反馈口和干扰作用点之间的前向通道中提高增益、设置积分环节，有利于减小或消除控制输入和干扰作用下产生的稳态误差。那么尝试将 $G_1 = K_1$ 改变为 $G_1 = \frac{K_1}{s}$。

此时 $e_{ssn} = \lim_{s \to 0} s\Phi_{en} \frac{1}{s} = \lim_{s \to 0} \frac{-K_2 s}{s^2 + K_1 K_2} = 0$

然而，积分环节引入得到的系统闭环特征方程为

$$D(s) = s^2 + K_1 K_2 = 0$$

这不满足系统的稳定性条件。所以需进一步尝试改 G_1 为比例微分环节，即

$$G_1 = \frac{K_1(\tau s + 1)}{s}$$

相应地

$$D(s) = s^2 + K_1 K_2 \tau s + K_1 K_2 = 0$$

当 $K_1 > 0, K_2 > 0, \tau > 0$ 时，系统是稳定的。

此时 $e_{ssn} = \lim_{s \to 0} s\Phi_{en} \frac{1}{s} = \lim_{s \to 0} \frac{sK_2}{s^2 + K_1 K_2 \tau s + K_1 K_2} = 0$

因此对于本系统，将 G_1 改造为比例微分环节可实现稳态误差为零。

解毕!

课 后 习 题

3 - 1　单位反馈系统的开环传递函数为

$$G(s) = \frac{4}{s(s+5)}$$

求单位阶跃响应 $h(t)$ 和调节时间 t_s。

3-2 一阶系统结构图如图 3.39 所示。要求系统闭环增益 $K_\Phi = 2$，调节时间 $t_s \leq 0.4\,$s，试确定参数 K_1、K_2 的值。

3-3 机器人控制系统结构图如图 3.40 所示。试确定参数 K_1、K_2 值，使系统阶跃响应的峰值时间 $t_p = 0.5\,$s，超调量 $\sigma\% = 2\%$。

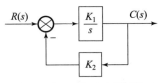

图 3.39 一阶系统结构图

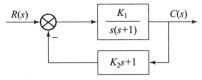

图 3.40 机器人控制系统结构图

3-4 已知系统结构图如图 3.41 所示，其中 $G(s) = \dfrac{k(0.5s+1)}{s(s+1)(2s+1)}$，输入信号为单位斜坡函数。

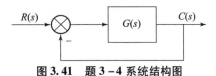

图 3.41 题 3-4 系统结构图

(1) 求系统的稳态误差。

(2) 分析能否通过调节增益 k，使稳态误差小于 0.2。

3-5 已知控制系统如图 3.42 所示。

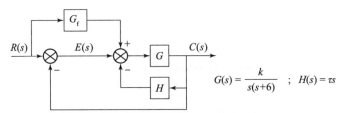

$$G(s) = \frac{k}{s(s+6)} \quad ; \quad H(s) = \tau s$$

图 3.42 系统结构图及传递函数设置

在 $G_f(s) = 0$ 时，闭环系统响应阶跃输入时的超调量 $\sigma_p = 4.6\%$、峰值时间 $t_p = 0.73\,$s，确定系统的 k 值和 τ 值。

3-6 已知系统的特征方程，试用劳斯判据判别系统的稳定性，并确定在右半 s 平面根的个数及纯虚根。

(1) $D(s) = s^5 + 12s^4 + 44s^3 + 48s^2 + s + 1 = 0$；

(2) $D(s) = s^5 + 3s^4 + 12s^3 + 24s^2 + 32s + 48 = 0$；

(3) $D(s) = s^5 + 2s^4 - s - 2 = 0$。

3-7 温度计的传递函数为 $G(s) = \dfrac{1}{Ts+1}$，用其测量容器内的水温，1 min 才能显示出该温度 98% 的数值。若加热容器使水温按 10 ℃/min 的速度匀速上升，温度计的稳态指示误差有多大？

3-8 系统结构图如图 3.43 所示。控制器结构为 $G_c(s) = K_p\left(1 + \dfrac{1}{T_i s}\right)$，为使该系统稳

定，控制器参数 K_p、T_i 应满足什么关系？

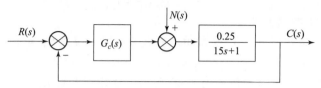

图 3.43 题 3 - 8 系统结构图

3 - 9 设单位反馈系统的开环传递函数为

$$G(s) = \frac{K(s + 1)}{s^3 + Ms^2 + 2s + 1}$$

若系统以 2 rad/s 频率持续振荡，试确定相应的 K 值和 M 值。

3 - 10 已知质量 - 弹簧 - 阻尼器系统如图 3.44（a）所示，其中质量为 m kg，弹簧系数为 k N/m，阻尼器系数为 μ N·s/m，当物体受 $F = 10$ 牛顿的恒力作用时，其位移 $y(t)$ 的变化如图 3.44（b）所示。求 m、k 和 μ 的值。

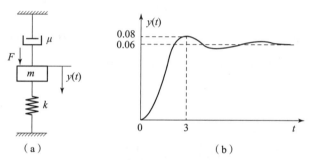

图 3.44 力学系统示意图及时域响应

（a）力学系统示意图；（b）时域响应

3 - 11 控制系统结构图如图 3.45 所示。其中 K_1、$K_2 > 0, \beta \geq 0$。试分析：

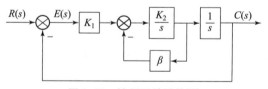

图 3.45 控制系统结构图

（1）β 值变化（增大）对系统稳定性的影响；

（2）β 值变化（增大）对动态性能（$\sigma\%$, t_s）的影响；

（3）β 值变化（增大）对 $r(t) = at$ 作用下稳态误差的影响。

3 - 12 系统结构图如图 3.46 所示。已知系统单位阶跃响应的超调量 $\sigma\% = 16.3\%$，峰值时间 $t_p = 1$ s。

（1）求系统的开环传递函数 $G(s)$；

（2）求系统的闭环传递函数 $\Phi(s)$；

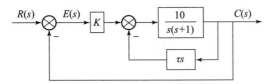

图 3.46 题 3 – 12 系统结构图

（3） 根据已知的性能指标 $\sigma\%$、t_p 确定系统参数 K 及 τ；

（4） 计算等速输入 $r(t) = 1.5t$ 时系统的稳态误差。

3 – 13 已知一个 n 阶闭环系统的微分方程为

$$a_n y^{(n)} + a_{n-1} y^{(n-1)} + \cdots + a_2 y^{(2)} + a_1 \dot{y} + a_0 y = b_1 \dot{r} + b_0 r$$

其中，r 为输入，y 为输出，所有系数均大于零。

（1） 写出该系统的特征方程；

（2） 写出该系统的闭环传递函数；

（3） 若该系统为单位负反馈系统，写出其开环传递函数；

（4） 若系统是稳定的，求当 $r(t) = 1(t)$ 时的稳态误差 e_{ss}；

（5） 为使系统在 $r(t) = t$ 时的稳态误差 $e_{ss} = 0$，除系统必须稳定外，还应满足什么条件？

（6） 当 $a_0 = 1$，$a_1 = 0.5$，$a_2 = 0.25$，$a_i = 0(i > 2)$，$b_1 = 0$，$b_0 = 2$，$r(t) = 1(t)$ 时，试评价该二阶系统的如下性能：ζ、ω_n、$\sigma\%$、t_s 和 $y(\infty)$。

第4章
线性系统根轨迹法

本章学习要点

（1）掌握根轨迹的定义和作用。
（2）掌握根轨迹的绘制规则并可进行基本的根轨迹绘制。
（3）掌握零度根轨迹及参数根轨迹的绘制方法。
（4）掌握依据系统根轨迹分析系统稳态、动态性能的方法。

4.1 引　言

在线性系统的瞬态及稳态指标分析学习中，我们知道系统的闭环特征根处于 s 平面的位置分布对系统的响应有着决定性的影响。因此，在分析和设计系统时，确定系统的闭环特征根在复平面上的位置就十分重要。对于一个二阶系统，求解特征方程的根并不困难，但对三阶及以上的高阶系统，要直接求解系统的特征根就不容易了。此外，在系统的设计和调试中，有些参数是经常需要调整变化的。设计者希望能看到参数变化对极点位置的影响，如果每改变一次参数就要求解一次特征方程，系统的设计和分析工作将变得非常烦琐。基于以上原因，美国电信工程师沃尔特·理查德·伊万思于 1948 年提出了一种求解系统特征方程式根的简便图解法，称为根轨迹法。该方法是一种直观的图示方法，在控制领域中获得了广泛应用。在根轨迹法中，主要研究的是以系统开环增益为参变量的根轨迹，之后又推广到随其他参数变化的广义根轨迹。本章重点学习根据系统开环传递函数的极点和零点绘制根轨迹的方法，以及调整开环极点和零点使闭环传递函数符合预期的性能指标。

4.2　根轨迹的概念

根轨迹，是指系统某一参数由 0→∞ 变化时，闭环特征方程的根在 s 平面相应变化所描绘出来的轨迹。

根轨迹法，也称复域法，是利用根轨迹的分布规律来分析和判断系统性能指标的一种方法。它与时域分析法、频域分析法并称经典控制理论三大分析校正方法。根轨迹法的任务是在已知开环零、极点分布的情况下，通过图解法求出闭环极点。

因此，根轨迹法的特点可概括为以下三个方面。

（1）它是一种图解方法，具有直观、形象的优点。
（2）研究当系统中某一参数变化时，系统特征方程的根在复平面上的变化规律，进而研究性能的变化趋势。

（3）它总体上是一种近似方法。除某些关键的计算点（如系统的开环零极点、分离点、与虚轴交点等），其他根轨迹均为定性的趋势线。

为了让大家对根轨迹和利用根轨迹分析系统的方法有一个直观的了解，下面举一个例子。

例 4.1 系统结构图如图 4.1 所示，分析闭环特征方程的根随开环增益 K 变化的趋势。

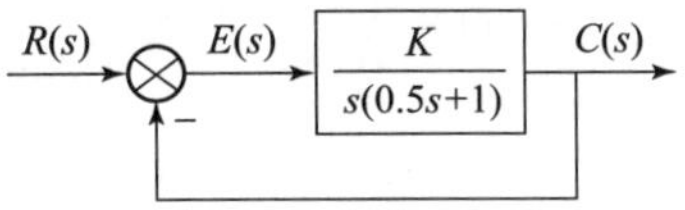

图 4.1 系统结构图（1）

解： 系统的开环传递函数为

$$G(s) = \frac{K}{s(0.5s+1)}$$

令 $K^* = 2K$ 为根轨迹增益[①]，$G(s)$ 化为首 1 标准型有

$$G(s) = \frac{K^*}{s(s+2)}$$

相应的闭环传递函数为

$$\Phi(s) = \frac{C(s)}{R(s)} = \frac{K^*}{s^2 + 2s + K^*}$$

可得其闭环特征方程

$$D(s) = s^2 + 2s + K^* = 0$$

其特征根为

$$\lambda_{1,2} = -1 \pm \sqrt{1 - K^*}$$

相应的根轨迹，也就是特征根中的 K^* 从 $0 \to \infty$ 变化时，闭环特征方程的根在 s 平面相应变化所描绘出来的轨迹。表 4.1 列举出一些根随着 K^* 的改变而改变的情况。

表 4.1 K^* 改变引起的根改变

K^*	λ_1	λ_2
0	0	-2
0.64	-0.4	-1.6
1	-1	-1
2	$-1+j$	$-1-j$
5	$-1+2j$	$-1-2j$
17	$-1+4j$	$-1-4j$
…	…	…
∞	$1+\infty j$	$1-\infty j$

利用以上获得的 λ_1 和 λ_2 在 s 平面进行标记并连接，就可得到如图 4.2 所示系统根轨迹。

---

① 根轨迹增益 K^* 主要与开环增益 K 相比较，开环增益实质上为传递函数为尾 1 标准型下的系统增益；根轨迹环益实质上为传递函数为首 1 标准型下的系统增益。

解毕！

下面来分析系统的性能指标与根轨迹之间的关系。对应二阶系统闭环传递函数的标准形式，可得

$$\Phi(s) = \frac{C(s)}{R(s)} = \frac{\omega_n^2}{s^2 + 2\zeta\omega_n s + \omega_n^2} = \frac{K^*}{s^2 + 2s + K^*}$$

进而可得 $K^* = \omega_n^2$，且 $\zeta\omega_n = 1$，也就有 $\zeta = 1/\sqrt{K^*}$，因此可以对系统的各种性能进行判断。

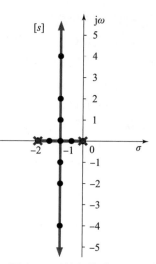

图 4.2　系统根轨迹（1）

（1）系统的稳定性。由于 K^* 从 $0\to\infty$ 时，所有的特征根均位于 s 左半坐标平面，因此系统是绝对稳定的。

（2）系统的稳态性能。观察系统的开环传递函数可知，该系统为Ⅰ型系统，对于阶跃输入，该系统为一个无差系统；若为斜坡输入，根据静态误差系数法可知 $e_{ss} = A/K$ 或 $e_{ss} = 2A/K^*$；若为加速输入，那么 $e_{ss} = \infty$。因此 K^* 改变仅会影响斜坡输入情况下的稳态误差，K^* 越大，稳态误差越小。

（3）系统的动态性能。动态性能中超调量 σ_p 和调节时间 t_s 是人们主要关注的指标。当 K^* 从 $0\to 1$ 时，ζ 从 $\infty\to 1$，系统为过阻尼系统，超调量 σ_p 是 0，调节时间 t_s 是逐渐缩短的。而当 K^* 从 $1\to\infty$ 时，ζ 从 $1\to 0$，超调量 σ_p 是逐渐增加的，而调节时间趋于不变，这是由于 $\zeta\omega_n = 1$ 是系统的隐含条件，因此 $t_s(\Delta = \pm 5\%) = \dfrac{3}{\zeta\omega_n} = 3$ s。

4.3　根轨迹方程

根轨迹法解决的是系统闭环特征方程的根在复平面上随着增益参数改变时的分布情况。然而，绘制根轨迹的时候直接使用的是开环传递函数，这是为什么呢？下面来简要分析一下。

假设二阶系统的开环传递函数为

$$G(s) = \frac{K^*}{s(s + 2\zeta\omega_n)} \tag{4.1}$$

相应的闭环传递函数为

$$\Phi(s) = \frac{G(s)}{1 + G(s)} = \frac{K^*}{s^2 + 2\zeta\omega_n s + K^*} \tag{4.2}$$

我们知道系统的特征方程 $D(s) = s^2 + 2\zeta\omega_n s + K^* = 0$；同时也可知

$$1 + G(s) = \frac{s^2 + 2\zeta\omega_n s + K^*}{s(s + 2\zeta\omega_n)} \tag{4.3}$$

这里的 $1 + G(s) = 0$ 与 $D(s) = 0$ 具有等价关系。所以求 $D(s) = 0$ 的根的分布，也就等价于求 $G(s) = -1$ 时根的分布，进而也就是求"根轨迹方程"——$|G(s)| = 1$ 且 $\angle G(s) = (2k + 1)\pi$ 的根的分布。这也是为何我们可以直接采用开环传递函数信息来求闭环特征方程的原因。

采用根轨迹法分析和设计系统，必须首先绘制出根轨迹图。如果使用例 4.1 所示方法去

逐个求出闭环特征方程的根，再绘制系统的根轨迹图，这样绘图分析工作就会比较烦琐。在工程应用中，人们依据开环传递函数和闭环特征方程之间的关系，可以快速绘出根轨迹。下面结合图 4.3 所示的系统结构图对根轨迹方程的推导进行说明。

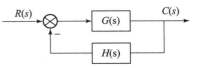

图 4.3　系统结构图（2）

系统的闭环传递函数为

$$\Phi(s) = \frac{C(s)}{R(s)} = \frac{G(s)}{1 + G(s)H(s)} \tag{4.4}$$

其中，$G(s)H(s)$ 即为系统的开环传递函数。

假设：

$$G(s) = \frac{K_G \prod_{i=1}^{m1}(s - z_i)}{\prod_{j=1}^{n1}(s - p_j)}, H(s) = \frac{K_H \prod_{i=1}^{m2}(s - z_i)}{\prod_{j=1}^{n2}(s - p_j)} \tag{4.5}$$

那么

$$
\begin{aligned}
\Phi(s) &= \frac{C(s)}{R(s)} \\
&= \frac{K_G \prod_{i=1}^{m1}(s - z_i) \prod_{j=1}^{n2}(s - p_j)}{\prod_{j=1}^{n1}(s - p_j) \prod_{j=1}^{n2}(s - p_j) + K_G \prod_{i=1}^{m1}(s - z_i) K_H \prod_{i=1}^{m2}(s - z_i)}
\end{aligned}
\tag{4.6}
$$

这里可以看出：①闭环零点是由前向通路的零点和反馈通路的极点构成，对于单位反馈系统，闭环零点就是开环零点。②闭环极点与开环零点、开环极点以及开环增益均有关系，且 K_G 变化，闭环极点也发生变化。③开环零、极点非常容易得到，因而闭环零点也不难确定，但闭环极点却不易求出。

系统的特征方程为 $G(s)H(s)$ 的分子与分母之和，亦为 $1 + G(s)H(s)$ 的分子多项式，即

$$D(s) = \prod_{j=1}^{n1}(s - p_j) \prod_{j=1}^{n2}(s - p_j) + K_G \prod_{i=1}^{m1}(s - z_i) K_H \prod_{i=1}^{m2}(s - z_i) = 0 \tag{4.7}$$

显然，$D(s) = 0$ 必然意味着有 $1 + G(s)H(s) = 0$ 成立。也就是说 $1 + G(s)H(s) = 0$ 暗含了系统特征方程条件。式（4.7）也可表示为

$$G(s)H(s) = \frac{K_G \prod_{i=1}^{m1}(s - z_i) K_H \prod_{i=1}^{m2}(s - z_i)}{\prod_{j=1}^{n1}(s - p_j) \prod_{j=1}^{n2}(s - p_j)} = -1 \tag{4.8}$$

式（4.8）被称为根轨迹方程。若将 $G(s)H(s) = -1$ 作为一个复数变量，则可将分别用模值和相角表示，即

$$|G(s)H(s)| = \frac{K^* |s - z_1| \cdots |s - z_m|}{|s - p_1| |s - p_2| \cdots |s - p_n|} = K^* \frac{\prod_{i=1}^{m} |(s - z_i)|}{\prod_{j=1}^{n} |(s - p_j)|} = 1 \tag{4.9}$$

$$\angle G(s)H(s) = \sum_{i=1}^{m} \angle(s - z_i) - \sum_{j=1}^{n} \angle(s - p_j) = (2k + 1)\pi \tag{4.10}$$

式（4.9）被称为根轨迹方程的模值条件，而式（4.10）则被称为根轨迹方程的相角条件。可见，幅值条件与 K^* 有关，对于任意的复数点 s，理论上都会找到一个 K^* 使其模值条

件得到满足。因此幅值条件并非一个复数点 s 位于根轨迹上的必要条件。相比之下，仅当 s 位于根轨迹上时，相角条件才成立，因此相角条件是判断一个复数点 s 是否位于根轨迹上的充要条件。而幅值条件的主要作用，是计算根轨迹上任意根所对应参数 K^*。

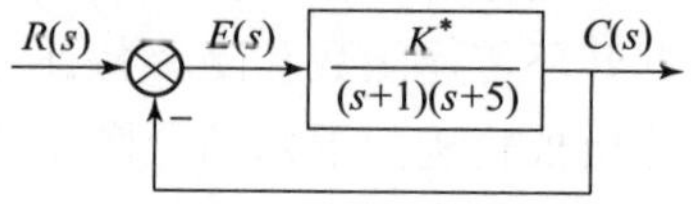

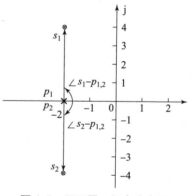

图 4.4　控制系统结构图

关于根轨迹方程的具体应用，下面我们举例说明。

例 4.2　已知控制系统结构图如图 4.4 所示。

分别判断 $s_1 = -2, s_2 = -8, s_3 = -7 + 4j, s_4 = -3 + 3j$ 是否位于系统的根轨迹上。

解： 根轨迹方程的相角条件为

$$-\angle(s_i - p_1) - \angle(s_i - p_2) = (2k + 1)\pi$$

利用以上相角条件来判断一个复数点是否位于根轨迹上。

（1）当 $s_1 = -2$，$-\angle(-2 - (-1)) - \angle(-2 - (-5)) = -\pi$（$k = -1$ 时）；

（2）当 $s_2 = -8$，$-\angle(-8 - (-1)) - \angle(-8 - (-5)) = -2\pi$（无 k 值对应）；

（3）当 $s_3 = -7 + 4j$，$-\angle(-7 + 4j - (-1)) - \angle(-7 + 4j - (-5)) = 1.695\pi$（无 k 值对应）；

（4）当 $s_4 = -3 + 3j$，$-\angle(-3 + 3j - (-1)) - \angle(-3 + 3j - (-5)) = -\pi$（$k = -1$ 时）。

故：s_1 和 s_4 在系统根轨迹上，s_2 和 s_3 不在系统根轨迹上。

解毕！

例 4.3　已知系统的开环传递函数

$$G(s)H(s) = \frac{2K}{(s + 2)^2}$$

试证明复平面上点 $s_1 = -2 + 4j, s_2 = -2 - 4j$ 是系统的闭环特征根。

证明：该系统的开环极点 $p_{1,2} = -2$，若系统闭环极点为 s_1 和 s_2，它们应满足相角方程 $\angle G(s)H(s) = \sum_{i=1}^{m} \angle(s - z_i) - \sum_{j=1}^{n} \angle(s - p_j) = (2k + 1)\pi$。

开环零、极点分布图如图 4.5 所示。

以 s_1 为试验点，可得 $-\angle(s_1 - p_1) - \angle(s_1 - p_2) = -\dfrac{\pi}{2} - \dfrac{\pi}{2} = -\pi$；

图 4.5　开环零、极点分布图

以 s_2 为试验点，可得 $-\angle(s_2 - p_1) - \angle(s_2 - p_2) = -\dfrac{-\pi}{2} - \dfrac{-\pi}{2} = \pi$。

可见，以上试验点均满足相角条件，故均为系统的闭环特征根。

证毕！

例 4.4　已知系统开环传递函数

$$G(s)H(s) = \frac{K}{(s + 1)^4}$$

其系统根轨迹如图 4.6 所示，求根轨迹上点 $s_1 = -0.5 + j0.5$ 所对应的 K 值。

解： 可根据模值方程求解 K 值。系统的模值方程为

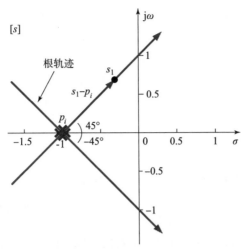

图 4.6　系统根轨迹（2）

$$\mid G(s)H(s) \mid = \left| \frac{K}{(s+1)^4} \right| = 1$$

即 $K = \mid -0.5 + j0.5 + 1 \mid^4 = \mid 0.5 + j0.5 \mid^4 = 0.25$

解毕！

4.4　根轨迹与系统性能

根轨迹的作用，就是便于找到系统闭环特征根与系统性能之间的对应关系。一些常见的对应关系总结如下。

（1）根轨迹与系统稳定性之间的关系。如果系统特征方程的根都位于 s 平面的左半部，则系统是稳定的，否则系统不稳定。若根轨迹穿越虚轴进入右半 s 平面，根轨迹与虚轴交点处的 K^* 值，就是系统临界稳定时的根轨迹增益。

（2）根轨迹与系统稳态性能之间的关系。若开环系统在 s 平面坐标原点有一个极点，则系统为 I 型系统，根轨迹上的 K^* 对应的开环增益 K 值就是静态速度误差系数，即 $k_v = K$。如果给出系统的稳态误差的区间要求，就可由根轨迹确定闭环极点位置的允许范围。

（3）根轨迹与系统动态性能之间的关系。

当 $\zeta > 1$ 时，所有闭环极点均位于实轴上，系统为过阻尼系统，其单位阶跃响应为单调上升的非周期过程。

当 $\zeta = 1$ 时，特征方程的两个相等负实根，系统为临界阻尼系统，常对应根轨迹在实轴上的分离点（或汇合点）。此时，单位阶跃响应为响应速度最快的非周期过程。

当 $0 < \zeta < 1$ 时，特征方程有一对共轭复根，系统为欠阻尼系统。此种情况下必有根轨迹位于 s 平面上（若系统稳定，则是位于 s 平面的左半部）。单位阶跃响应为阻尼振荡过程，振荡幅度或超调量随 ζ 值的减小而加大，但调节时间不会有显著变化。

有了以上结论，下面通过例 4.5 来具体说明。

例 4.5　已知单位反馈系统开环传递函数为

$$G(s) = \frac{2K}{s(s+1)(s+2)}$$

相应的根轨迹图如图 4.7 所示。

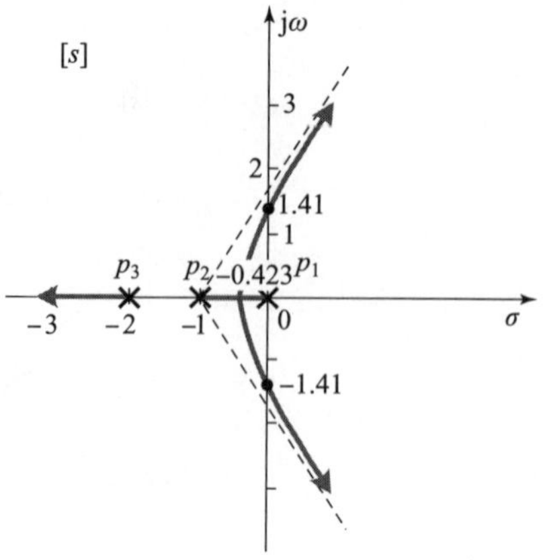

试应用根轨迹法分析系统的稳定性，并计算闭环主导极点具有阻尼比 $\zeta = 0.5$ 时的性能指标（超调量 $\sigma\%$ 及调节时间 t_s）。

解：由题意，相应的闭环传递函数为

$$\Phi(s) = \frac{G(s)}{1 + G(s)} = \frac{K^*}{s^3 + 3s^2 + 2s + K^*}$$

故系统的闭环特征方程为 $D(s) = s^3 + 3s^2 + 2s + K^* = 0$，其中 $K^* = 2K$。

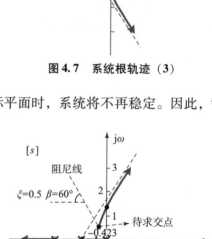

图 4.7　系统根轨迹（3）

（1）分析系统稳定性。由系统稳定性与闭环特征根的分布关系可知，当根轨迹越过虚轴到达 s 右边坐标平面时，系统将不再稳定。因此，需求得根轨迹与虚轴交点所对应的 K^*。由于交点处对应的根实部为 0，因此令 $s = j\omega$，将其代入特征方程可得

$$(j\omega)^3 + 3(j\omega)^2 + 2j\omega + K^* = 0$$

即 $-3\omega^2 + K^* = 0$ 并 $-\omega^3 j + 2j\omega = 0$，解得 $\omega^2 = 2$，$K^* = 6$（$K = 3$）。因此，为使得系统稳定，必有 $0 < K < 3$。

（2）分析系统简化过程及求取动态性能指标。系统根轨迹如图 4.8 所示，其主导极点为靠近虚轴附近的两个极点。当其阻尼比 ζ 为 0.5 时（$\zeta = \cos(\beta) = 0.5$），可求出对应阻尼线与根轨迹的交点。

设待求交点为 $s_x = -x + \sqrt{3}xj(x > 0)$，由于 s_x 在根轨迹上，因此必然满足相角条件，也就是

图 4.8　系统根轨迹（4）

$$0 - \text{atan}(-\sqrt{3}) - \text{atan}\left(\frac{\sqrt{3}x}{1-x}\right) - \text{atan}\left(\frac{\sqrt{3}x}{2-x}\right) = (2k+1)\pi$$

整理得

$$\text{atan}\left(\frac{\sqrt{3}x}{1-x}\right) + \text{atan}\left(\frac{\sqrt{3}x}{2-x}\right) = -(2k+1)\pi - \text{atan}(-\sqrt{3})$$

对两端同时取正切值得

$$\frac{\dfrac{\sqrt{3}x}{2-x} + \dfrac{\sqrt{3}x}{1-x}}{1 - \dfrac{\sqrt{3}x}{2-x}\dfrac{\sqrt{3}x}{1-x}} = \sqrt{3}$$

进一步得

$$\frac{x}{2-x} + \frac{x}{1-x} = 1 - \frac{\sqrt{3}x}{2-x}\frac{\sqrt{3}x}{1-x}$$

化简得

$$x - x^2 + 2x - x^2 = 2 - 3x + x^2 - 3x^2$$

解得 $x = 1/3$，故 $s_x = -1/3 + \sqrt{3}/3j$。

因此，可以获得 $\zeta = 0.5$ 时的根的结构为 $s_{1,2} = -1/3 \pm \sqrt{3}/3j$ 及 $s_3 = \lambda$，也就是系统的闭环特征方程可以表示为

$$\left(s + \frac{1}{3} + \frac{\sqrt{3}}{3}j\right)\left(s + \frac{1}{3} - \frac{\sqrt{3}}{3}j\right)(s - \lambda) = 0$$

展开之后，将逐项系数对照 $D(s) = s^3 + 3s^2 + 2s + K^* = 0$，可得 $\lambda = -7/3$，$K^* = 28/27$，因此原闭环传递函数可确定为

$$\Phi(s) = \frac{28/27}{(s^2 + 2/3s + 4/9)(s + 7/3)} = \frac{4/9}{(s^2 + 2/3s + 4/9)(3s/7 + 1)}$$

仅保留主导极点可得简化后的传递函数

$$\Phi(s) \approx \frac{4/9}{s^2 + 2/3s + 4/9}$$

此二阶系统的动态性能指标（超调量 $\sigma\%$ 及调节时间 t_s）为

$$\sigma\% = e^{-\frac{\zeta\pi}{\sqrt{1-\zeta^2}}} \times 100\% = e^{-0.5 \times \frac{3.14}{\sqrt{1-0.5^2}}} \times 100\% = 16.3\%$$

$$t_s(\Delta = \pm5\%) = \frac{3}{\zeta\omega_n} = \frac{3}{0.5 \times 0.667}s = 9 \text{ s}$$

解毕！

思考：还有其他方法可求得式 $\Phi(s) \approx \dfrac{4/9}{s^2 + 2/3s + 4/9}$ 吗？

事实上，我们也可以采用特征方程系数比对法列方程求解 $\zeta = 0.5$ 时的 K^* 及 ω_n，首先可以获得 $\zeta = 0.5$ 时闭环传递函数

$$\Phi(s) = \frac{G(s)}{1 + G(s)} = \frac{K^*}{(s^2 + \omega_n s + \omega_n^2)(s + \lambda_3)}$$

则 $D(s) = s^3 + (\omega_n + \lambda_3)s^2 + (\lambda_3\omega_n + \omega_n^2)s + \lambda_3\omega_n^2 = 0$，对照 $D(s) = s^3 + 3s^2 + 2s + K^* = 0$，使其系数一致即可求出相应的 λ_3、K^* 及 ω_n。

4.5　绘制根轨迹的基本法则

前面的学习中，我们掌握了根轨迹的概念，对根轨迹法的应用也有了一个初步的了解。在很多情况下，也需要结合根轨迹对系统的性能进行分析。在只知道系统的开（闭）环传递函数时，要利用根轨迹法分析系统就首先要绘制出系统的根轨迹。系统的根轨迹有一些共性的特征要素，只要掌握了这些要素，就可以描绘出系统的根轨迹。人们将根轨迹的绘制方法一共总结为 8 个法则，但不是每个根轨迹的绘制都要用到全部，需针对具体的系统模型选择使用。

假设 p_i，$i = 1, 2, \cdots, n$ 为系统的 n 个开环极点，z_j，$j = 1, 2, \cdots, m$ 为系统的 m 个开环极点。下面来熟悉一下这 8 个法则。

法则 1　根轨迹的起点和终点

根轨迹起始于开环极点，终止于开环零点；如果开环零点个数（m 个）少于开环极点

个数（n 个），则有 $n - m$ 条根轨迹终止于无穷远处。

法则 2　根轨迹的分支数，对称性和连续性

根轨迹的分支数与开环极点数相同，根轨迹连续且对称于实轴。

法则 3　实轴上的根轨迹

从实轴上最右端的开环零、极点算起，奇数开环零、极点到偶数开环零、极点之间的区域必是根轨迹。

法则 4　根之和

若 $n - m \geqslant 2$，闭环特征根之和保持一个常值。

法则 5　渐近线

$$\begin{cases} \sigma_a = \dfrac{\sum_{i=1}^{n} p_i - \sum_{j=1}^{m} z_i}{n - m} & 渐近线与实轴交点 \\[3mm] \phi_a = \dfrac{(2k + 1)\pi}{n - m} & 渐近线与实轴夹角 \end{cases} \tag{4.11}$$

其中，ϕ_a 的取值范围为 $-\pi \sim \pi$。

法则 6　分离点

在分离点 d 处，必有

$$\sum_{i=1}^{n} \frac{1}{d - p_i} = \sum_{j=1}^{m} \frac{1}{d - z_j} \tag{4.12}$$

法则 7　与虚轴交点

根轨迹与虚轴的交点是系统临界稳定点，也是实部为 0 的根所在点。

法则 8　出射角/入射角

根轨迹离开开环复极点处的切线与正实轴的夹角，称为出射角（也称起始角），用 θ_{px} 表示；根轨迹进入开环复零点处的切线与正实轴的夹角，称为入射角（也称终止角），用 φ_{zx} 表示。

出射角 θ_{px} 的计算方法为

$$\theta_{px} = (2k + 1)\pi + \left(\sum_{j=1}^{m} \angle(p_x - z_j) - \sum_{i=1, i \neq x}^{n} \angle(p_x - p_i) \right), k = 0, \pm 1, \pm 2, \cdots \tag{4.13}$$

入射角 φ_{zx} 的计算方法为

$$\varphi_{zx} = (2k + 1)\pi - \left(\sum_{j=1, j \neq x}^{m} \angle(z_x - z_j) - \sum_{i=1}^{n} \angle(z_x - p_i) \right), k = 0, \pm 1, \pm 2, \cdots \tag{4.14}$$

其中，k 的取值一般依据 $\theta_{px} \in [-\pi, \pi]$ 及 $\varphi_{zx} \in [-\pi, \pi]$ 而定。

思考：出射角/入射角的计算方法，与根轨迹方程有何联系？

事实上，出射角和入射角对应的零极点，也必然是根轨迹上的点，理所当然也满足根轨迹方程。所以可以采用相角条件来求得相应的出射角度和入射角度。

依据以上法则，下面举一些例子来展示根轨迹的绘制方法。

例 4.6　某单位反馈系统的开环传递函数为

$$G(s) = \frac{K^*(s + 2)}{s(s + 1)}$$

证明复平面的根轨迹为圆弧①。

证明：由题意可知系统的闭环特征方程为

$$D(s) = s(s + 1) + K^*(s + 2) = s^2 + (1 + K^*)s + 2K^*$$

其根表达式为

$$s_{1,2} = \frac{-(1 + K^*) \pm \sqrt{(1 + K^*)^2 - 8K^*}}{2}$$

$$= \frac{-(1 + K^*)}{2} \pm j\frac{\sqrt{8K^* - (1 + K^*)^2}}{2} = \sigma \pm j\omega$$

由 $\sigma = \dfrac{-(1 + K^*)}{2}$ 可知 $K^* = -2\sigma - 1$。将其代入 $\omega = \dfrac{\sqrt{8K^* - (1 + K^*)^2}}{2}$ 可得

$$\omega^2 = \frac{8K^* - (1 + K^*)^2}{4} = \frac{-8(2\sigma + 1) - 4\sigma^2}{4} = -\sigma^2 - 4\sigma - 2$$

可得

$$(\sigma + 2)^2 + \omega^2 = \sqrt{2}^2$$

显然，这是一个以 $(-2, 0)$ 为圆心、以 $\sqrt{2}$ 为半径的圆的方程。

证毕！

例 4.7　证明在 $(n - m \geq 2)$ 时，系统的闭环特征根之和为常数②。

证明：假设系统的开环传递函数为

$$GH(s) = \frac{K^*(s - z_1)\cdots(s - z_m)}{(s - p_1)\cdots(s - p_n)} = \frac{K^*(s^m + b_{m-1}s^{m-1} + \cdots + b_0)}{s^n + a_{n-1}s^{n-1} + \cdots + a_0}$$

其闭环特征方程可表示为

$$D(s) = (s - \lambda_1)(s - \lambda_2)\cdots(s - \lambda_n) = 0$$

当 $n - m = 2$ 时

$$D(s) = s^n + a_{n-1}s^{n-1} + (a_{n-2} + K^*)s^{n-2} + (a_{n-3} + K^*b_{m-1})s^{n-3} + \cdots + (a_0 + K^*b_0)$$

所以 s^{n-1} 前的系数 a_{n-1} 在数值上必然为 $\sum\limits_{i=1}^{n}\lambda_i$。

同样，当 $n - m > 2$ 时，该结论依然成立。

故题设得证！

例 4.8　系统开环传递函数为

$$G(s) = \frac{K^*}{s(s + 2)}$$

试绘制根轨迹。

解：(1) 实轴上的根轨迹：$[-2, 0]$。

(2) 渐近线：

---

① 实际上，例 4.6 的题设是根轨迹法的法则的一个推论，即对于只具有 2 个开环极点和 1 个开环零点的系统，只要在复平面存在根轨迹，那么复平面的根轨迹一定是以该零点为圆心的圆弧。

② 由于 $n - m \geq 2$ 时，根之和为常数。当一部分根左移时，必然导致另一部分根右移，且移动总量为零。

$$\begin{cases} \sigma_a = \dfrac{\displaystyle\sum_{i=1}^{n} p_i - \sum_{j=1}^{m} z_i}{n - m} = \dfrac{-2 - 0}{2 - 0} = -1 \\[3mm] \phi_a = \dfrac{(2k + 1)\pi}{n - m} = \pm \dfrac{\pi}{2 - 0} = \pm \dfrac{\pi}{2} \end{cases}$$

相应的根轨迹如图 4.9 所示。

解毕!

例 4.9 系统结构图如图 4.10 所示。

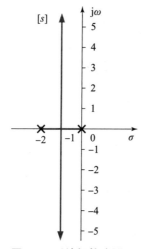

图 4.9　系统根轨迹（5）

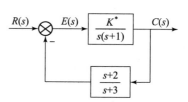

图 4.10　系统结构图（3）

（1）绘制当 $K^* = 0 \rightarrow \infty$ 时系统的根轨迹。

（2）当 $\mathrm{Re}[\lambda_{1,2}] = -1$ 时，求 λ_3 的值。

解：（1）系统的开环传递函数为

$$G(s)H(s) = \frac{K^*(s + 2)}{s(s + 1)(s + 4)}$$

首先画出系统的开环零极点图，如图 4.11 所示。

① 实轴上的根轨迹为 $[-4, -2]$，$[-1, 0]$。

② 渐近线为

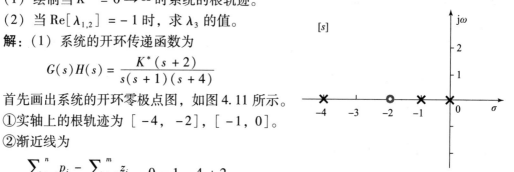

$$\begin{cases} \sigma_a = \dfrac{\displaystyle\sum_{i=1}^{n} p_i - \sum_{j=1}^{m} z_i}{n - m} = \dfrac{0 - 1 - 4 + 2}{3 - 1} = -1.5 \\[3mm] \phi_a = \dfrac{(2k + 1)\pi}{n - m} = \pm \dfrac{\pi}{3 - 1} = \pm \dfrac{\pi}{2} \end{cases}$$

图 4.11　开环零极点图

③ 分离点为

$$\frac{1}{d} + \frac{1}{d + 1} + \frac{1}{d + 4} = \frac{1}{d + 2}$$

解得 $d_{1,2} = -2.475\,3 \pm 1.073\,7j$（舍），$d_3 = -0.549\,5$。

代入模值条件

$$|G(s)H(s)| = \left| \frac{K^*(s+2)}{s(s+1)(s+4)} \right| = 1$$

可求得 $K_d^* = 0.589$。

根据以上法则计算结果，绘制出根轨迹，如图 4.12 所示。

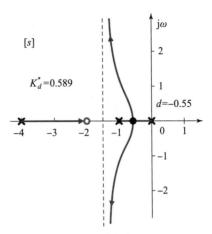

图 4.12 系统根轨迹（6）

（2）由于 $n-m \geqslant 2$，且 $\mathrm{Re}(\lambda_{1,2}) = -1$，因此可用根之和法则

$$a_{n-1} = 0 - 1 - 4 = -5 = \lambda_1 + \lambda_2 + \lambda_3 = 2(-1) + \lambda_3$$

即可得

$$\lambda_3 = -5 + 2 = -3$$

解毕！

例 4.10 证明分离点 d 可由 $\displaystyle\sum_{i=1}^{n} \frac{1}{d-p_i} = \sum_{j=1}^{m} \frac{1}{d-z_j}$ 求得。

解：假设系统的开环传递函数为

$$G(s)H(s) = K^* \frac{\prod_{i=1}^{m}(s-z_i)}{\prod_{j=1}^{n}(s-p_j)}$$

则系统的闭环特征方程为

$$D(s) = \prod_{j=1}^{n}(s-p_j) + K^* \prod_{i=1}^{m}(s-z_i) = 0$$

由于在分离点存在重根，所以在 $s = d$ 必然有

$$\frac{\mathrm{d}D(s)}{\mathrm{d}s} = \frac{\mathrm{d}}{\mathrm{d}s}\left[\prod_{j=1}^{n}(s-p_j) + K^* \prod_{i=1}^{m}(s-z_i) \right] = 0$$

以上两式也可写作

$$\prod_{j=1}^{n}(s-p_j) = -K^* \prod_{i=1}^{m}(s-z_i)$$

和

$$\frac{\mathrm{d}}{\mathrm{d}s}\prod_{j=1}^{n}(s-p_j) = -K^* \frac{\mathrm{d}}{\mathrm{d}s}\prod_{i=1}^{m}(s-z_i)$$

左右分别相除可得

$$\frac{\frac{\mathrm{d}}{\mathrm{d}s}\prod_{j=1}^{n}(s-p_j)}{\prod_{j=1}^{n}(s-p_j)} = \frac{\frac{\mathrm{d}}{\mathrm{d}s}\prod_{i=1}^{m}(s-z_i)}{\prod_{i=1}^{m}(s-z_i)}$$

即得

$$\frac{\mathrm{dln}\left[\prod_{j=1}^{n}(s-p_j) \right]}{\mathrm{d}s} = \frac{\mathrm{dln}\left[\prod_{i=1}^{m}(s-z_i) \right]}{\mathrm{d}s}$$

进而

$$\sum_{i=1}^{n} \frac{\mathrm{d}\ln(s - p_j)}{\mathrm{d}s} = \sum_{j=1}^{m} \frac{\mathrm{d}\ln(s - z_i)}{\mathrm{d}s}$$

亦为

$$\sum_{i=1}^{n} \frac{1}{s - p_i} = \sum_{j=1}^{m} \frac{1}{s - z_j}$$

该方程为 $s = d$ 下导出，因此解出的 s 必然为分离点 d。

证毕！

例 4.11 已知系统结构图如图 4.13 所示，试绘制根轨迹。

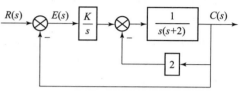

图 4.13 系统结构图（4）

解：首先求得系统的开环传递函数

$$G(s) = \frac{K}{s} \frac{\frac{1}{s(s+2)}}{1 + \frac{2}{s(s+2)}} = \frac{2K^*}{s[s^2 + 2s + 2]}$$

其中，根轨迹增益 $K^* = K/2$，系统无开环零点，其开环极点为 $s_{1,2} = -1 \pm 1j$，$s_3 = 0$。画出开环零极点图，如图 4.14 所示。

（1）实轴上的根轨迹为 $[-\infty, 0]$。

（2）渐近线为

$$\begin{cases} \sigma_a = \dfrac{\sum_{i=1}^{n} p_i - \sum_{j=1}^{m} z_i}{n - m} = \dfrac{0 - 1 - 1}{3 - 0} = -2/3 \\ \phi_a = \dfrac{(2k + 1)\pi}{n - m} = \pm \dfrac{\pi}{3 - 0} = \pm \dfrac{\pi}{3}, \pi \end{cases}$$

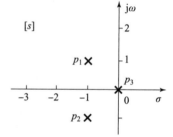

图 4.14 系统开环零极点图（1）

画出实轴上的根轨迹及渐近线，如图 4.15 所示。

（3）出射角。由于存在复平面上的开环极点，因此需要求这些极点的出射角。在零极点图中标注出极点 p_1 相对于其他极点的幅角，如图 4.16 所示。

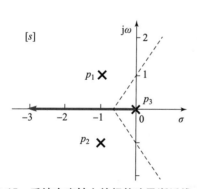

图4.15 系统在实轴上的根轨迹及渐近线（1）

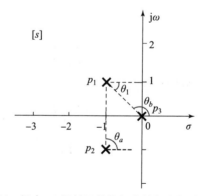

图4.16 极点 p_1 相对于其他极点的幅角标注图（1）

对极点 p_1 的出射角 θ_{p1} 进行计算。由 $\theta_{px} = (2k + 1)\pi + \left(\sum_{j=1}^{m} \angle(p_x - z_j) - \right.$

$$\sum_{i=1,i\neq x}^{n}\angle(p_x - p_i)\Bigg),k=0,\pm1,\pm2,\cdots,$$ 可得 $\theta_{p1}=(2k+1)\pi+0-(\theta_a+\theta_b)$。其中可知

$\theta_a=\pi/2$, $\theta_b=3\pi/4$, 故 $\theta_{p1}=(2k+1)\pi-5\pi/4$。仅当 $k=0$ 可使得 $\theta_{p1}\in[-\pi,\pi]$, 此时

得 $\theta_{p1}=-\pi/4$。由于极点 p_2 与极点 p_1 关于实轴对称，因此 $\theta_{p2}=\pi/4$。

（4）与虚轴交点。对于闭环特征方程 $D(s)=s^3+2s^2+2s+2K^*=0$, 可得

$$\begin{cases} \mathrm{Re}[D(j\omega)]=-2\omega^2+2K^*=0 \\ \mathrm{Im}[D(j\omega)]=-\omega^3+2\omega=0 \end{cases}$$

解得：$\omega=\pm\sqrt{2}$, $K^*=2$

根据以上法则，绘制系统根轨迹如如图 4.17 所示。

解毕！

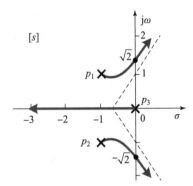

图 4.17 系统根轨迹（7）

例 4.12 单位反馈系统的开环传递函数为

$$G(s)=\frac{K^*}{s(s+20)(s^2+4s+20)}$$

试绘制根轨迹。

解：系统的闭环特征方程为

$$D(s)=s^4+24s^3+100s^2+400s+K^*=0$$

将开环传递函数改为零极点形式

$$G(s)=\frac{K^*}{s(s+20)(s+2\pm j4)}$$

本系统无开环零点，4 个极点如图 4.18 所示。

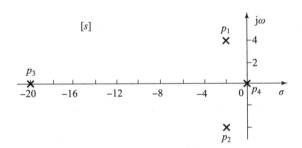

图 4.18 系统开环零极点图（2）

（1）实轴上的根轨迹为 $[-20,0]$。

（2）渐近线为

$$\begin{cases} \sigma_a=\dfrac{\sum_{i=1}^{n}p_i-\sum_{j=1}^{m}z_i}{n-m}=\dfrac{0-20-2-2}{4-0}=-6 \\ \phi_a=\dfrac{(2k+1)\pi}{n-m}=\pm\dfrac{\pi}{4-0},\ \pm\dfrac{3\pi}{4-0}=\pm\dfrac{\pi}{4},\ \pm\dfrac{3\pi}{4} \end{cases}$$

画出实轴上的根轨迹及渐近线，如图 4.19 所示。

（3）出射角。在零极点图中标注出极点 p_1 相对于其他极点的幅角，如图 4.20 所示。

对极点 p_1 的出射角 θ_{p1} 进行计算。由 $\theta_{px}=(2k+1)\pi+\left(\sum_{j=1}^{m}\angle(p_x-z_j)-\right.$

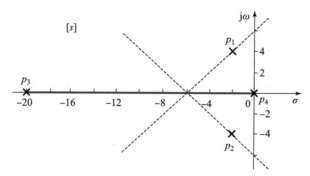

图 4.19　系统在实轴上的根轨迹及渐近线（2）

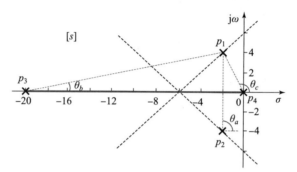

图 4.20　极点 p_1 相对于其他极点的幅角标注图（2）

$\left. \sum_{i=1,i\neq x}^{n} \angle(p_x - p_i) \right), k = 0, \pm 1, \pm 2, \cdots$，可得 $\theta_{p1} = (2k+1)\pi + 0 - (\theta_a + \theta_b + \theta_c)$，相应幅角计算如下：

$$\theta_a = \angle(p_1 - p_2) = \mathrm{atan}(\infty) = 0.5\pi$$

$$\theta_b = \angle(p_1 - p_3) = \mathrm{atan}\left(\frac{2}{9}\right) = 0.069\,6\pi$$

$$\theta_c = \angle(p_1 - p_4) = \mathrm{atan}(-2) = 0.647\,6\pi$$

故 $\theta_{p1} = (2k+1)\pi - 1.217\,2\pi$，仅当 $k = 0$ 可使 $\theta_{p1} \in [-\pi, \pi]$，此时得 $\theta_{p1} = -0.217\,2\pi$（$-39.1°$）。由于极点 p_2 与极点 p_1 关于实轴对称，因此 $\theta_{p2} = 0.217\,2\pi$（$39.1°$）。

（4）求分离点。首先列出分离点方程：

$$\frac{1}{d} + \frac{1}{d+20} + \frac{1}{d+2+j4} + \frac{1}{d+2-j4} = 0$$

化简得

$$\frac{1}{d} + \frac{1}{d+20} + \frac{2(d+2)}{(d+2)^2 + 4^2} = 0$$

整理得方程 $4d^3 + 28d^2 + 88d + 400 = 0$，解得：$d_1 = -15.314\,5$，$d_{2,3} = -1.092\,8 \pm 2.309\,9j$（舍）。

（5）求虚轴交点。由系统的闭环特征方程 $D(s) = s^4 + 24s^3 + 100s^2 + 400s + K^* = 0$ 可知：

$$\begin{cases} \text{Re}[D(j\omega)] = \omega^4 - 100\omega^2 + K^* = 0 \\ \text{Im}[D(j\omega)] = -24\omega^3 + 400\omega = 0 \end{cases}$$

解得：$\omega = 4.1$，$K^* = 1\,389$。

基于以上根轨迹绘制法则计算结果，可绘制系统的根轨迹如图 4.21 所示。

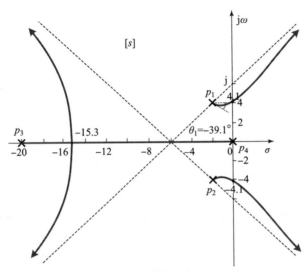

图 4.21　系统根轨迹（8）

解毕！

例 4.13　已知单位反馈系统的开环传递函数为

$$G(s) = \frac{K^*(s+1)}{s(s-1)(s^2 + 4s + 16)}$$

试绘根轨迹；并求稳定的开环增益 K 的范围。

解：系统的闭环特征方程为

$$D(s) = s^4 + 3s^3 + 12s^2 + (K^* - 16)s + K^* = 0$$

将开环传递函数改为零极点形式

$$G(s) = \frac{K^*(s+1)}{s(s-1)(s+2 \pm j2\sqrt{3})}$$

开环增益 $K = K^*/16$。本系统有 1 个开环零点、4 个极点，零极点图如图 4.22 所示。

（1）实轴上的根轨迹为 $(-\infty, -1]$，$[0, 1]$。

（2）渐近线为

$$\begin{cases} \sigma_a = \dfrac{\sum_{i=1}^{n} p_i - \sum_{j=1}^{m} z_i}{n-m} = \dfrac{0+1-4+1}{4-1} = -\dfrac{2}{3} \\ \phi_a = \dfrac{(2k+1)\pi}{n-m} = \pm\dfrac{\pi}{4-1}, \dfrac{3\pi}{4-1} = \pm\dfrac{\pi}{3}, \pi \end{cases}$$

画出实轴上的根轨迹及渐近线，如图 4.23 所示。

（3）出射角/入射角。在零极点图中标注出极点

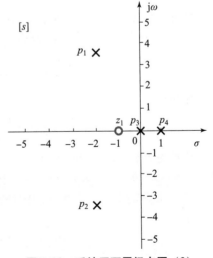

图 4.22　系统开环零极点图（3）

p_1 相对于其他零点和极点的幅角，如图 4. 24 所示。

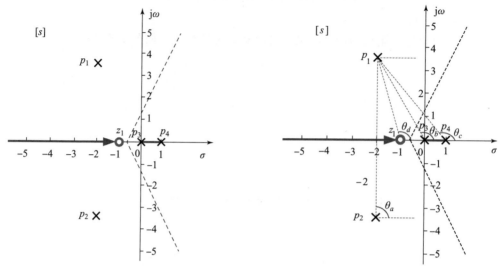

图 4.23 系统在实轴上的根轨迹及渐近线（3）　　　　**图 4.24 极点 p_1 相对于其他极点的幅角标注图（3）**

相应幅角计算如下：

$$\theta_a = \angle(p_1 - p_2) = \mathrm{atan}(\infty) = \pi/2$$

$$\theta_b = \angle(p_1 - p_3) = \mathrm{atan}(-\sqrt{3}) = 2\pi/3$$

$$\theta_c = \angle(p_1 - p_4) = \mathrm{atan}(-2\sqrt{3}/3) = 0.727\,2\pi$$

$$\theta_d = \angle(p_1 - z_1) = \mathrm{atan}(-2\sqrt{3}) = 0.589\,5\pi$$

由 $\theta_{px} = (2k+1)\pi + \left(\sum_{j=1}^{m} \angle(p_x - z_j) - \sum_{i=1,i\neq x}^{n} \angle(p_x - p_i) \right), k = 0, \pm1, \pm2, \cdots,$ 可得 $\theta_{p1} = (2k+1)\pi + \theta_d - (\theta_a + \theta_b + \theta_c)$。故 $\theta_{p1} = (2k+1)\pi + 0.589\,5\pi - \pi/2 - 2\pi/3 - 0.727\,2\pi = (2k+1)\pi - 1.304\,4\pi$。仅当 $k = 0$ 可使 $\theta_{p1} \in [-\pi, \pi]$，此时得 $\theta_{p1} = -0.304\,4\pi$（$-54.79°$）。由于极点 p_2 与极点 p_1 关于实轴对称，因此 $\theta_{p2} = 0.304\,4\pi$（$54.79°$）。

此外，根据实轴上的根轨迹，对于唯一的开环复零点，其入射角为 $0°$。

（4）求分离点。首先列出分离点方程：

$$\frac{1}{d} + \frac{1}{d-1} + \frac{1}{d+2+j2\sqrt{3}} + \frac{1}{d+2-j2\sqrt{3}} = \frac{1}{d+1}$$

化简得

$$\frac{1}{d} + \frac{1}{d-1} + \frac{2(d+2)}{d^2+4d+16} = \frac{1}{d+1}$$

整理得方程 $3d^4 + 10d^3 + 21d^2 + 24d - 16 = 0$，解之（可在 MATLAB 中用 roots 函数求解）得：$d_1 = -2.26, d_2 = 0.45, d_{3,4} = -0.76 \pm 2.16j$（舍）。

（5）求虚轴交点。由系统的闭环特征方程 $D(s) = s^4 + 3s^3 + 12s^2 + (K^* - 16)s + K^* = 0$ 可知：

$$\begin{cases} \mathrm{Re}[D(j\omega)] = \omega^4 - 12\omega^2 + K^* = 0 \\ \mathrm{Im}[D(j\omega)] = -3\omega^3 + (K^* - 16)\omega = 0 \end{cases}$$

解得：$\omega_1 = 1.56$，$K_1^* = 19.7$；$\omega_2 = 2.56$，$K_2^* = 35.7$。

这说明根轨迹与正（负）虚轴有两个交点。

基于以上根轨迹绘制法则计算结果，可绘制系统的根轨迹，如图 4.25 所示。

从根轨迹的分布可知，始于极点 p_1 和 p_2 的极点始终位于 s 左半复平面，而始于极点 p_3 和 p_4 的极点在 $19.7 < K^* < 35.7$ 时位于 s 左半复平面，因此系统仅当 $19.7 < K^* < 35.7$ 时是绝对稳定的。

由于 $K = K^*/16$，因此当 $1.23 < K < 2.23$ 时，系统稳定。

解毕！

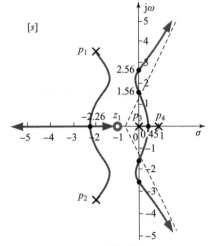

图 4.25　系统根轨迹（9）

4.6　广义根轨迹（1）——参数根轨迹

前面学习的负反馈系统中 K^* 变化时的根轨迹称为常规根轨迹。除此之外，在反馈类型为正反馈或可变参数非 K^* 时的根轨迹则统称广义根轨迹。

对于广义根轨迹，除下面要讲的零度根轨迹一部分绘制法则相对于常规根轨迹有一定差异之外，其他的参数根轨迹绘制法则与常规根轨迹的法则相同。在绘制参数根轨迹之前，需要构造"等效传递函数"，使其既与原系统有相同的特征方程，又可以转化为常规根轨迹来绘制。

下面举例说明等效传递函数的构建方法及广义根轨迹的绘制。

例 4.14　已知单位反馈系统的开环传递函数为

$$G(s) = \frac{(s + a)/4}{s^2(s + 1)}$$

绘制 $a = 0 \to \infty$ 变化时系统的根轨迹，并分析参数 a 对系统的性能的影响。

解：（1）系统的闭环特征方程为

$$D(s) = s^3 + s^2 + \frac{1}{4}s + \frac{1}{4}a = 0$$

根据闭环特征方程构造"等效开环传递函数"

$$G^*(s) = \frac{a/4}{s^3 + s^2 + s/4} = \frac{a/4}{s(s + 0.5)^2}$$

等效的系统的开环增益为 $K = a$，相应零极点图如图 4.26 所示。

①实轴上的根轨迹为 $[-\infty, 0]$。

②渐近线为

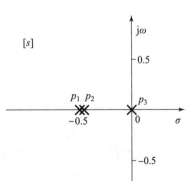

图 4.26　系统开环零极点图（4）

$$\begin{cases} \sigma_a = \dfrac{\sum_{i=1}^{n} p_i - \sum_{j=1}^{m} z_i}{n-m} = \dfrac{-0.5-0.5}{3-0} = -\dfrac{1}{3} \\[3mm] \phi_a = \dfrac{(2k+1)\pi}{n-m} = \pm\dfrac{\pi}{3-0}, \dfrac{3\pi}{3-0} = \pm\dfrac{\pi}{3}, \pi \end{cases}$$

画出实轴上的根轨迹及渐近线，如图 4.27 所示。

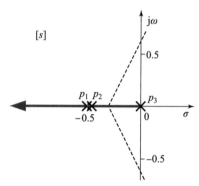

图 4.27　系统在实轴上的根轨迹及渐近线（4）

③求分离点。首先列出分离点方程：

$$\frac{1}{d} + \frac{1}{d+0.5} + \frac{1}{d+0.5} = 0$$

化简得

$$3d + 0.5 = 0$$

解得 $d = -1/6$。

分离点 d 对应的参数 a_d 为

$$a_d = 4|d|\,|d+0.5|^2 = 2/27$$

④求虚轴交点。由系统的闭环特征方程 $D(s) = s^4 + 3s^3 + 12s^2 + (K^* - 16)s + K^* = 0$ 可知：

$$\begin{cases} \mathrm{Re}[D(j\omega)] = -\omega^2 + a/4 = 0 \\ \mathrm{Im}[D(j\omega)] = -\omega^3 + \omega/4 = 0 \end{cases}$$

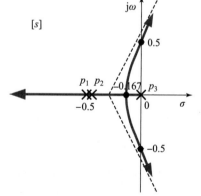

图 4.28　系统根轨迹（10）

解得：$\omega_1 = 1/2$，$a = 1$。

基于以上根轨迹绘制法则计算结果，可绘制系统的根轨迹如图 4.28 所示。

（2）系统的性能分析。

①稳定性：由（1）中的分析可知当 $0 < a < 1$ 时，系统根轨迹均位于复平面的左侧，此时系统绝对稳定。当 $a = 1$ 时，系统一部分根位于虚轴，系统临界稳定。当 $a > 1$ 时，系统将存在右根，进入不稳定状态。

②稳态性能：从等效开环传递函数可知该系统为 I 型系统。稳态误差依据输入信号的不同各有区别，由静态误差系数法可判断，在阶跃输入时，系统的稳态误差为 0；对于斜坡输入 $r(t) = At$，该系统稳态误差为 $e_{ss} = \dfrac{A}{K} = \dfrac{A}{a}$；对于加速度输入 $r(t) = \dfrac{1}{2}At^2$，该系统稳态误

差为 ∞。

③动态性能：当 $0 < a < 2/27$ 时，根轨迹全部位于负实轴，此时系统为过阻尼系统，对于阶跃输入，系统相应输出为单调上升，当 a 增大时，系统的阻尼系数 ζ 从大到小变至逼近 1，系统的响应逐步加快，相应调节时间 t_s 缩短。当 $2/27 < a < 1$ 时，系统一部分根位于左半复平面内，随着 a 的增大，阻尼系数 ζ 从 1 变至 0，系统的振荡加剧，超调量 $\sigma\%$ 逐渐增大，但 $\zeta\omega_n = 0.5$ 不会随着 ζ 改变而改变，相应地，$t_s(\Delta = \pm 2\%) = 4/\zeta\omega_n$ 也基本保持不变。

例 4.15　已知单位反馈系统的开环传递函数为

$$G(s) = \frac{615(s + 26)}{s^2(Ts + 1)}$$

试绘制 $T = 0 \rightarrow \infty$ 变化时系统的根轨迹。

解：系统的闭环特征方程为

$$D(s) = Ts^3 + s^2 + 615s + 15\,990 = 0$$

根据闭环特征方程构造"等效开环传递函数"

$$G^*(s) = \frac{\dfrac{1}{T}(s^2 + 615s + 15\,990)}{s^3} = \frac{\dfrac{1}{T}(s + 27.7)(S + 587.7)}{s^3}$$

等效的系统相应零极点图如图 4.29 所示。

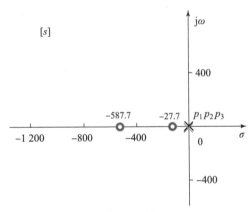

图 4.29　系统开环零极点图（5）

（1）实轴上的根轨迹为 $(-\infty, -587.7]$，$[-27.7, 0]$。

（2）渐近线为

$$\begin{cases} \sigma_a = \dfrac{\sum\limits_{i=1}^{n} p_i - \sum\limits_{j=1}^{m} z_i}{n - m} = \dfrac{587.7 + 27.7}{3 - 2} = 615.4 \\[3mm] \phi_a = \dfrac{(2k + 1)\pi}{n - m} = \dfrac{\pi}{3 - 2} = \pi \end{cases}$$

因此，渐近线为负实轴，画出实轴上的根轨迹及渐近线，如图 4.30 所示。

（3）出射角/入射角。由于所有零极点都在实轴上，且 3 个极点都在原点，2 个零点均在负实轴上，由 $\theta_{px} = (2k + 1)\pi + \left(\sum\limits_{j=1}^{m} \angle(p_x - z_j) - \sum\limits_{i=1, i \neq x}^{n} \angle(p_x - p_i) \right)$，$k = 0, \pm 1,$

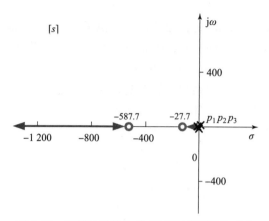

图 4.30   系统在实轴上的根轨迹及渐近线（5）

$\pm 2, \cdots,$ 可知 $3\theta_{px} = (2k+1)\pi + 2\pi$。当 $k = -3$ 时，$\theta_{p1} = -\pi$；当 $k = -2$ 时，$\theta_{p2} = -\pi/3$；当 $k = -1$ 时，$\theta_{p3} = \pi/3$。

对于位于实轴上的开环复零点，其入射角为 0°。

（4）求分离点。首先列出分离点方程：

$$\frac{1}{d} + \frac{1}{d} + \frac{1}{d} = \frac{1}{d + 587.7} + \frac{1}{d + 27.7}$$

化简得

$$d^2 + 1\,231d + 47\,970 = 0$$

解得：$d_1 = -40.5$（不在根轨迹上，舍），$d_2 = -1\,190$。

分离点 d 对应的参数 T_d 为

$$T_{d=-1\,190} = \frac{|d + 27.7||d + 587.7|}{|d|^3} = 0.000\,55$$

（5）求虚轴交点。由系统的闭环特征方程 $D(s) = s^4 + 3s^3 + 12s^2 + (K^* - 16)s + K^* = 0$ 可知：

$$\begin{cases} \text{Re}[D(j\omega)] = -\omega^2 + 15\,990 = 0 \\ \text{Im}[D(j\omega)] = -T\omega^3 + 615\omega = 0 \end{cases}$$

解得：$\omega = 126.45$，$T = 0.038\,5$。

基于以上根轨迹绘制法则分析结果，可绘制系统的根轨迹如图 4.31 所示。

解毕！

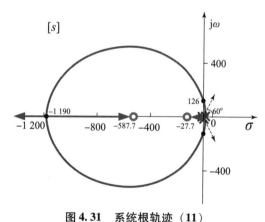

图 4.31   系统根轨迹（11）

4.7   广义根轨迹（2）——零度根轨迹

常规根轨迹和零度根轨迹都是由闭环特征方程得到的。对于最小相位系统（这个概念在后文讲述），如果是负反馈的情况，开环传递函数为 $G(s)H(s)$，则闭环传递函数为

$$\Phi(s) = \frac{G(s)}{1 + G(s)H(s)} \tag{4.15}$$

由于 $1 + G(s)H(s)$ 化为有理多项分式后，其分子多项式就是闭环特征方程，因此闭环特征方程与 $G(s)H(s) = -1$ 等价，这里隐含的条件是 $\angle[G(s)H(s)] = 180°$。

如为正反馈系统，系统闭环传递函数为

$$\Phi(s) = \frac{G(s)}{1 - G(s)H(s)} \tag{4.16}$$

这里系统的闭环特征方程与 $G(s)H(s) = 1$ 等价，其隐含条件是 $\angle[G(s)H(s)] = 0°$。因此，零度根轨迹是指系统实质上处于正反馈时的根轨迹。

前面讲到，系统通过负反馈而获得稳定的控制方案，正反馈没有对误差信号进行抑制，而是进行放大，看似是一种不能使得系统稳定的破坏作用。但在工程实际中，正反馈也有重要应用价值。比如，在核反应中，铀 - 235、钚 - 239 这类重原子核在中子轰击下，通常会产生两个中等质子数的核，并放出 2 ~ 3 个中子和 200 MeV 能量。放出的中子有的损耗在非裂变的核反应中，而有的则继续引起重核裂变。

如果每个核裂变后能引起下一次核裂变的中子数平均多于 1 个，裂变系统就会形成自持的链式裂变反应，中子总数将随时间按指数规律增长。这样反应堆中越来越多的核子发生裂变，放出更多的能量，从而达到获得能量的目的。正是利用正反馈机制，人们才可以诱导形成大规模的核反应，然而这种反应应该是有边界的，人们需要对其进行控制和约束，因此也必须引入负反馈机制使核反应变得稳定可控。在核反应堆中，就是通过控制反应堆中铅棒（铅棒可以吸收中子）与反应物接触的面积来控制核反应的剧烈程度，而这正是一种负反馈控制机制。以上例子说明，正反馈主要起变化量的放大作用，常与负反馈控制一起使用。

4.7.1　零度根轨迹方程

一个典型的正反馈系统如图 4.32 所示。

其闭环传递函数为

$$\Phi(s) = \frac{G(s)}{1 - G(s)H(s)} \tag{4.17}$$

相应根轨迹方程为

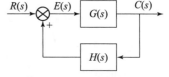

图 4.32　系统结构图（5）

$$G(s)H(s) = \frac{K^*(s - z_1)\cdots(s - z_m)}{(s - p_1)(s - p_2)\cdots(s - p_n)} = 1 \tag{4.18}$$

相应模值条件为

$$|G(s)H(s)| = \frac{K^*|s - z_1|\cdots|s - z_m|}{|s - p_1||s - p_2|\cdots|s - p_n|} = K^* \frac{\prod_{i=1}^{m}|(s - z_i)|}{\prod_{j=1}^{n}|(s - p_j)|} = 1 \tag{4.19}$$

相角条件为

$$\angle G(s)H(s) = \sum_{i=1}^{m}\angle(s - z_i) - \sum_{j=1}^{n}\angle(s - p_j) = 2k\pi \tag{4.20}$$

将其与常规根轨迹方程的模值条件和相角条件相比较，可知模值条件是相同的，而相角条件存在差异。

4.7.2 零度根轨迹的绘制法则

由于常规根轨迹和零度根轨迹的差异主要在于相角条件发生了改变，因此在常规根轨迹的 8 个绘制法则中，与相角条件有关的法则有变化，法则 1、2、4、6、7 均不改变。下面列出有变化的绘制法则。

对于零度根轨迹：

法则 3　实轴上的根轨迹

从实轴上最右端的开环零、极点算起，偶数开环零、极点到奇数开环零、极点之间的区域必是根轨迹。

法则 5　渐近线

$$
\begin{cases}
\sigma_a = \dfrac{\displaystyle\sum_{i=1}^{n} p_i - \sum_{j=1}^{m} z_i}{n - m} & \text{渐近线与实轴交点} \\[4mm]
\phi_a = \dfrac{2k\pi}{n - m} & \text{渐近线与实轴夹角}
\end{cases}
\tag{4.21}
$$

其中，ϕ_a 的取值范围为 $-\pi \sim \pi$。

法则 8　出射角/入射角

根轨迹离开开环复极点出的切线与正实轴的夹角，称为出射角（也称起始角），用 θ_{px} 表示；根轨迹进入开环复零点出的切线与正实轴的夹角，称为入射角（也称终止角），用 φ_{zx} 表示。

出射角 θ_{px} 的计算方法为

$$
\theta_{px} = 2k\pi + \left(\sum_{j=1}^{m} \angle (p_x - z_j) - \sum_{i=1,i\neq x}^{n} \angle (p_x - p_i) \right), k = 0, \pm 1, \pm 2, \cdots
\tag{4.22}
$$

入射角 φ_{zx} 的计算方法为

$$
\varphi_{zx} = 2k\pi - \left(\sum_{j=1,j\neq x}^{m} \angle (z_x - z_j) - \sum_{i=1}^{n} \angle (z_x - p_i) \right), k = 0, \pm 1, \pm 2, \cdots
\tag{4.23}
$$

其中，k 的取值一般依据 $\theta_{px} \in [-\pi, \pi]$ 及 $\varphi_{zx} \in [-\pi, \pi]$ 而定。

4.7.3 零度根轨迹的绘制实例

下面举两个例子来说明零度根轨迹的绘制与应用。

例 4.16　系统结构图如图 4.33 所示，$K^* = 0 \to \infty$ 变化，试分别绘制系统的 0°、180° 根轨迹。

解：系统的开环传递函数为

$$
G(s) = \frac{K(s+1)}{s^2 + 2s + 2} = \frac{K(s+1)}{(s+1+j)(s+1-j)}
$$

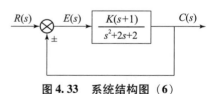

图 4.33　系统结构图（6）

系统开环零极点图如图 4.34 所示。

常规根轨迹与零度根轨迹绘制对照如表 4.2 所示。

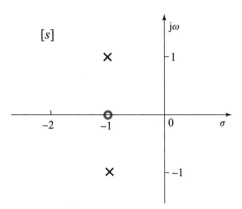

图 4.34　系统开环零极点图（6）

表 4.2　常规根轨迹与零度根轨迹绘制对照

法则	常规根轨迹	零度根轨迹
（1）实轴上的根轨迹	$[-\infty,\ -1]$	$[-1,\ \infty]$
（2）出射角	$90°-[\theta+90°]=-180°$ $\Rightarrow\theta=180°$	$90°-[\theta+90°]=0°$ $\Rightarrow\theta=0°$
（3）分离点	$\dfrac{1}{d+1+j}+\dfrac{1}{d+i-j}=\dfrac{2(d+1)}{d^2+2d+2}=\dfrac{1}{d+1}$ 整理得 $d^2+2d=d(d+2)=0$	
	解得 $d_1=-2,\ d_2=0$（舍）	解得 $d_1=-2$（舍）, $d_2=0$
根轨迹		

解毕！

例 4.17　系统开环传递函数为

$$G(s)=\frac{K^*(s+1)}{(s+3)^3}$$

当 $K^*=0\rightarrow\infty$ 变化时，试分别绘制系统的 $0°$、$180°$ 根轨迹。

解：系统开环零极点图如图 4.35 所示。

常规根轨迹与零度根轨迹绘制对照如表 4.3 所示。

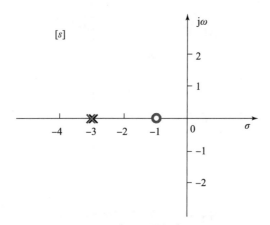

图 4.35 系统开环零极点图（7）

表 4.3 常规根轨迹与零度根轨迹绘制对照

法则	常规根轨迹	零度根轨迹
（1）实轴上的根轨迹	$[-3, -1]$	$[-1, \infty]$
（2）出射角	$3\theta = (2k+1)\pi - \pi$ $\Rightarrow \theta = 0, \pm 2\pi/3$	$3\theta = 2k\pi - \pi$ $\Rightarrow \theta = \pm \pi/3, \pi$
（3）分离点	$$\frac{3}{d+3} = \frac{1}{d+1}$$ 整理得 $d+3 = 3d+3$	
	解得 $d = 0$（舍）	解得 $d = 0$
（4）渐近线	$\sigma_a = \dfrac{-3 \times 3 + 1}{2} = -4$ $\phi_a = \dfrac{(2k+1)\pi}{2} = \pm 90°$	$\sigma_a = (-3 \times 3 + 1)/2 = -4$ $\phi_a = 2k\pi/2 = 0°, 180°$
根轨迹	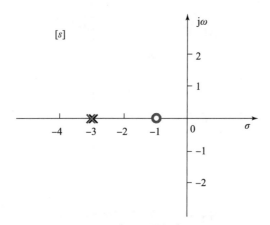	

解毕！

4.8 利用根轨迹分析系统性能

根轨迹法的最大特点是参数改变对系统的影响可以被可视化，这正是时域分析法的不足。自动控制系统的稳定性，由它的闭环极点唯一确定。稳态性能只与开环传递函数有关，具体说就是与开环传递函数的根轨迹增益 K^*、开环零极点和系统型别有关，而这些信息在根轨迹图上都有反映。动态性能与系统的闭环极点和零点在 s 平面上的分布位置有关。因此确定控制系统闭环极点和零点在 s 平面上的分布，特别是从已知的开环零、极点的分布确定闭环零、极点的分布，是对控制系统进行分析必须首先要解决的问题。时域分析法中的解析法虽然比较精确，但对三阶以上的高阶系统是很困难的。而根轨迹法作为一种图解方法，能直观、完整地反映系统特征方程（包括高阶系统）的根在 s 平面上分布的全局情况。这对分析研究控制系统的性能和提出改善系统性能的合理途径都具有重要意义。

下面举几个例子来展示如何利用根轨迹分析系统性能。

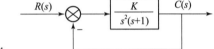

图 4.36 反馈控制系统结构（1）

例 4.18 设一反馈控制系统结构如图 4.36 所示。

（1）试绘制该系统的根轨迹；判断该系统在增益 K 变化时的稳定性。

（2）根据得到的根轨迹图，若在负实轴上加一个零点，系统的稳定性会如何改变？

解：（1）绘制系统根轨迹图。根据系统的开环传递函数，可知系统无开环零点，有 3 个开环极点，为 Ⅱ 型系统。根轨迹增益 $K^* = K$。

①实轴上的根轨迹为 $(-\infty, -1]$。

②渐近线为

$$
\begin{cases}
\sigma_a = \dfrac{\sum_{i=1}^{n} p_i - \sum_{j=1}^{m} z_i}{n-m} = \dfrac{-1}{3-0} = -1/3 \\[3mm]
\phi_a = \dfrac{(2k+1)\pi}{n-m} = \pm\dfrac{\pi}{3-0}, \dfrac{3\pi}{3-0} = \pm\dfrac{\pi}{3}, \pi
\end{cases}
$$

画出实轴上的根轨迹及渐近线，如图 4.37 所示。

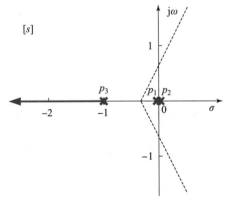

图 4.37 系统在实轴上的根轨迹及渐近线（6）

③出射角。由于所有极点都在实轴上，且 2 个极点都在原点，1 个极点在负实轴上，由 $\theta_{px} = (2k+1)\pi + \left(\sum_{j=1}^{m} \angle(p_x - z_j) - \sum_{i=1,i\neq x}^{n} \angle(p_x - p_i) \right)$，$k = 0, \pm 1, \pm 2, \cdots$，对于原点的二重极点，可知 $2\theta_{px} = (2k+1)\pi - 0$。当 $k = 0$ 时，$\theta_{p1} = \pi/2$；当 $k = -1$ 时，$\theta_{p2} = -\pi/2$；对于负实轴极点，$\theta_{p3} = (2k+1)\pi - \pi - \pi$，当 $k = 1$ 时，$\theta_{p3} = \pi$。

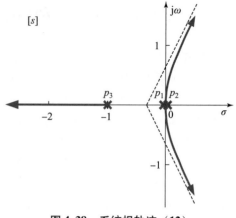

图 4.38　系统根轨迹（12）

基于以上根轨迹绘制法则分析结果，可绘制系统的根轨迹如图 4.38 所示。

可见，不论 K^* 如何改变，系统总有位于 s 右半平面的闭环特征根，这说明系统总是不稳定的。

（2）若给系统在负实轴上加一个零点，其开环传递函数改变为

$$G(s) = \frac{K(s+a)}{s^2(s+1)}$$

其中，$a > 0$。

①实轴上的根轨迹为 $[-1, -a]$（$0 < a \leq 1$），或 $(-a, -1]$（$a > 1$）。

②渐近线为

$$\begin{cases} \sigma_a = \dfrac{\sum_{i=1}^{n} p_i - \sum_{j=1}^{m} z_i}{n-m} = \dfrac{-1+a}{3-1} = (-1+a)/2 \\ \phi_a = \dfrac{(2k+1)\pi}{n-m} = \pm\dfrac{\pi}{3-1} = \pm\dfrac{\pi}{2} \end{cases}$$

画出实轴上的根轨迹及渐近线，如图 4.39 所示。

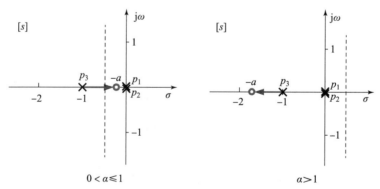

图 4.39　所增加零点中参数 a 的改变对实轴上根轨迹及渐近线影响对照

其中，$a > 1$ 情况下的渐近线位于 s 右半平面，说明根轨迹也可能会在 s 右半平面，此时系统可能会不稳定。

③出射角。由于所有极点都在实轴上，且 2 个极点都在原点，1 个极点和 1 个零点位于负实轴上，由 $\theta_{px} = (2k+1)\pi + \left(\sum_{j=1}^{m} \angle(p_x - z_j) - \sum_{i=1,i\neq x}^{n} \angle(p_x - p_i) \right)$，$k = 0, \pm 1, \pm 2, \cdots$，对

于原点的二重极点，可知 $2\theta_{px} = (2k+1)\pi - 0 + 0$。当 $k = 0$ 时，$\theta_{p1} = \pi/2$；当 $k = -1$ 时，$\theta_{p2} = -\pi/2$。对于负实轴上的极点 p_3：对于 $0 < a \le 1$，$\theta_{p3} = (2k+1)\pi + \pi - \pi - \pi$，当 $k = 0$ 时，$\theta_{p3} = 0$；对于 $a > 1$，$\theta_{p3} = (2k+1)\pi + 0 - \pi - \pi$，当 $k = 1$ 时，$\theta_{p3} = \pi$。

基于以上根轨迹绘制法则计算结果，可绘制系统的根轨迹如图 4.40 所示。

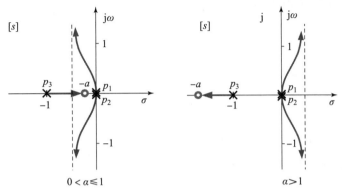

图 4.40　参数 a 的改变对根轨迹产生的影响对照

根据以上根轨迹图可知：若在负实轴上加一个零点，当该零点位于 $-1 \sim 0$，系统的所有闭环特征根将位于 s 左半平面，系统绝对稳定；当该零点位于 $-\infty \sim -1$，系统始终存在右根，因而不稳定。

解毕！

例 4.19　设一反馈控制系统结构如图 4.41 所示。试绘制系统根轨迹。并确定：

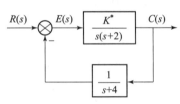

图 4.41　反馈控制系统结构（2）

（1）使系统稳定且为欠阻尼状态时开环增益 K 的取值范围。

（2）复极点对应 $\zeta = 0.5(\beta = 60°)$ 时的 K 值及闭环极点位置。

（3）当 $\lambda_3 = -5$ 时，求 $\lambda_{1,2}$ 及相应的开环增益 K。

（4）当 $K^* = 4$ 时，求 $\lambda_{1,2,3}$ 并估算系统动态指标（$\sigma\%, t_s$）。

解：（1）系统的开环传递函数为

$$G(s) = \frac{K^*}{s(s+2)(s+4)}$$

相应闭环特征方程为

$$D(s) = s^3 + 6s^2 + 8s + K^* = 0$$

根据系统的开环传递函数，可知系统无开环零点，有 3 个开环极点，为 I 型系统。开环增益 $K = K^*/8$。系统开环零极点图如图 4.42 所示。

①实轴上的根轨迹为 $(-\infty, -4]$，$(-2, 0]$。

②渐近线为

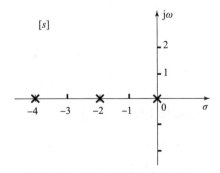

图 4.42　系统开环零极点图（8）

$$\begin{cases} \sigma_a = \dfrac{\sum_{i=1}^{n} p_i - \sum_{j=1}^{m} z_i}{n-m} = \dfrac{-4-2-0}{3-0} = -2 \\ \phi_a = \dfrac{(2k+1)\pi}{n-m} = \pm\dfrac{\pi}{3-0}, \dfrac{3\pi}{3-0} = \pm\dfrac{\pi}{3}, \pi \end{cases}$$

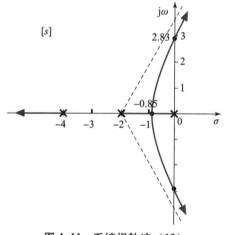

画出实轴上的根轨迹及渐近线如图 4.43 所示。

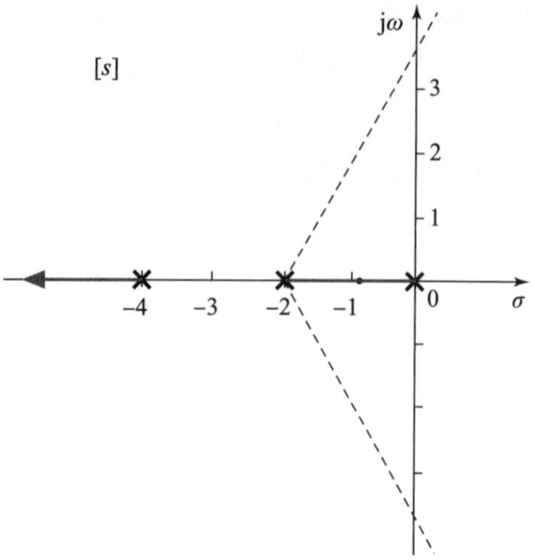

③求分离点。首先列出分离点方程:

$$\frac{1}{d+4} + \frac{1}{d+2} + \frac{1}{d} = 0$$

化简得

$$3d^2 + 12d + 8 = 0$$

解得: $d_1 = -3.16$(不在根轨迹上,舍), $d_2 = -0.85$。在分离点 $d = -0.85$ 对应的参数 K_d 为

图 4.43 系统在实轴上的根轨迹及渐近线(7)

$$K_d^* = |d||d+2||d+4| = 3.08$$

④求虚轴交点。由系统的闭环特征方程 $D(s) = s^4 + 3s^3 + 12s^2 + (K^*-16)s + K^* = 0$ 可知:

$$\begin{cases} \mathrm{Re}[D(j\omega)] = -6\omega^2 + K^* = 0 \\ \mathrm{Im}[D(j\omega)] = -\omega^3 + 8\omega = 0 \end{cases}$$

解得: $\omega = 2.83$, $K_\omega^* = 48$。

基于以上根轨迹绘制法则计算结果,可绘制系统的根轨迹,如图 4.44 所示。

因此,当 $K_d^* < K^* < K_\omega^*$ 时,系统稳定且为欠阻尼状态,相应开环增益 K 的范围为 $0.39 < K < 6$。

(2)复极点对应 $\zeta = 0.5(\beta = 60°)$ 时,设 $\lambda_{1,2} = -\xi\omega_n \pm j\sqrt{1-\xi^2}\omega_n$。由根之和, $\lambda_1 + \lambda_2 + \lambda_3 = 0 - 2 - 4 = -6$,则 $-2\xi\omega_n + \lambda_3 = -6$,将 $\zeta = 0.5$ 代入得 $\lambda_3 = -6 + \omega_n$。

系统的特征方程为

图 4.44 系统根轨迹(13)

$$\begin{aligned} D(s) &= s^3 + 6s^2 + 8s + K^* = (s-\lambda_1)(s-\lambda_2)(s-\lambda_3) \\ &= (s^2 + 2\xi\omega_n s + \omega_n^2)(s + 6 - \omega_n) = s^3 + 6s^2 + 6\omega_n s + \omega_n^2(6-\omega_n) \end{aligned}$$

比较系数可知 $\begin{cases} 6\omega_n = 8 \\ \omega_n^2(6-\omega_n) = K^* \end{cases}$,解得 $\begin{cases} \omega_n = 4/3 \\ K^* = 8.3 \end{cases}$。

根据以上结果,可求得 $K = K^*/8 = 1.04$, $\lambda_{1,2} = -\dfrac{2}{3} \pm \dfrac{2\sqrt{3}}{3}j$, $\lambda_3 = -14/3$。

(3)当 $\lambda_3 = -5$ 时,求 $\lambda_{1,2}$ 及相应的开环增益 K。

由

$$D(s) = s^3 + 6s^2 + 8s + K^* = (s-\lambda_1)(s-\lambda_2)(s-\lambda_3) = 0$$

可知

$$s^3 - (\lambda_1 + \lambda_2 + \lambda_3)s^2 - (\lambda_1\lambda_2 + \lambda_1\lambda_3 + \lambda_2\lambda_3)s - \lambda_1\lambda_2\lambda_3 = 0$$

$$\begin{cases} \lambda_1 + \lambda_2 + \lambda_3 = -6 \\ \lambda_1\lambda_2 + \lambda_1\lambda_3 + \lambda_2\lambda_3 = 8 \\ -\lambda_1\lambda_2\lambda_3 = K^* \end{cases}$$

将 $\lambda_3 = -5$ 代入得

$$\begin{cases} \lambda_1 + \lambda_2 = -1 \\ \lambda_1\lambda_2 - 5\lambda_1 - 5\lambda_2 = 8 \\ 5\lambda_1\lambda_2 = K^* \end{cases}$$

解得 $K^* = 15$, 即 $K = \dfrac{15}{8}$, $\lambda_{1,2} = -\dfrac{1}{2} \pm \dfrac{\sqrt{11}}{2}j$[①]。

(4) 当 $K^* = 4$ 时, $D(s) = s^3 + 6s^2 + 8s + 4 = 0$, 由系统的根轨迹可知, $\lambda_3 \leqslant -4$, 按照表 4.4 所示试根方法得 $\lambda_3 \approx -4.38$。

表 4.4 试根过程

第一轮		第二轮		第三轮	
λ_3 试根	$D(s)$	λ_3 试根	$D(s)$	λ_3 试根	$D(s)$
-4	-28	-4.3	1.0	-4.32	0.8
-5	-11	-4.5	-1.6	-4.35	0.4
-6	-44	-4.7	-4.9	-4.38	0.04

由

$$D(s) = s^3 + 6s^2 + 8s + 4 = (s - \lambda_1)(s - \lambda_2)(s - \lambda_3) = 0$$

可知

$$s^3 - (\lambda_1 + \lambda_2 + \lambda_3)s^2 - (\lambda_1\lambda_2 + \lambda_1\lambda_3 + \lambda_2\lambda_3)s - \lambda_1\lambda_2\lambda_3 = 0$$

$$\begin{cases} \lambda_1 + \lambda_2 + \lambda_3 = -6 \\ -\lambda_1\lambda_2\lambda_3 = 4 \end{cases}$$

将 $\lambda_3 = -4.38$ 代入得

---

① 此外, 解本题也可以用长除法, 使 $\dfrac{s^3 + 6s^2 + 8s + K^*}{s + 5}$ 整除, 即

$$
\begin{array}{r}
s^2 + 5 + 3 \\
s + 5 \overline{) s^3 + 6s^2 + 8s + K^*} \\
\underline{s^3 + 5s^2} \\
s^2 + 8s \\
\underline{s^2 + 5s} \\
3s + K^* \\
3s + 15 \\
\hline
0
\end{array}
$$

$K^* = 15 \Leftarrow$

可得 $D(s) = (s + 5)(s^2 + s + 3) = 0$ 且 $K^* = 15$。

$$\begin{cases} \lambda_1 + \lambda_2 = -1.62 \\ \lambda_1 \lambda_2 = 4/4.38 \end{cases}$$

解得 $\lambda_{1,2} = -0.81 \pm 0.51j$。

因此，可得相应的闭环传递函数

$$\Phi(s) = \frac{4}{(s+4.38)(s+0.81+0.51j)(s+0.81-0.51j)}$$

保留主导极点可得简化后的闭环传递函数

$$\Phi(s) = \frac{4/4.38}{(s+0.81+0.51j)(s+0.81-0.51j)}$$

由 $\zeta\omega_n = 0.81$，$\sqrt{1-\zeta^2}\omega_n = 0.51$，解得 $\zeta = 0.85$。

则系统的超调量为

$$\sigma\% = \mathrm{e}^{-\zeta\pi/\sqrt{1-\xi^2}} = 0.689\%$$

调节时间为

$$t_s(\Delta = \pm 5\%) = 3/\zeta\omega_n = 3/0.81 = 3.7 \text{ s}$$

解毕！

例4.20 设单位负反馈系统的开环传递函数为

$$G(s) = \frac{K^*}{(s^2+3s)(s^2+2s+2)}$$

（1）试绘制系统的根轨迹。

（2）求 $K^* = 4$ 时系统的零极点分布。

（3）分析 $K^* = 4$ 时系统的超调量 $\sigma\%$ 和调节时间 $t_s(\Delta = \pm 5\%)$。

解：系统的开环传递函数可表示为

$$G(s) = \frac{K^*}{s(s+3)(s^2+1\pm 1j)}$$

系统的闭环特征方程为

$$D(s) = s^4 + 5s^3 + 8s^2 + 6s + K^* = 0$$

系统开环零极点图如图4.45所示。

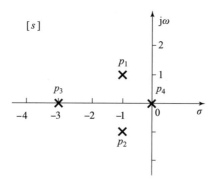

图4.45 系统开环零极点图（9）

（1）作根轨迹图。

①实轴上的根轨迹为（-3, 0]。

②渐近线为

$$
\begin{cases}
\sigma_a = \dfrac{\sum_{i=1}^{n} p_i - \sum_{j=1}^{m} z_i}{n-m} = \dfrac{-3-2-0}{4-0} = -5/4 \\[3mm]
\phi_a = \dfrac{(2k+1)\pi}{n-m} = \pm\dfrac{\pi}{4-0},\ \pm\dfrac{3\pi}{4-0} = \pm\dfrac{\pi}{4},\ \pm\dfrac{3\pi}{4}
\end{cases}
$$

画出实轴上的根轨迹及渐近线，如图 4.46 所示。

③出射角。考虑极点 p_1 的出射角 θ_{p1}，与其他极点的幅角标注如图 4.47 所示。

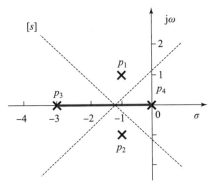

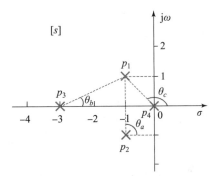

图 4.46 系统在实轴上的根轨迹及渐近线（8） **图 4.47 极点 p_1 相对于其他极点的幅角标注图（4）**

相应角度为 $\theta_a = 90°$，$\theta_b = 26.6°$，$\theta_c = 135°$，因此，由 $\theta_{px} = (2k+1)\pi + \left(\sum_{j=1}^{m} \angle(p_x - z_j) - \sum_{i=1, i\neq x}^{n} \angle(p_x - p_i)\right)$，$k = 0, \pm 1, \pm 2, \cdots$，对于 p_1，可知 $\theta_{p1} = (2k+1)\pi - (\theta_a + \theta_b + \theta_c)$。当 $k = 0$ 时，$\theta_{p1} = -71.6°$。

④求分离点。首先列出分离点方程：

$$
\frac{1}{d} + \frac{1}{d+3} + \frac{1}{d+1+j} + \frac{1}{d+1-j} = 0
$$

化简得

$$
4d^3 + 15d^2 + 16d + 6 = 0
$$

解得（可用 MATLAB 的 roots 命令）：$d_1 = -2.3$，$d_{2,3} = -0.73 \pm 0.35j$（舍）。

在分离点 $d = -2.3$ 对应的参数 K_d 为

$K_d^* = |d||d+3||d+1+j||d+1-j| = 4.3$

⑤求虚轴交点。由系统的闭环特征方程 $D(s) = s^4 + 5s^3 + 8s^2 + 6s + K^* = 0$ 可知：

$$
\begin{cases}
\mathrm{Re}[D(j\omega)] = \omega^4 - 8\omega^2 + K^* = 0 \\
\mathrm{Im}[D(j\omega)] = -5\omega^3 + 6\omega = 0
\end{cases}
$$

解得：$\omega = 1.1$，$K_\omega^* = 8.16$。

基于以上根轨迹绘制法则计算结果，可绘制系统的根轨迹如图 4.48 所示。

（2）当 $K^* = 4$ 时，$D(s) = s^4 + 5s^3 + 8s^2 + 6s + 4 = 0$。

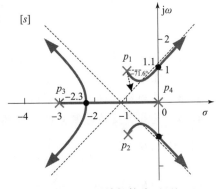

图 4.48 系统根轨迹（14）

根据幅值条件确定系统的零极点分布

$$\left| \frac{K^*}{(s^2 + 3s)(s^2 + 2s + 2)} \right| = 1$$

由 $K_d^* = 4.3$，可知当 $K^* = 4$ 时，在 $s = -2.3$ 附近有两个负实根，其他为两个共轭复根。用枚举法试根与 K^* 之间的关系如表 4.5 所示。

表 4.5　枚举试根与 K^* 之间的关系

s	-1.8	-1.9	-2.0	-2.1	-2.2	-2.3	-2.5	-2.6	-2.7
K^*	3.54	3.78	4.00	4.18	4.29	4.33	4.06	3.70	3.15

可知两个实根为 $s_1 = -2$ 和 $s_2 = -2.52$。利用长除法可得

$$\frac{D(s)}{(s - s_1)(s - s_2)} = \frac{s^4 + 5s^3 + 8s^2 + 6s + 4}{(s + 2)(s + 2.52)} = s^2 + 0.48s + 0.79$$

解得 $s_{3,4} = -0.24 \pm 0.86j$。因此，可知 s_1、s_2 的实部分别为复数极点实部的 8.3 倍和 10.5 倍，则系统可简化为由主导极点 $s_{3,4}$ 所决定的二阶系统。

（3）分析系统的动态性能。闭环传递函数为

$$\varPhi(s) = \frac{K^*}{(s^2 + 3s)(s^2 + 2s + 2) + K^*} = \frac{4}{(s + 2)(s + 2.52)(s^2 + 0.48s + 0.79)}$$

维持闭环增益不变，简化为二阶系统得

$$\varPhi(s) \approx \frac{4}{2 \times 2.52} \cdot \frac{1}{(s^2 + 0.48s + 0.79)}$$

$$= \frac{0.79}{s^2 + 0.48s + 0.79}$$

可得 $\omega_n = 0.89 \text{ rad/s}$，$\zeta = 0.27$。

故系统的超调量为

$$\sigma\% = e^{-\frac{\pi\zeta}{\sqrt{1-\zeta^2}}} \times 100\% = 41.4\%$$

调节时间为

$$t_s(\Delta = \pm 5\%) = \frac{3}{\zeta\omega_n} = 12.5 \text{ s}$$

解毕！

课 后 习 题

4-1　什么是系统的根轨迹？根轨迹分析的意义与作用是什么？

4-2　在绘制根轨迹时，如何运用幅值条件与相角条件？

4-3　常规根轨迹与广义根轨迹的区别和应用条件是什么？

4-4　已知负反馈控制系统的开环传递函数，试绘制各系统的根轨迹图。

（1）$G(s)H(s) = \dfrac{K(s + 1)}{s^2(s + 2)(s + 4)}$;

（2）$G(s)H(s) = \dfrac{K}{(s + 1)^2(s + 3)}$。

4 – 5 已知负反馈控制系统的开环传递函数为

$$G(s)H(s) = \frac{K}{(s+1)(s+2)(s+4)}$$

试证明 $s = -1 + j\sqrt{3}$ 是该系统根轨迹上的一点，并求出相应的 K 值。

4 – 6 已知负反馈系统的闭环特征方程

$$(s^2 + 2s + 2)(s + 14) + K = 0$$

(1) 绘制系的根轨迹图 $0 < K < \infty$；

(2) 确定使复数闭环主导极点的阻尼系数 $\zeta = 0.5$ 的 K 值。

4 – 7 已知某单位反馈系统的闭环根轨迹图如图 4.49 所示。

(1) 确定使系统稳定的根轨迹增益 K^* 的范围；

(2) 写出系统临界阻尼时的闭环传递函数。

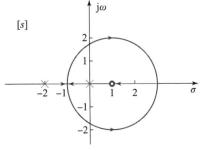

图 4.49 题 4.7 系统根轨迹

4 – 8 已知反馈系统的开环传递函数

$$G(s)H(s) = \frac{K(0.25s + 1)}{s(0.5s + 1)}$$

试用根轨迹法确定系统无超调响应时的开环增益 K。

4 – 9 单位反馈系统的开环传递函数为

$$G(s) = \frac{k(2s + 1)}{(s + 1)^2 \left(\frac{4}{7}s - 1\right)}$$

试绘制系统根轨迹，并确定使系统稳定的 k 值范围。

4 – 10 已知单位反馈系统的开环传递函数为

$$G(s) = \frac{k}{s(0.02s + 1)(0.01s + 1)}$$

要求：(1) 绘制系统的根轨迹；

(2) 确定系统临界稳定时开环增益 k 的值；

(3) 确定系统临界阻尼比时开环增益 k 的值。

4 – 11 已知系统的开环传递函数为

$$G(s)H(s) = \frac{K(s + 1)}{s^2(s + 2)(s + 4)}$$

试绘制系统的正、负反馈两种根轨迹。

4 – 12 已知负反馈系统的开环传递函数为

$$G(s)H(s) = \frac{K(s + T)}{s^2(s + 2)}$$

试求 $K = 1$ 时，以 T 为参变量的根轨迹。

4 – 13 已知系统结构图如图 4.50 所示，试绘制时间常数 T 变化时系统的根轨迹，并分析参数 T 的变化对系统动态性能的影响。

4 – 14 试绘制如图 4.51 所示系统以 τ 为参变量的根轨迹。

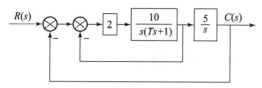

图 4.50　题 4.13 系统结构图

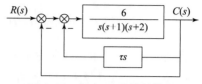

图 4.51　题 4.14 系统结构图

第 5 章

线性系统频域分析法

本章学习要点

（1）掌握系统频率响应及频率特性的求取方法。

（2）掌握 Bode 图和 Nyquist 图的绘制方法及应用特点。

（3）掌握根据 Bode 图和 Nyquist 图判断系统稳定性的方法。

（4）掌握相对稳定性概念及幅值裕度、相位裕度的求取方法。

（5）掌握频域指标与对应时域指标之间的转化关系。

5.1 引　　言

频域分析法是 20 世纪 30 年代发展起来的研究控制系统的一种工程方法。在频域分析法中，频率特性是评价和描述系统特征的核心手段。频率特性是系统在不同频率的正弦函数作用时，反映其稳态输出和输入信号之间关系的数学模型，它反映了正弦信号作用下系统响应的性能。频率特性和传递函数一样，可以用来表示线性系统或环节的动态特性。相对于其他类型的分析方法，建立在频率特性基础上的频域分析法具有一些显著的优势，因而获得了广泛的应用。其具体优势可总结为如下三个方面。

（1）当系统中存在难以用数学模型描述的某些元、部件时，可用实验方法求出系统的频率特性，进而对系统开展有效分析。相对于从分析其物理规律着手来列写元部件及系统动态方程来说，频域分析法更加面向实际应用。

（2）无须求解微分方程，通过频率特性图即可间接揭示系统性能，并指明改进的方向。频率特性不仅可以反映系统的稳态性能，还可以用来研究系统的稳定性和瞬态性能。对于一阶系统和二阶系统，频率特性与系统的瞬态指标有着确定的对应关系，利用频域指标可以方便地分析系统中参量对系统瞬态响应的影响。对于高阶系统，也可建立近似的对应关系。

（3）频域分析法不仅适用于线性系统，也可以推广到一些非线性系统的分析研究中。如描述函数法就是从频域的角度研究非线性控制系统稳定性的一种方法；还可以推广至分析含有延迟环节的系统。

频域分析法是一种以频率为变量的系统分析方法，与时域分析法以时间为变量相比，它不那么直观和容易理解，在对系统的作用和描述上，需要计算转换才能将系统的频域特征还原为时域特征。因此，与时域分析法比较，频域分析法的学习难度更大一些。

5.2 频率响应和频率特性

设线性定常系统的传递函数为 $\phi(s)$，输入信号为 $x_i(t) = A_i\sin(\omega t)$，在该系统稳定的情况下，其稳态输出分量可写成为 $x_0(t) = A_0(\omega)\sin(\omega t + \phi)$。我们将这种以正弦信号作为输入、输出稳态分量为同频率的正弦信号的响应称为频率响应。频率响应示意图如图 5.1 所示。

$x_i = A_i \sin \omega t$ 　稳定的线性定常系统　$x_0 = A_0(\omega)\sin[\omega t + \phi(\omega)]$

图 5.1　频率响应示意图

下面，以 RC（电阻－电容）滤波网络为例来展示系统的频率响应。

例 5.1　分析如图 5.2 所示 RC 滤波网络在零初始条件下的频率特性。

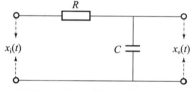

图 5.2　例 5.1 的 RC 滤波网络

解：由电容特性可知

$$x_0(t) = \frac{1}{C}\int i(t)\,\mathrm{d}t \rightarrow i(t) = C\dot{x}_0(t)$$

由欧姆定律可知

$$x_i(t) = i(t)R + x_0(t)$$

可得系统的微分方程

$$RC\dot{x}_0(t) + x_0(t) = x_i(t)$$

在零初始条件下进行拉氏变换并整理系统的传递函数得

$$\phi(s) = \frac{X_0(s)}{X_i(s)} = \frac{1}{Ts+1}, T = RC$$

对于输入信号 $x_i(t) = A_i\sin(\omega t)$，系统的输出信号为

$$X_0(s) = \frac{1}{Ts+1} \cdot \frac{A_i\omega}{s^2 + \omega^2}$$

进行部分分式分解得

$$X_0(s) = A_i\omega\left(\frac{c_1}{Ts+1} + \frac{c_2 s}{s^2 + \omega^2} + \frac{c_3}{s^2 + \omega^2}\right)$$

其中，$c_1 = \dfrac{T^2}{1 + T^2\omega^2}$，$c_2 = \dfrac{-T}{1 + T^2\omega^2}$，$c_3 = \dfrac{1}{1 + T^2\omega^2}$。整理得

$$X_0(s) = \frac{A_i\omega}{1 + T^2\omega^2}\left(\frac{T}{s + \frac{1}{T}} + \frac{1}{\omega}\cdot\frac{\omega}{s^2 + \omega^2} - T\cdot\frac{s}{s^2 + \omega^2}\right)$$

反拉氏变换得

$$x_0(t) = \frac{A_i\omega T}{1 + \omega^2 T^2}e^{-\frac{1}{T}t} + \frac{A_i}{1 + \omega^2 T^2}\left[\sin(\omega t) - \omega T\cdot\cos(\omega t)\right]$$

令 $\sin\varphi = \dfrac{\omega T}{\sqrt{1 + \omega^2 T^2}}$，$\cos\varphi = \dfrac{1}{\sqrt{1 + \omega^2 T^2}}$，可得

$$x_0(t) = \frac{A_i\omega T}{1 + \omega^2 T^2}e^{-\frac{1}{T}t} + \frac{A_i}{\sqrt{1 + \omega^2 T^2}}\sin(\omega t - \arctan\omega T)$$

其中，$\dfrac{A_i\omega T}{1 + \omega^2 T^2}e^{-\frac{1}{T}t}$ 随着时间推移会较快地衰减为 0，因此 $x_0(t)$ 只剩下稳态响应部分，即题设 RC 滤波网络的频率响应为

$$x_0(t) = \frac{A_i}{\sqrt{1 + \omega^2 T^2}}\sin(\omega t - \arctan\omega T)$$

解毕!

由以上例子可总结频率响应的特点。

(1) 稳态输出与输入相比，都是同频率的正弦函数，但幅值不同，相位不同。

(2) 稳态输出的幅值为输入幅值的一个相应的倍数。

(3) 相位比输入相位滞后一个角度。

根据频率响应的特点，我们可以研究当频率发生改变时，系统的输出随着输入的变化规律。这种规律与频率改变直接相关，称为系统的频率特性。其具体定义为：线性稳定系统在正弦信号作用下，当频率从零变化到无穷时，稳态输出与输入的幅值比、相位差随频率变化的特性。频率特性具体包括幅频特性和相频特性两个部分。

对于例 5.1 的频率响应计算结果，其输出与输入的幅值比为

$$A(\omega) = \frac{A_0(\omega)}{A_i} = \frac{1}{\sqrt{1 + \omega^2 T^2}} \tag{5.1}$$

式中，$A(\omega)$ 称为频率响应的幅频特性，它描述了系统对输入信号幅值的放大、衰减特性。相位差可表示为

$$\varphi(\omega) = \angle x_0(t) - \angle x_i(t) = -\arctan\omega T \tag{5.2}$$

式中，$\varphi(\omega)$ 称为频率响应的相频特性，它描述了系统输出信号相位对输入信号相位的超前、滞后特性。

一般而言，主要有三种方法定量描述系统的频率特性。

第一种是实验法。对实验的线性定常系统输入正弦信号，不断改变输入信号的频率，可得到对应的一系列输出的稳态振幅和相角，然后分别求得其与输入正弦信号的幅值比和相位差，便得到频率特性。

第二种方法是解析法。即例 5.1 中使用的方法，也就是根据系统的微分方程，输入正弦信号，求其稳态解，然后获得相应幅值比（幅频特性）和相位差（相位特性）。

第三种方法是复向量法。即根据系统传递函数，直接令 $s = j\omega$ 求取系统频率特性：

$$\Phi(s) = \phi(j\omega) = \mathrm{Re}[\phi(j\omega)] + j\mathrm{Im}[\phi(j\omega)] \tag{5.3}$$

令

$$U(\omega) = \mathrm{Re}[\phi(j\omega)], V(\omega) = \mathrm{Im}[\phi(j\omega)] \tag{5.4}$$

其中，$U(\omega)$ 称实频特性；$V(\omega)$ 称虚频特性，相应幅值比为

$$|\Phi(j\omega)| = A(\omega) = \sqrt{U^2(\omega) + V^2(\omega)} \tag{5.5}$$

相位差为

$$\angle\Phi(j\omega) = \varphi(\omega) = \arctan\frac{V(\omega)}{U(\omega)} \tag{5.6}$$

据此可求得系统的频率特性。其平面几何示意图如图 5.3 所示。

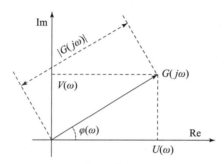

图 5.3 幅频特性与相频特性的几何示意图

下面举例说明系统频率特性的求法，主要掌握复向量法。

例 5.2 求一阶系统 $\Phi(s) = \dfrac{k}{Ts+1}$ 的频率特性及在 $x_i(t) = A_i\sin(\omega t)$ 输入作用下的频率响应。

解：根据系统的传递函数可得

$$\Phi(j\omega) = \frac{K}{jT\omega + 1} = \frac{K}{1 + T^2\omega^2} - j\frac{KT\omega}{1 + T^2\omega^2}$$

令

$$U(\omega) = \frac{K}{1 + T^2\omega^2}, V(\omega) = -\frac{KT\omega}{1 + T^2\omega^2}$$

可得系统的幅频特性

$$A(\omega) = |\Phi(j\omega)| = \frac{K}{\sqrt{1 + T^2\omega^2}}$$

相频特性为

$$\varphi(\omega) = \angle\Phi(j\omega) = -\arctan\omega T$$

对于正弦输入 $x_i(t) = A_i\sin(\omega t)$，系统频率响应为

$$x_0(t) = \frac{A_i K}{\sqrt{1 + T^2\omega^2}}\sin(\omega t - \arctan\omega T)$$

解毕!

例 5.3 已知系统的传递函数为

$$\phi(s) = \frac{30}{s(s+1)(s+3)}$$

输入信号为 $x_i(t) = 5\sin(\sqrt{3}t + 45°)$，求系统的稳态输出。

解：首先求得系统的幅频特性和相频特性。根据系统的传递函数可得

$$\Phi(j\omega) = \frac{K}{j\omega(j\omega T_1 + 1)(j\omega T_2 + 1)}$$

可得幅频特性

$$A(\omega) = |G(j\omega)| = \frac{|K|}{|j\omega||1 + j\omega T_1||1 + j\omega T_2|} = \frac{K}{\omega\sqrt{1 + \omega^2 T_1^2}\sqrt{1 + \omega^2 T_2^2}}$$

其中，$K = 10, T_1 = 1, T_2 = \frac{1}{3}, \omega = \sqrt{3}$。代入上式可得

$$A(\omega) = \frac{10}{\sqrt{3} \times \sqrt{1+3} \times \sqrt{1 + 3 \times \frac{1}{3^2}}} = \frac{10}{4} = 2.5$$

相频特性为

$$\begin{aligned}
\varphi(\omega) &= \angle K - \angle j\omega - \angle(1 + j\omega T_1) - \angle(1 + j\omega T_2) \\
&= 0 - 90° - \arctan \omega T_1 - \arctan \omega T_2 \\
&= -90° - 60° - 30° = -180°。
\end{aligned}$$

利用求得的幅频特性和相频特性可得

$$\begin{aligned}
x_0(t) &= A_i A(\omega)\sin(\omega t + 45° + \varphi(\omega)) \\
&= 5 \times 2.5\sin(\sqrt{3}t + 45° - 180°)
\end{aligned}$$

整理得系统的稳态输出为

$$x_0(t) = 12.5\sin(\sqrt{3}t - 135°)$$

解毕！

从以上两个例子，可以看出如何采用复向量法通过传递函数求取系统的频率特性，并利用频率特性来获得不同正弦输入信号的对应输出。

关于频率特性的属性有以下几点说明。

（1）频率特性是传递函数的特例，是定义在复平面虚轴上的传递函数，因此频率特性与系统的微分方程、传递函数一样反映了系统的固有特性。

（2）尽管频率特性是一种稳态响应，但系统的频率特性与传递函数一样包含了系统或元部件的全部动态结构参数，因此，系统动态过程的规律性也全寓于其中。

（3）由于实际施加于控制系统的周期或非周期信号都可表示成由许多谐波分量组成的傅里叶级数，因此理论上根据控制系统对于正弦谐波信号的响应可以推算出它在任意周期信号或非周期信号作用下的运动情况。

从物理意义角度看，频率特性表征了系统或元部件对不同频率正弦输入的响应特性。以例 5.1 中涉及的 RC 滤波网络为例，其中

$$A(\omega) = \frac{1}{\sqrt{1 + T^2\omega^2}}, \quad \varphi(\omega) = -\arctan \omega T \tag{5.7}$$

可知随着输入正弦信号的频率 ω 变化，$A(\omega)$ 和 $\varphi(\omega)$ 也会规律地发生改变，对应关系

如表 5.1 所示。

表 5.1　系统的幅值与相角特征值

ω	$A(\omega)$	$\varphi(\omega)$
$\omega \to 0$	1	$0°$
$\omega = 1/T$	$1/\sqrt{2}$	$-45°$
$\omega \to \infty$	0	$-90°$

可见 $A(\omega)$ 和 $\varphi(\omega)$ 可以表明系统跟踪、复现不同频率信号的能力。当频率低时，系统能正确响应、跟踪、复现输入信号；当频率高时，系统输出幅值衰减近似为 0，相位严重滞后，系统不能跟踪、复现输入。这也说明了 RC 滤波网络具有低通滤波特性。

5.3　频率特性的图示方法

当系统的传递函数相对复杂时，$\phi(j\omega)$ 的解析表达式也是很烦琐的，此时应用频率法分析设计控制系统，通常需要获得控制系统的频率特性曲线。借助这些曲线，人们可以更方便地分析、设计及优化系统。工程上最常用的频率特性图示方法有三种：极坐标图［Nyquist 图（奈奎斯特图）］、对数频率特性图［Bode 图（伯德图）］和对数幅相特性图［Nichols 图（尼柯尔斯图）］。

5.3.1　极坐标图（Nyquist 图）

极坐标图是根据复向量表示方法来表示频率特性的。频率特性函数 $\Phi(j\omega)$ 可表示为 $\Phi(j\omega) = |\Phi(j\omega)| e^{j\Phi(\omega)}$，只要知道了某一频率下的 $\Phi(j\omega)$ 的模和相角，就可以在极坐标系上确定一个矢量。矢量的末端点随 ω 变化就可以得到一条矢端曲线，这条极坐标下的曲线就是奈奎斯特曲线。

工程上的极坐标图常和直角坐标系共同画在一个平面上。横坐标是频率特性的实部，纵坐标是频率特性的虚部。这样实部和虚部可构成一个直角坐标平面，而实频特性 $U(\omega)$ 和虚频特性 $V(\omega)$ 的具体值确定了平面上的点。这个点就是由坐标系原点指向该点的矢量的端点。如图 5.3 所示。

极坐标图的优点是利用实频特性、虚频特性作频率特性图比较方便，利用复向量表示求幅频特性和相频特性比较简单。至于相应曲线的画法和使用，将在后面的章节详细介绍，这里主要给出定义。

5.3.2　对数频率特性图（Bode 图）

在控制系统的结构图中常会遇到一些环节的串联和反馈，在求总传递函数时，就会涉及传递函数的相乘运算。若直接进行数学计算，问题将会变得十分复杂。若对频率特性取对数后再运算，则乘法可以变为加法，计算就变得容易进行。基于这种思想，可以把幅频特性和相频特性按对数坐标来表示，称为对数频率特性图。

对数频率特性图绘制相对容易，且相对于极坐标图方法，可以更直观地表现出时间常数等参数对系统的影响，因而在频域分析法中应用最为广泛。对应于频率特性，对数频率特性图主要有两个维度的图示，分别为对数幅频特性图和对数相频特性图。

对数幅频特性图的坐标系如图 5.4 所示。

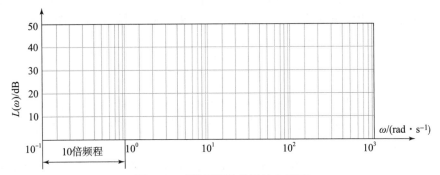

图 5.4　对数幅频特性图的坐标系

图 5.4 中，纵坐标 $L(\omega)$ 为对数幅值（或称增益），在数值上，$L(\omega) = 20\lg[A(\omega)]$，坐标刻度均匀分布，单位为 dB（分贝）。横坐标代表了频率 ω 从 $0 \to \infty$ 的变化。频率变化 10 倍称为一个 10 倍频程，对应横坐标的间隔距离为一个单位，记为 decade 或简写为 dec。像这样有一个维度为对数坐标，而另一个维度为线性坐标的坐标系被称为"半对数坐标系"。

对数相频特性图的坐标系如图 5.5 所示。

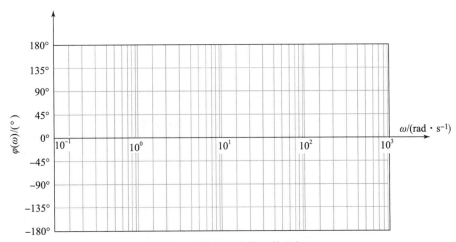

图 5.5　对数相频特性图的坐标系

图 5.5 中，纵坐标 $\varphi(\omega)$ 为相角值，坐标刻度均匀分布，单位为度（°），范围通常为 $-180° \sim 180°$。其横坐标频率变化仍用 10 倍频程表示，因此相频特性的坐标系也为半对数坐标系。

对数频率特性图除了运算简便外，还有一个突出的优点，即在低频段可以"展宽"频率特性，便于了解频率特性的细节特点，而在高频段可以"压缩"频率特性，因为高频段的频率特性曲线都比较简单，近似于直线。此外，由于 $\omega = 0$ 和 $|\Phi(j\omega)| = 0$ 的对数不存在，因此在对数频率特性图上无法表示这些点。

5.3.3 对数幅相特性图（Nichols 图）

对数坐标图需要两个坐标平面表示频率特性，有时不太方便。对数幅相特性图则把两个坐标平面合为一个坐标平面，用一条曲线完整地表示了系统的频率特性。对数幅相特性图的横坐标为相频特性的相位角的值，单位为度（°），纵坐标为对数幅频特性 $L(\omega)$ 的值，单位为分贝。而频率 ω 作为一个参变量在图中标出。

对数幅相特性图有以下特点。

（1）由于系统增益的改变不影响相频特性，故系统增益改变时，对数幅相特性图只有简单地向上平移（增益增大）或向下平移（增益减小），而曲线形状保持不变。

（2）$\Phi(j\omega)$ 和 $1/\Phi(j\omega)$ 的对数幅相特性图相对原点中心对称，即幅值和相位均相差一个符号。

（3）利用对数相幅特性图，可由开环频率特性求闭环频率特性，能确定闭环系统的稳定性及用于系统校正。

Nichols 图的优点是能较容易地确定控制系统的相对稳定性，但不能直观独立地表达幅频特性和相频特性的变化规律，不太方便分析系统的动态特性。因此工程中，Nichols 图不如 Nyquist 图和 Bode 图应用广泛。

5.4 典型环节的频率特性图

自动控制系统通常由若干环节构成，根据它们的基本特性，可划分成几种典型环节。本节主要以极坐标图和对数频率特性图为基础，介绍典型环节频率特性图示方法。

5.4.1 比例环节

比例环节也称放大环节，传递函数为 $G(s) = K$，相应频率特性指标如表 5.2 所示。

表 5.2 比例环节的频率特性及对数频率特性

指标名称	指标符号	表达式（值）	应用范围
频率特性	$G(j\omega)$	Ke^{j0}	
幅频特性	$A(\omega)$	K	极坐标图
相频特性	$\varphi(\omega)$	$0°$	极坐标图
对数幅频特性	$L(\omega)$	$20\lg K$	对数频率特性图
对数相频特性	$\varphi(\omega)$	$0°$	对数频率特性图

相应的极坐标图（Nyquist 图）如图 5.6 所示。

可见其极坐标图为正实轴上的一个点。

相应的对数频率特性图（Bode 图）如图 5.7 所示。

可见对数幅频值为一个常数，数值上为 $20\lg K$；其数相频特性为常数 $0°$。它们都与频率无关，理想的比例环节能够无失真和无滞后地复现输入信号。

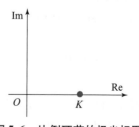

图 5.6 比例环节的极坐标图

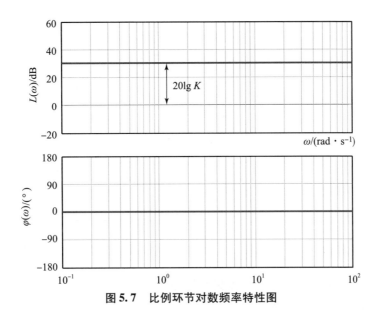

图 5.7 比例环节对数频率特性图

5.4.2 积分环节

积分环节的传递函数为 $G(s) = 1/s$，相应频率特性指标如表 5.3 所示。

表 5.3 积分环节的频率特性及对数频率特性

指标名称	指标符号	表达式（值）	应用范围
频率特性	$G(j\omega)$	$\dfrac{1}{\omega}e^{-j\pi/2}$	
幅频特性	$A(\omega)$	$\dfrac{1}{\omega}$	极坐标图
相频特性	$\varphi(\omega)$	$-90°$	极坐标图
对数幅频特性	$L(\omega)$	$-20\lg\omega$	对数频率特性图
对数相频特性	$\varphi(\omega)$	$-90°$	对数频率特性图

根据 $A(\omega) = \dfrac{1}{\omega}$ 和 $\varphi(\omega) = -\pi/2$ 可得积分环节频率特性特征值，如表 5.4 所示。

表 5.4 积分环节频率特性特征值

ω	$A(\omega)$	$\varphi(\omega)$
$\omega \to 0$	$\to \infty$	$-90°$
$\omega \to \infty$	$\to 0$	$-90°$

相应的极坐标图如图 5.8 所示。

相应的对数频率特性图如图 5.9 所示。

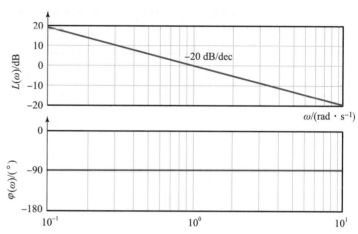

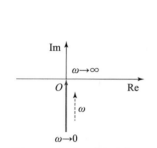

图 5.8　积分环节极坐标图　　　　　　**图 5.9　积分环节对数频率特性图**

由图 5.9 可知，积分环节的对数幅频特性曲线是一条斜率为 − 20 dB/dec 的斜线，当 $\omega = 1$ 时，该斜线与 0 dB 线相交。

思考：对于纯微分环节，即 $G(s) = s$ 时，相应的极坐标图及对数频率特性图有什么特征？其相对于微分环节，有何区别？

5.4.3　惯性环节

惯性环节传递函数为：$G(s) = \dfrac{1}{Ts + 1}$，相应频率特性指标如表 5.5 所示。

表 5.5　惯性环节的频率特性及对数频率特性

指标名称	指标符号	表达式（值）	应用范围
频率特性	$G(j\omega)$	$\dfrac{1}{\sqrt{1 + (T\omega)^2}}e^{-j\arctan T\omega}$	
幅频特性	$A(\omega)$	$\dfrac{1}{\sqrt{1 + (T\omega)^2}}$	极坐标图
相频特性	$\varphi(\omega)$	$-\arctan T\omega$	极坐标图
对数幅频特性	$L(\omega)$	$-20\lg\sqrt{1 + (T\omega)^2}$	对数频率特性图
对数相频特性	$\varphi(\omega)$	$-\arctan T\omega$	对数频率特性图

相应的极坐标图如图 5.10 所示。

因此，一个标准的惯性环节的极坐标图是以（0.5，0）为圆心、以 0.5 为半径的半圆。其证明过程为：令 $s = j\omega$，则

$$G(j\omega) = \frac{1}{jT\omega + 1} = \frac{1}{1 + T^2\omega^2} - j\frac{T\omega}{1 + T^2\omega^2} \quad (5.8)$$

故

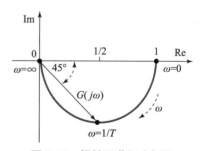

图 5.10　惯性环节极坐标图

$$U(\omega) = \frac{1}{1 + T^2 \omega^2}, V(\omega) = \frac{-T\omega}{1 + T^2 \omega^2} \qquad (5.9)$$

消去中间变量 ω 可得

$$\left(U - \frac{1}{2} \right)^2 + V^2 = \left(\frac{1}{2} \right)^2 \qquad (5.10)$$

可知此为一圆方程，因此结论得证！

一阶惯性环节的对数频率特性图如图 5.11 所示。

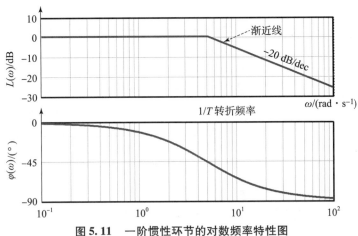

图 5.11　一阶惯性环节的对数频率特性图

从图 5.11 可以观察到幅频特性渐近线的转折频率为 $1/T$。这是因为当 $\omega \ll 1/T$ 时，$L(\omega) = 0$；而当 $\omega \gg 1/T$ 时，$L(\omega) = -20\lg T\omega$。对于对数相频特性曲线，当 $\omega \to 0$ 时，$\varphi(\omega) = -\arctan T\omega = 0$；当 $\omega = 1/T$ 时，$\varphi(\omega) = -45°$；当 $\omega \to \infty$ 时，$\varphi(\omega) = -90°$。

因此，转折频率 $\omega = 1/T$ 是一个重要的参数。

5.4.4　一阶微分环节

惯性环节传递函数为 $G(s) = \tau s + 1$，相应频率特性指标如表 5.6 所示。

表 5.6　一阶微分环节的频率特性及对数频率特性

指标名称	指标符号	表达式（值）	应用范围
频率特性	$G(j\omega)$	$\sqrt{1 + (\tau\omega)^2}\, e^{j\arctan \tau\omega}$	
幅频特性	$A(\omega)$	$\sqrt{1 + (\tau\omega)^2}$	极坐标图
相频特性	$\varphi(\omega)$	$\arctan \tau\omega$	极坐标图
对数幅频特性	$L(\omega)$	$20\lg\sqrt{1 + (\tau\omega)^2}$	对数频率特性图
对数相频特性	$\varphi(\omega)$	$\arctan \tau\omega$	对数频率特性图

根据 $A(\omega) = \sqrt{1 + (\tau\omega)^2}$ 和 $\varphi(\omega) = \arctan \tau\omega$ 可得一阶微分环节频率特征值，如表 5.7 所示。

表 5.7　一阶微分环节频率特征值

ω	$A(\omega)$	$\varphi(\omega)$
$\omega \to 0$	$\to 1$	$\to 0°$
$\omega \to \infty$	$\to \infty$	$\to 90°$

相应的极坐标图如图 5.12 所示。

相应的对数幅频特性曲线如图 5.13 所示。

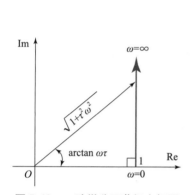

图 5.12　一阶微分环节极坐标图

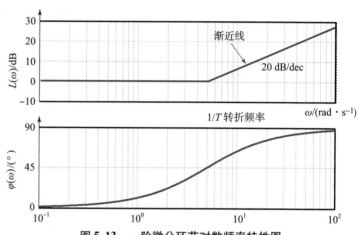

图 5.13　一阶微分环节对数频率特性图

通过对照图 5.11 和图 5.13，可知一阶微分环节与惯性环节的对数幅频特性互为倒数（$\tau = T$），两者幅频特性曲线关于 0 dB 线对称；而相频特性曲线关于 0°线对称。

5.4.5　振荡环节

振荡环节的传递函数为

$$G(s) = \frac{1}{T^2 s^2 + 2\zeta Ts + 1} = \frac{\omega_n^2}{s^2 + 2\zeta\omega_n s + \omega_n^2}, 0 < \zeta < 1 \qquad (5.11)$$

相应频率特性指标如表 5.8 所示。

表 5.8　振荡环节的频率特性及对数频率特性

指标名称	指标符号	表达式（值）	应用范围
频率特性	$G(j\omega)$	$\dfrac{1 - T^2\omega^2 - j2\zeta T\omega}{(1 - T^2\omega^2)^2 + (2\zeta T\omega)^2}$	
幅频特性	$A(\omega)$	$\dfrac{1}{\sqrt{(1 - T^2\omega^2)^2 + (2\zeta T\omega)^2}}$	极坐标图
相频特性	$\varphi(\omega)$	$-\arctan \dfrac{2\zeta T\omega}{1 - T^2\omega^2}$	极坐标图

指标名称	指标符号	表达式（值）	应用范围
对数幅频特性	$L(\omega)$	$-20\lg\sqrt{(1-T^2\omega^2)^2+(2\zeta T\omega)^2}$	对数频率特性图
对数相频特性	$\varphi(\omega)$	$-\arctan\dfrac{2\zeta T\omega}{1-T^2\omega^2}$	对数频率特性图

根据

$$A(\omega)=\frac{1}{\sqrt{(1-T^2\omega^2)^2+(2\zeta T\omega)^2}} \tag{5.12}$$

和

$$\varphi(\omega)=-\arctan\frac{2\zeta T\omega}{1-T^2\omega^2} \tag{5.13}$$

以及对照（5.11）式可得

$$\omega_n=\frac{1}{T} \tag{5.14}$$

即无阻尼振荡频率也就是转折频率。可知相应特征值如表 5.9 所示。

表 5.9　振荡环节频率特征值

ω	$A(\omega)$	$\varphi(\omega)$
$\omega\to 0$	$\to 1$	$\to 0°$
$\omega=1/T$	$1/2\zeta$	$-90°$
$\omega\to\infty$	$\to 0$	$\to -180°$

相应的极坐标图如图 5.14 所示。

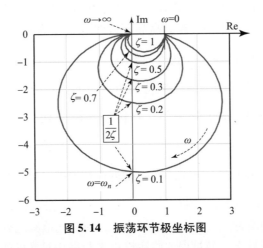

图 5.14　振荡环节极坐标图

从图 5.14 可知，当 $\omega\to 0$ 时，Nyquist 曲线正实轴垂直出射（思考为什么），而当 $\omega\to\infty$ 时，Nyquist 曲线与负实轴相切。此外，幅频特性的振幅不仅和频率 ω 有关，而且与阻尼比 ζ 有关，当 ζ 减小时，$A(\omega)$ 有增大的趋势。

如令

$$\frac{dA(\omega)}{d\omega} = 0 \qquad (5.15)$$

可以求得 $A(\omega)$ 取到极值时的频率，即振荡环节的谐振频率，表达式为

$$\omega_r = \omega_n \sqrt{1 - 2\zeta^2} \qquad (5.16)$$

相应的谐振峰值

$$M_r = A(\omega_r) = \frac{1}{2\zeta\sqrt{1 - \zeta^2}} \qquad (5.17)$$

相应的对数幅频特性曲线族如图 5.15 所示。

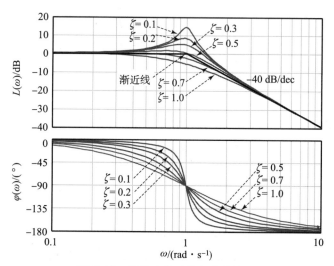

图 5.15　振荡环节对数频率特性图

振荡环节的对数频率特性不仅与 ω 有关，同时也与 ζ 有关。根据对数特性计算公式可知，振荡环节的低频渐近线为零分贝线，高频渐近线为斜率为 $-40\ dB/dec$ 的直线，当 $\zeta = 0.5$ 时，对数幅频特性曲线与渐近线 $\left(转折频率\ \omega = \frac{1}{T} = \omega_n\right)$ 基本一致，在 $0 < \zeta < 1$ 范围内，ζ 离 0.5 越远，在转折频率处对数幅频特性曲线与渐近线的差异就越大，以至于在某些情况下这种差异不能被忽略。图 5.16 列举了在转折频率 $\frac{1}{T}$ 处，在不同 ζ 下，对数幅频值与渐近线的差异。

可见，当 ζ 较小时，由于在 $\omega = \frac{1}{T} = \omega_n$ 附近存在谐振，幅频特性渐近线与实际特性存在较大的误差，ζ 越小，误差越大。当 $0.38 < \zeta < 0.7$ 时，最大误差不超过 $3\ dB$。因此，在此 ζ 范围内，可直接使用渐近线代表对数幅频特性，而在此范围之外，应使用准确的对数幅频曲线；或在渐近线的基础上，通过误差曲线修正来获得相对准确的值。

对于对数相频曲线，由图 5.15 可以看出，其相角变化范围为 $-180° \sim 0°$，且对数相频特性曲线关于 $\varphi = -90°$ 处的交点对称。

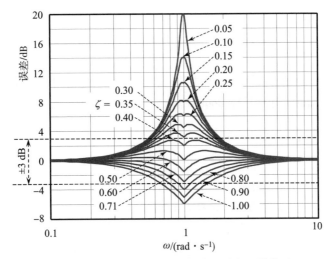

图 5.16　转折频率附近，渐近线误差与 ζ 的关系

5.4.6　延迟环节

延迟环节传递函数为 $G(s) = e^{-\tau s}$，相应频率特性指标如表 5.10 所示。

表 5.10　延迟环节的频率特性及对数频率特性

指标名称	指标符号	表达式（值）	应用范围
频率特性	$G(j\omega)$	$e^{-j\tau\omega}$	
幅频特性	$A(\omega)$	1	极坐标图
相频特性	$\varphi(\omega)$	$-\tau\omega$	极坐标图
对数幅频特性	$L(\omega)$	0	对数频率特性图
对数相频特性	$\varphi(\omega)$	$-\tau\omega$	对数频率特性图

相应的极坐标图如图 5.17 所示。
相应的对数频率特性图如图 5.18 所示。

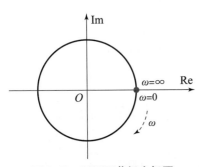

图 5.17　延迟环节极坐标图

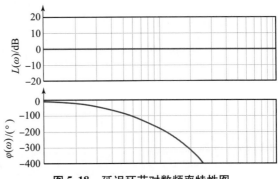

图 5.18　延迟环节对数频率特性图

由图 5.18 可知，随着 ω 的增长，对数幅频特性不发生改变，始终为 0 dB；但对数相频特性是一条加速下弯的曲线。

5.5 系统开环频率特性图

在了解典型环节的频率特性之后，对于一般的控制系统就可以绘制其开环频率特性曲线，主要包括开环 Nyquist 图和开环 Bode 图。

5.5.1 开环 Nyquist 图的绘制

开环 Nyquist 图即开环系统的极坐标图，其绘制可以总结为四个步骤。

第一步，将开环传递函数表示成若干典型环节的串联形式，即

$$G(s) = G_1(s) G_2(s) \cdots G_n(s) \tag{5.18}$$

第二步，求系统的开环频率特性

$$
\begin{aligned}
G(j\omega) &= A_1(\omega) e^{j\varphi_1(\omega)} A_2(\omega) e^{j\varphi_2(\omega)} \cdots A_n(\omega) e^{j\varphi_n(\omega)} \\
&= A_1(\omega) A_2(\omega) \cdots A_n(\omega) e^{j[\varphi_1(\omega) + \varphi_2(\omega) + \cdots + \varphi_n(\omega)]}
\end{aligned} \tag{5.19}
$$

相应幅频特性为

$$A(\omega) = A_1(\omega) A_2(\omega) \cdots A_n(\omega) \tag{5.20}$$

相频特性为

$$\varphi(\omega) = \varphi_1(\omega) + \varphi_2(\omega) + \cdots + \varphi_n(\omega) \tag{5.21}$$

第三步，求关键点：$A(0)$、$\varphi(0)$；$A(\infty)$、$\varphi(\infty)$。

第四步，补充必要的特征点（如与坐标轴的交点），再根据 $A(\omega)$、$\varphi(\omega)$ 的变化趋势，画出 Nyquist 图的大致形状。

下面举例说明系统开环 Nyquist 图的绘制方法。

例 5.4 已知系统的开环传递函数如下：

$$G(s)H(s) = \frac{K}{(T_1 s + 1)(T_2 s + 1)(T_3 s + 1)}$$

试绘制系统的开环 Nyquist 图。

解： 第一步，表示为环节的串联形式

$$G(s)H(s) = K \times \frac{1}{(T_1 s + 1)} \times \frac{1}{(T_2 s + 1)} \times \frac{1}{(T_3 s + 1)}$$

第二步，求系统的频率特性

$$G(j\omega)H(j\omega) = K \times \frac{1}{(j\omega T_1 + 1)} \times \frac{1}{(j\omega T_2 + 1)} \times \frac{1}{(j\omega T_3 + 1)}$$

整理得

$$G(j\omega)H(j\omega) = K \times \frac{1}{\sqrt{1 + \omega^2 T_1^2}} e^{-j\arctan T_1 \omega} \times \frac{1}{\sqrt{1 + \omega^2 T_2^2}} e^{-j\arctan T_2 \omega} \times \frac{1}{\sqrt{1 + \omega^2 T_3^2}} e^{-j\arctan T_3 \omega}$$

则相应幅频特性为

$$A(\omega) = \frac{K}{\sqrt{1 + \omega^2 T_1^2} \sqrt{1 + \omega^2 T_2^2} \sqrt{1 + \omega^2 T_3^2}}$$

相频特性为

$$\varphi(\omega) = -\arctan T_1 \omega - \arctan T_2 \omega - \arctan T_3 \omega$$

第三步：求关键点：$A(0)$、$\varphi(0)$；$A(\infty)$、$\varphi(\infty)$。

$$A(0) = K;\ \varphi(0) = 0;\ A(\infty) = 0;\ \varphi(\infty) = -\frac{3\pi}{2}$$

第四步：绘制 Nyquist 图的大致形状，如图 5.19 所示。

解毕！

例 5.5　已知系统的开环传递函数为

$$G(s) = \frac{K}{s(Ts + 1)}$$

试绘制系统的开环 Nyquist 图。

解：第一步，表示为环节的串联形式

$$G(s) = K \times \frac{1}{s} \times \frac{1}{(Ts + 1)}$$

第二步，求系统的频率特性

$$G(j\omega) = K \times \frac{1}{j\omega} \times \frac{1}{(j\omega T + 1)}$$

整理得

$$G(j\omega) = K \times \frac{1}{\omega}\mathrm{e}^{-j\pi/2} \times \frac{1}{\sqrt{1 + \omega^2 T^2}}\mathrm{e}^{-j\arctan T\omega}$$

则相应幅频特性为

$$A(\omega) = \frac{K}{\omega\sqrt{1 + \omega^2 T^2}}$$

相频特性为

$$\varphi(\omega) = -\frac{\pi}{2} - \arctan T\omega$$

第三步，求关键点：$A(0)$、$\varphi(0)$；$A(\infty)$、$\varphi(\infty)$。

$$A(0) = \infty;\ \varphi(0) = -\frac{\pi}{2};\ A(\infty) = 0;\ \varphi(\infty) = -\pi$$

此外开环传递函数 $G(s)$ 也可表示为复数形式：

$$G(j\omega) = -\frac{kT}{1 + T^2\omega^2} - j\frac{k}{\omega(1 + T^2\omega^2)}$$

当 $\omega = 0$ 可知 $G(j0) = -KT$，这是 $A(0) = \infty$ 时 Nyquist 曲线逼近的横坐标位置。

第四步：绘制 Nyquist 图的大致形状，如图 5.20 所示。

解毕！

以上 Nyquist 图的绘制，均有详细的步骤，也涉及一些计算。为了更快地了解 Nyquist 曲线的形状，下面了解其通用估计方法。

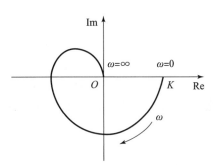

图 5.19　例 5.4 的 Nyquist 图

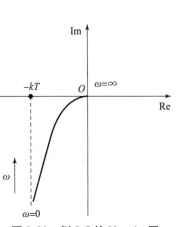

图 5.20　例 5.5 的 Nyquist 图

考虑系统的开环传递函数：

$$G(j\omega) = \frac{K(1 + j\omega\tau_1)(1 + j\omega\tau_2)\cdots(1 + j\omega\tau_m)}{(j\omega)^r(1 + j\omega T_1)(1 + j\omega T_2)\cdots(1 + j\omega T_{n-r})}(n > m) \qquad (5.22)$$

（1）0 型系统（$v = 0$）。有 $G(j0) = K\angle 0°$，因此可知 Nyquist 曲线始于正实轴，且起点处 Nyquist 图的切线和正实轴垂直。而 $G(j\infty) = 0\angle -(n - m) \times 90°$，可知 Nyquist 曲线终于原点，相应的相角变化，围绕原点旋转的程度由 $n - m$ 大小决定。如当 $m = 0, n = 1, 2, 3, 4$ 时的 Nyquist 图如图 5.21 所示。

当

$$G(j\omega) = \frac{K}{(1 + j\omega T_1)(1 + j\omega T_2)} \qquad (5.23)$$

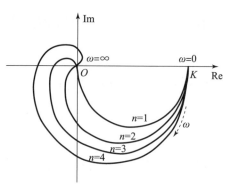

图 5.21 无零点 0 型系统的 Nyquist 图

时，是 $m = 0, n = 2$ 的情况，其 Nyquist 曲线如图 5.22 标注曲线所示。当 $\omega \to \infty$ 时，曲线入射角度为 $-180°$。当在 $G(j\omega)$ 增加一个负零点，即 $m = 1, n = 2$ 时

$$G(j\omega) = \frac{K(1 + j\omega\tau_1)}{(1 + j\omega T_1)(1 + j\omega T_2)} \qquad (5.24)$$

此时的曲线发生波动，当 $\omega \to \infty$ 时，曲线入射角为 $-90°$。说明零点的引入一方面改变了曲线的变化趋势，另一方面改变了 Nyquist 曲线的入射角度。

（2）Ⅰ 型系统（$v = 1$）。当 $m = 0$ 且只存在一个积分环节时，系统 Nyquist 曲线如图 5.23 中 $n = 1$ 所标注情况。当极点数增加时，Nyquist 曲线的入射角度会按照 $-(n - m) \times 90°$ 的规律变化。而当 $\omega \to 0$ 时，曲线均始于负虚轴方向。

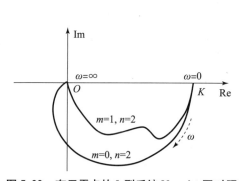

图 5.22 有无零点的 0 型系统 Nyquist 图对照

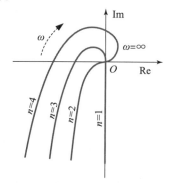

图 5.23 无零点 Ⅰ 型系统 Nyquist 图

（3）Ⅱ 型系统（$v = 2$）。当 $m = 0$ 且只存在两个积分环节时，系统 Nyquist 曲线如图 5.24 中 $n = 2$ 所标注情况。当极点数增加时，Nyquist 曲线的入射角度会按照 $-(n - m) \times 90°$ 的规律变化。而当 $\omega \to 0$ 时，曲线均始于负实轴方向。

对于 $n = 4$ 的 Ⅱ 型系统，当 $m = 0$ 时

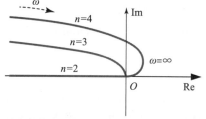

图 5.24 无零点 Ⅱ 型系统 Nyquist 图

$$G(j\omega) = \frac{K}{(j\omega)^2(1 + j\omega T_1)(1 + j\omega T_2)} \tag{5.25}$$

当 $m = 1$，即增加一个负零点时

$$G(j\omega) = \frac{K(1 + j\omega\tau)}{(j\omega)^2(1 + j\omega T_1)(1 + j\omega T_2)} \tag{5.26}$$

其 Nyquist 曲线的入射角度会减少 $-90°$，曲线的形状也会发生变化，然而当 $\omega \to 0$ 时，曲线仍均始于负实轴方向，如图 5.25 所示。

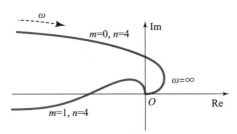

图 5.25　有无零点的 II 型系统 Nyquist 图对照

5.5.2　开环 Bode 图的绘制

开环 Bode 图主要包括对数幅频特性曲线和对数相频特性曲线。结合前面所讲述的典型环节的对数频率特性绘制方法，开环系统 Bode 图的绘制也可以总结为四个步骤。

第一步，将开环传递函数表示成若干典型环节的串联形式，即

$$G(s) = G_1(s)G_2(s)\cdots G_n(s) \tag{5.27}$$

第二步，若典型环节存在转折频率，求得相应转折频率。

第三步，求系统的对数频率特性。

首先求得频率特性

$$G(j\omega) = A_1(\omega)A_2(\omega)\cdots A_n(\omega)e^{j[\varphi_1(\omega)+\varphi_2(\omega)+\cdots+\varphi_n(\omega)]} \tag{5.28}$$

相应对数幅频特性为

$$L(\omega) = 20\lg A(\omega) = 20\lg A_1(\omega) + 20\lg A_2(\omega) + \cdots + 20\lg A_n(\omega) \tag{5.29}$$

对数相频特性为

$$\varphi(\omega) = \varphi_1(\omega) + \varphi_2(\omega) + \cdots + \varphi_n(\omega) \tag{5.30}$$

第四步，绘制 Bode 图。首先绘制组成系统的各典型环节的对数幅频特性和对数相频特性。然后绘制组成系统的各典型环节的频率特性之代数和，形成系统的频率特性曲线。

如果各环节的对数幅频特性用渐近线表示，则对数幅频特性为一系列折线，折线的转折点为各环节的转折频率。对数幅频特性的渐近线每经过一个转折点，其斜率会相应发生变化，斜率变化量由当前转折频率对应的环节决定。根据前面所学的对数频率特性图绘制方法，可知低频段的斜率取决于积分环节的数目 v，斜率为 $-20v$ dB/dec。对于惯性环节，经过转折频率后斜率下降 20 dB/dec；对于振荡环节，经过转折频率后下降 40 dB/dec；对于一阶微分环节，经过转折频率后上升 20 dB/dec；对于二阶微分环节，经过转折频率后上升 40 dB/dec。

下面举例说明系统开环 Bode 图的具体绘制方法。

例 5.6　已知系统的开环传递函数如下：

$$G(s)H(s) = \frac{1\,000(0.5s + 1)}{s(2s + 1)(s^2 + 10s + 100)}$$

试绘制系统的开环 Bode 图。

解：第一步，表示为环节的串联形式。

$$G(s)H(s) = 10(0.5s + 1) \cdot \frac{1}{s} \cdot \frac{1}{2s + 1} \cdot \frac{100}{s^2 + 10s + 100}$$

可知系统开环包括了五个典型环节：比例环节、积分环节、惯性环节、一阶微分环节、振荡环节。

第二步，求典型环节的转折频率。

一阶微分环节 $G(s) = 0.5s + 1$ 的转折频率为 $\omega = \frac{1}{T} = 2$ rad/s。

惯性环节 $G(s) = \frac{1}{2s + 1}$ 的转折频率为 $\omega = \frac{1}{T} = 0.5$ rad/s。

振荡环节 $G(s) = \frac{100}{s^2 + 10s + 100}$ 的转折频率 $\omega = \omega_n = \frac{1}{T} = 10$ rad/s。

第三步，求系统的对数频率特性。

对数幅频特性为

$$\begin{aligned}
L(\omega) &= L_1(\omega) + L_2(\omega) + L_3(\omega) + L_4(\omega) + L_5(\omega) \\
&= 20\lg 10 + 20\lg \sqrt{1 + 0.25\omega^2} - 20\lg \omega \\
&\quad - 20\lg \sqrt{1 + 4\omega^2} - 20\lg \sqrt{\left(1 - \frac{\omega^2}{100}\right)^2 + \frac{\omega^2}{100}}
\end{aligned}$$

对数相频特性为

$$\begin{aligned}
\varphi(\omega) &= \varphi_1(\omega) + \varphi_2(\omega) + \varphi_3(\omega) + \varphi_4(\omega) + \varphi_5(\omega) \\
&= 0° + \arctan 0.5\omega - 90° - \arctan 2\omega - \arctan \frac{\omega/10}{1 - \omega^2/100} \\
&= -90° + \arctan 0.5\omega - \arctan 2\omega - \arctan \frac{\omega/10}{1 - \omega^2/100}
\end{aligned}$$

第四步，绘制 Bode 图。

首先绘制各典型环节的 Bode 图，如图 5.26 所示。

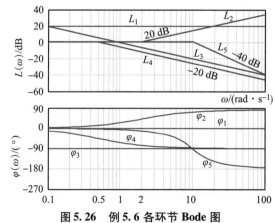

图 5.26　例 5.6 各环节 Bode 图

然后对各典型环节的对数频率特性分别求和，得到开环系统的对数频率特性。求和结果绘制的 Bode 图如图 5.27 所示。

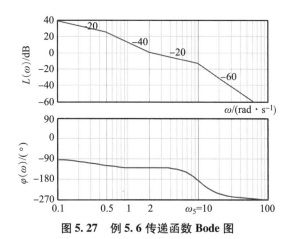

图 5.27　例 5.6 传递函数 Bode 图

解毕!

5.5.3　最小相位系统与非最小相位系统

最小相位系统（minimum - phase system）是指在一定的幅频特性下，其相移为最小的系统，也称最小相移系统。与非最小相位系统相比，最小相位系统的相角变化范围一定小于相应的非最小相位系统的相角变化范围。在系统函数的幅频特性不变的情况下，使其相位最小的充分必要条件是要求系统的极点和零点全部位于 s 左半平面。显然，对于稳定的非最小相位系统，必然存在位于 s 右半平面的零点。

例如，当 $T_1 < T_2$ 时，有

$$G_a(s) = \frac{T_1 s + 1}{T_2 s + 1}, G_b(s) = \frac{1 - T_1 s}{T_2 s + 1} \tag{5.31}$$

可知

$$A_a(\omega) = A_b(\omega) = \frac{\sqrt{1 + T_1^2 \omega^2}}{\sqrt{1 + T_2^2 \omega^2}} \tag{5.32}$$

相应的相角

$$\angle G_a(j\omega) = \arctan(T_1\omega) - \arctan(T_2\omega) \tag{5.33}$$

$$\angle G_b(j\omega) = -\arctan(T_1\omega) - \arctan(T_2\omega) \tag{5.34}$$

可知必然存在 $|\angle G_a(j\omega)| < |\angle G_b(j\omega)|$。可见两者的（对数）幅频特性是相同的，但是（对数）相频特性存在差异。$G_a(s)$ 是最小相位系统，其相位移小于 $G_b(s)$。相应的对数相频特性曲线如图 5.28 所示。

从传递函数角度看，如果一个环节极点和零点的实部全都小于或等于零，则称这个环节是最小相位环节。如果环节中具有正实部的零点或极点，或有延迟环节，这个环节就是非最小相位环节。

对于闭环系统，如果它的开环传递函数极点或零点的实部小于或等于零，则称它是最小

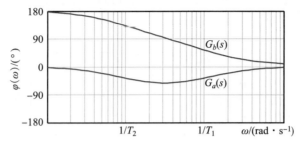

图 5.28　最小相位系统与非最小相位系统相频特性对比照

相位系统。如果开环传递函中有正实部的零点或极点，或有延迟环节，则系统是非最小相位系统（延迟环节若用泰勒级数展开，会发现它具有正实部零点）。非最小相位系统过大的相位滞后使输出响应变得缓慢。因此，若控制对象是非最小相位系统，其控制效果特别是快速性一般比较差，而且校正也困难。

最小相位系统具有如下性质。

（1）最小相位系统传递函数可由其对应的开环对数频率特性唯一确定。

（2）最小相位系统的相频特性可由其对应的开环频率特性唯一确定。

（3）在具有相同幅频特性的系统中，最小相位系统的相位移变化幅度最小。

最小相位系统的幅频特性和相频特性之间存在确定的对应关系。两个特性中，只要一个被规定，另一个也就可唯一确定。然而，对非最小相位系统，却不存在这种关系。

5.5.4　由 Bode 图求最小相位系统开环传递函数

基于最小相位系统幅频特性和相频特性之间的确定对应关系，就可以直接从最小相位系统 Bode 图的对数幅频特性曲线反推出系统的开环传递函数，具体步骤如下。

第一步，确定对数幅频特性的渐近线。用斜率为 0 dB/dec、±20 dB/dec 或 ±40 dB/dec 的直线逼近实验曲线。

第二步，根据低频段（通常指渐近线在第一个转折频率以前的频段）渐近线的斜率，确定系统包含的积分环节的个数。观察低频段的渐近线斜率，若斜率为 0，则表示该系统为 0 型系统；若斜率为 -20 dB/dec，则表示该系统为 I 型系统；若斜率为 -40 dB/dec，则表示该系统为 II 型系统，以此类推，可知开环传递函数的积分环节数量。

第三步，确定系统的开环增益 K。在低频段，存在关系 $L(\omega) = 20\lg K - 20v\lg \omega$。根据系统型别差异，$K$ 的求法也有差异。

（1）当 $v = 0$ 时，利用 $L(\omega)$ 在 $\omega \to 0$ 时的值即可反算出 K。

（2）当 $v = 1$ 时，$20\lg K = 20v\lg \omega$，即在 $L(\omega) = 0$ 时，存在 $K = \omega$，这里的 ω 是低频段渐近线（或其延长线）与 $L(\omega) = 0$ 线交点处的频率值。

（3）当 $v = 2$ 时，$20\lg K = 20 \times 2\lg \omega$，即在 $L(\omega) = 0$ 时，存在 $K = \omega^2$，同样，这里的 ω 是低频段渐近线（或其延长线）与 $L(\omega) = 0$ 线交点处的频率值。

其他型别系统对应的 K 按以上方法类推。

第四步，根据渐近线转折频率处斜率的变化，确定对应的环节。

若 $\omega = \omega_1$，斜率变化 20 dB/dec，则对应环节为

$$\left(\frac{s}{\omega_1} + 1 \right)^{\pm 1} \tag{5.35}$$

若 $\omega = \omega_2$ 时，斜率变化 40 dB/dec，则对应环节为

$$\left(\frac{s^2}{\omega_2^2} + \frac{2\zeta s}{\omega_2} + 1 \right)^{\pm 1} \tag{5.36}$$

注意，其中的阻尼比 ζ 根据实验曲线在转折频率处的峰值与 ζ 的关系确定。

第五步，整理获得最小系统的开环传递函数。

此外，有时候我们通过实测系统的对数幅频特性，其结果并不能反映相应系统就是非最小相位系统。此时可根据实验获得相频特性曲线与传递函数的理论相频特性曲线进行对比验证。若为最小相位系统，实验和理论相频特性应大致相符，并且在很低和很高频段上严格相符。如果实验所得相角在高频段，不等于 $-90° \times (n - m)$，则系统必为非最小相位系统，根据实验获得的对数幅频特性曲线和对数相频特性曲线，可以估算非最小相位系统的传递函数。

下面举例说明如何根据最小相位系统的开环幅频特性曲线（渐近线）来反求系统的开环传递函数。

例 5.7　已知最小相位系统的近似对数幅频特性曲线如图 5.29 所示。求系统的开环传递函数。

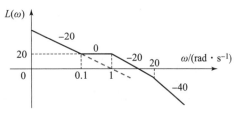

图 5.29　例 5.7 对数幅频特性曲线

解：（1）根据题设对数幅频特性曲线，可知低频段斜率为 -20 dB，因此此系统为 I 型系统，含有一个积分环节 $1/s$。

（2）由于是 I 型系统，可知 $K = \omega = 1$（低频段渐近线延长线与 $L(\omega) = 0$ 线交点处的频率值）。

（3）根据渐近线第一转折处 $\omega = 0.1$ rad/s，斜率增加 20 dB，可知对应一阶微分环节 $\left(\frac{s}{0.1} + 1 \right)^{+1}$，即 $10s + 1$。渐近线第二转折处 $\omega = 1$ rad/s，斜率下降 20 dB，可知对应惯性环节 $\left(\frac{s}{1} + 1 \right)^{-1}$，即 $\frac{1}{s + 1}$。渐近线第三转折处 $\omega = 20$ rad/s，斜率下降 20 dB，可知对应惯性环节 $\left(\frac{s}{20} + 1 \right)^{-1}$，即 $\frac{1}{0.05s + 1}$。

（4）获得该系统的开环传递函数

$$G(s) = 1 \times \frac{1}{s} \times (10s + 1) \times \frac{1}{s + 1} \times \frac{20}{s + 20}$$

整理化为尾 1 标准型的系统开环传递函数

$$G(s) = \frac{10s + 1}{s(s + 1)(0.05s + 1)}$$

解毕！

例 5.8　图 5.30 是测得的一最小相位系统的对数幅频特性曲线。试写出其对应开环传递函数。

解：（1）做出渐近线，并标识关键点参数，如图 5.31 所示。

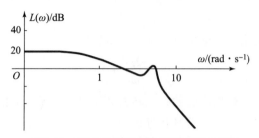

图 5. 30　例 5. 8 实测对数幅频特性曲线

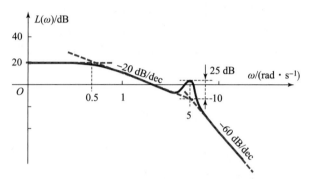

图 5. 31　例 5. 8 实测对数幅频特性曲线的渐近线及指标度量

（2）根据对数幅频特性曲线渐近线，可知低频段斜率为 0 dB，因此此系统为 0 型系统，无积分环节。

（3）由于是 0 型系统，可知 $L(\omega) = 20\lg K = 20$，解得 $K = 10$。

（4）根据渐近线第一转折处 $\omega = 0.5$ rad/s，斜率下降 20 dB，可知对应一阶微分环节 $\left(\dfrac{s}{0.5} + 1\right)^{-1}$，即 $\dfrac{1}{2s + 1}$。渐近线第二转折处 $\omega = 5$ rad/s，斜率下降 40 dB，可知对应振荡环节

$$\left(\frac{s^2}{\omega^2} + \frac{2\zeta s}{\omega} + 1\right)^{-1}$$

即

$$\frac{1}{0.04s^2 + 0.4\zeta s + 1}$$

其中，ζ 需根据曲线在转折频率处谐振峰值高度确定。由

$$M_r = A(\omega_r) = \frac{1}{2\zeta\sqrt{1 - \zeta^2}}$$

可知

$$L(\omega_r) = -20\lg 2\zeta\sqrt{1 - \zeta^2} = 25$$

解得 $\zeta = 0.144\ 6$，代入得

$$\frac{1}{0.04s^2 + 0.058s + 1}$$

（5）获得该系统的开环传递函数并整理化为尾 1 标准型得

$$G(s) = \frac{10}{(2s+1)(0.04s^2 + 0.058s + 1)}$$

解毕！

5.5.5　对数幅频曲线的"三频段"时域特性分析

所谓"三频段"，分别指低频段、中频段和高频段，在对数幅频曲线上的区域划分如图 5.32 所示。
"三频段"具体定义及性能特征描述如下。

低频段通常是指 $L(\omega)$ 的渐近线在第一个转折频率以前的区段，这一段特性完全由积分环节和开环增益决定。低频段的特征取决于开环增益和开环积分环节的数目，低频段的斜率越小（倾斜度越大），对应于系统积分环节数目越多，则闭环系统在满足稳定的条件下，抑制多种输入信号下稳态误差的能力越强，整体上系统的稳态误差越小，精度越高。

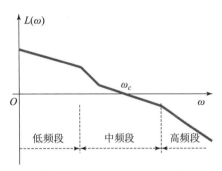

图 5.32　"三频段"划分示意图

中频段通常是指折线对数幅频特性 ω_c 前后转折频率之间的一段。也有一种观点认为是 $L(\omega)$ 从 $+30$ dB 降到 -15 dB 的一段。在假定闭环系统稳定的条件下，根据穿越 ω_c 处的对数幅频曲线的斜率，可分两种情况对系统性能进行分析。

（1）当斜率为 -20 dB/dec 时，可近似认为整个系统开环特性由一个积分环节构成，相应开环传递函数为

$$G(s) = \frac{K}{s} = \frac{\omega_c}{s} \tag{5.37}$$

对应的闭环传递函数为

$$\Phi(s) = \frac{G(s)}{1 + G(s)} = \frac{1}{s/\omega_c + 1} \tag{5.38}$$

这相当于一阶系统。其阶跃响应按指数规律变化，没有振荡，即有较高的稳定程度；而调节时间 $t_s = 3/\omega_c$，截止频率 ω_c 越高，t_s 越小，系统的快速性越好。

（2）当斜率为 -40 dB/dec 时，可近似认为整个系统开环特性由两个积分环节构成，相应开环传递函数为

$$G(s) = \frac{K}{s^2} = \frac{\omega_c^2}{s^2} \tag{5.39}$$

对应的闭环传递函数为

$$\Phi(s) = \frac{G(s)}{1 + G(s)} = \frac{\omega_c^2}{s^2 + \omega_c^2} \tag{5.40}$$

这相当于系统处于临界稳定状态，系统处于持续振荡状态，因此不利于系统的稳定。综合以上分析，故通常取 $L(\omega)$ 在截止频率 ω_c 附近的斜率为 -20 dB/dec 以期得到良好的平稳性；而以通过提高 ω_c 来保证快速性的要求。若中频段斜率为 -40 dB/dec，所占频率不宜过宽。否则，$\sigma\%$ 及 t_s 显著增加，不利于形成较好的系统性能。

高频段是指 $L(\omega)$ 在中频段以后（$\omega \gg \omega_c$）的区段。高频段这部分特性是由系统中时间常数很小、频带很高的部件决定的，由于远离 ω_c，一般对数幅值又较低（$L(\omega) \ll 0$ 或 $A(\omega) \rightarrow 0$），故对系统的动态响应影响不大。因此，系统开环对数幅频在高频段的幅值，直接反映了系统对输入端高频干扰信号的抑制能力。一般而言，高频段的 $L(\omega)$ 越低，高频信号对系统的影响就越小，而高频噪声信号是最常见的干扰信号，故而系统的抗干扰能力就越强。

总结而言，低频段反映了系统的稳态性能，中频段反映了系统的动态性能，而高频段反映了系统的抗干扰性能。

5.6　系统稳定性的频域分析

判断系统的稳定性最直接的方法就是求出特征方程的根，如果系统存在实部为正的特征根，则说明系统是不稳定的，否则就是稳定的。然而求解系统的特征方程，尤其是高阶方程的难度非常大，通常需要使用间接方法来判断系统的稳定性。在时域分析法中，一般采用代数判据（如劳斯判据）来判断系统的稳定性。采用代数判据时，也存在一些问题。比如，首先必须知道系统的闭环传递函数，不能判断含有延迟环节的系统稳定性，不能从量上判断系统的稳定程度，也难知道系统中各参数对稳定性的影响。相对而言，在频域分析法中，利用系统的频率特性来判断系统的稳定性，作为一种几何判据，可有效克服代数判据的不足。根据频率特性图的不同，可以利用系统极坐标图来判断系统的稳定性，相应的判据称为 Nyquist 稳定判据；也可以根据系统对数频率特性图来判断系统的稳定性，相应的判据称为 Bode 稳定判据。

5.6.1　Nyquist 稳定判据

基于频率特性的几何判据的基本思想，是用开环频率特性判断对应闭环系统的稳定性。下面，首先看看系统在频域内其开环和闭环频率特性的关系。

负反馈系统结构图如图 5.33 所示。

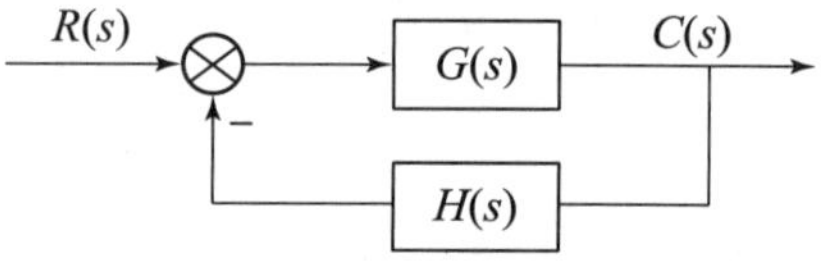

开环传递函数为

图 5.33　负反馈系统结构图

$$G(s)H(s) = \frac{M_k(s)}{D_k(s)} \tag{5.41}$$

其中，$M_k(s)$、$D_k(s)$ 分别为分子和分母多项式，则闭环传递函数为

$$\phi(s) = \frac{G(s)}{1 + G(s)H(s)} = \frac{G(s)D_k(s)}{D_k(s) + M_k(s)} = \frac{G(s)D_k(s)}{D_b(s)} \tag{5.42}$$

注意：由于开环传递函数分母阶次总是大于分子阶次的，因此闭环极点数与开环极点数相同。引入辅助函数：

$$F(s) = 1 + G(s)H(s) = 1 + G_k(s) = \frac{D_k(s) + M_k(s)}{D_k(s)} = \frac{D_b(s)}{D_k(s)} \tag{5.43}$$

可知 $G_k(s)$ 是系统的开环传递函数；$D_b(s)$ 是系统的闭环特征方程；而 $D_k(s)$ 是系统的开环特征方程。所以通过 $F(s)$ 可以得到如下结论：

（1）$F(s)$ 将闭环特征方程与开环特征方程直接联系起来。

（2）$F(s)$ 的零点就是闭环传递函数的极点（闭环特征方程的根）。

（3）开环频率特性与 $F(j\omega)$ 的简单关系，仅是实部相差实数 1。

$$G(j\omega)H(j\omega) = G_k(j\omega) = F(j\omega) - 1 \tag{5.44}$$

根据前述闭环系统稳定的充分必要条件，即闭环特征方程的根须全部位于 s 平面的左半平面。对于 $F(s)$ 来说，也就是其所有零点（闭环特征方程的根）须位于 s 平面的左半平面。需要说明的是，$F(s)$ 的极点（开环极点）通常是已知的，但 $F(s)$ 的零点（闭环极点）就不太容易直接求得了。在这种情况下，需要判断 $F(s)$ 的零点是否均位于 s 平面的左半平面，可以根据复变函数中的相角原理，进而建立判断闭环系统稳定性的 Nyquist 稳定判据。这里要强调一下相角的概念，$F(j\omega)$ 最终可以化为一个复数，其模值和相角决定了一个向量，这个向量与正实轴的夹角 φ 即为相角，如图 5.34 所示。

为了表明各多项式的相角变化与相应特征根在 s 平面上位置之间的关系，需了解一下证明 Nyquist 稳定判据的一个引理——米哈伊洛夫定理。其描述为：如图 5.35 所示，设 n 次多项式 $D(s)$ 有 p 个零点位于 s 平面的右半平面，有 q 个零点在原点上，其余 $n-p-q$ 个零点位于左半平面，则当以 $s = j\omega$ 代入 $D(s)$ 并令 ω 从 0 连续增大到∞时，复数 $D(j\omega)$ 的角增量为

$$\Delta\varphi[D(s)] = (n - 2p - q)\frac{\pi}{2} \tag{5.45}$$

如果 $p = 0, q = 0$，那么有 $\Delta\varphi = n \cdot \dfrac{\pi}{2}$。

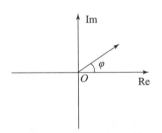

图 5.34　特定频率下传递函数形成的复数向量及相角 φ

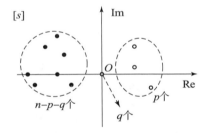

图 5.35　多项式方程的根分布

有了以上结论，就可以根据开环传递函数是否稳定来定义 Nyquist 稳定判据，主要分为如下两种情况：

（1）开环稳定时的 Nyquist 稳定判据。根据以上结论，当开环稳定时，$D_k(s) = 0$ 的根全部具有负实部，若闭环也稳定，那么 $D_b(s)$ 的全部根也均具有负实部，由于 $D_b(s)$ 与 $D_k(s)$ 具有相同阶次，因此必然有

$$\Delta\varphi[F(j\omega)] = \Delta\varphi[D_b(j\omega)] - \Delta\varphi[D_k(j\omega)] = 0° \tag{5.46}$$

也就是说，如果系统开环稳定，那么，系统闭环稳定的充分必要条件是 $\Delta\varphi[F(j\omega)] = 0°$，从 Nyquist 曲线的几何角度判断就是 $F(j\omega)$ 不包围原点。由于 $F(j\omega)$ 与 $G_k(j\omega)$ 之间只差实数 1，因此以上判定也可以表述为：如果系统开环稳定，那么系统闭环稳定的充分必要条件就是其开环传递函数 $G_k(j\omega)$ 的 Nyquist 曲线不包围 $(-1, j0)$ 点。这就是开环系统稳定时的 Nyquist 稳定判据。

（2）开环不稳定时的 Nyquist 稳定判据。如果系统开环不稳定，则 $D_k(s) = 0$ 的部分根具

有正实部。这里需要注意开环传递函数有右特征根并不代表系统闭环不稳定。假设右根有 p 个，那么根据米哈伊洛夫定理

$$\Delta\varphi[D_k(j\omega)] = (n - 2p)\frac{\pi}{2} \tag{5.47}$$

而如果系统闭环稳定，那么必然有

$$\Delta\varphi[D_b(j\omega)] = n\frac{\pi}{2} \tag{5.48}$$

因此这种情况下，必有

$$\Delta\varphi[F(j\omega)] = \Delta\varphi[D_b(j\omega)] - \Delta\varphi[D_k(j\omega)] = p \cdot \pi = \frac{p}{2} \cdot 2\pi \tag{5.49}$$

也就是 $F(j\omega)$ Nyquist 曲线正方向（逆时针方向）包围原点 $p/2$ 次（圈），或 $G_k(j\omega)$ 的 Nyquist 曲线正方向包围 $(-1, j0)$ 点 $p/2$ 次（圈）。

基于以上分析，对于系统开环不稳定的情况，相应 Nyquist 稳定判据的表述为：如果系统开环不稳定，有 p 个位于 s 平面右半平面的特征根，那么系统闭环稳定的充分必要条件是 $G_k(j\omega)$ 的 Nyquist 曲线正方向（逆时针方向）包围 $(-1, j0)$ 点 $p/2$ 次（圈）。

根据频率范围定义不同，如果频率的变化范围由（$0 \sim \infty$）变作（$-\infty \sim \infty$），则 Nyquist 稳定判据的另一种描述为：如果系统开环不稳定，有 p 个右根，那么，系统闭环稳定的充分必要条件是：$G(j\omega)$ 正方向包围 $(-1, j0)$ 点 p 次。因此 $G(j\omega)$ 的矢端位移是频率在（$0 \sim \infty$）变化范围内圈数的 2 倍。

下面举例说明 Nyquist 稳定判据的应用方法。

例 5.9 图 5.36（a）、（b）分别为某 2 个系统的开环极坐标图，其中，p 为右极点数，试分析其闭环稳定性。

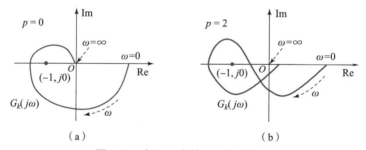

图 5.36 例 5.9 中的开环极坐标图

（a）开环极坐标图（1）；（b）开环极坐标图（2）

解： 图 5.36（a）中，开环传递函数没有右极点，表明开环系统是稳定的。根据开环系统稳定时的 Nyquist 稳定判据，可知当 Nyquist 曲线负包围 $(-1, j0)$ 点 1 圈时，相应闭环系统是不稳定的。

图 5.36（b）中，开环传递函数有 2 个右极点，则表明开环不稳定。根据开环系统不稳定时的 Nyquist 稳定判据，当有 2 个开环右极点时，Nyquist 曲线正包围 $(-1, j0)$ 点 1 圈，可断定该系统闭环是稳定的。

解毕！

当系统开环传递函数含有 v 个积分环节时，Nyquist 曲线不再始于正实轴，但 Nyquist 稳

定性判据依然有效，只是绘制 Nyquist 曲线时需考虑 ω 由 $0 \rightarrow 0^+$ 变化时的轨迹，即按常规方法做出 ω 由 $0^+ \rightarrow \infty$ 变化时的 Nyquist 曲线后，从 $G(j0)$ 开始，以 ∞ 的半径顺时针补画 $v \times 90°$ 的圆弧（辅助线）得到完整的 Nyquist 曲线。如图 5.37 所示。

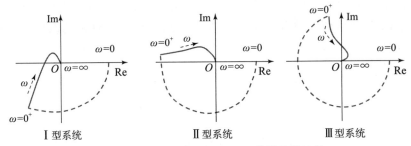

图 5.37　含积分环节的 Nyquist 曲线及辅助线

下面举例说明当开环传递函数有积分环节时，Nyquist 稳定判据的应用方法。

例 5.10　根据系统的开环传递函数及 Nyquist 图判断系统的闭环稳定性。

（1）系统的开环传递函数为

$$G(s) = \frac{k}{s(T_1 s + 1)(T_2 s + 1)}(T_{1 \sim 2} > 0)$$

相应的 Nyquist 图如图 5.38 所示。

（2）系统的开环传递函数为

$$G(s) = \frac{k}{s^2(Ts + 1)}(T > 0)$$

相应的 Nyquist 图如图 5.39 所示。

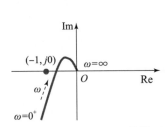

图 5.38　例 5.10 Nyquist 曲线（1）

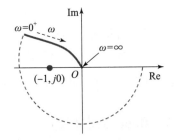

图 5.39　例 5.10 Nyquist 曲线（2）

（3）系统的开环传递函数为

$$G(s) = \frac{k(T_4 s + 1)(T_5 s + 1)}{s^2(T_1 s + 1)(T_2 s + 1)(T_3 s + 1)}(T_{1 \sim 5} > 0)$$

相应的 Nyquist 图如图 5.40 所示。

解：对于（1），系统开环稳定，画辅助圆，可知 $G(j\omega)$ 不包围 $(-1, j0)$ 点，所以系统闭环稳定。

对于（2），系统开环稳定，画辅助圆，可知 $G(j\omega)$ 包围 $(-1, j0)$ 点，所以系统闭环不稳定。

对于（3），系统开环稳定，画辅助圆，可知 $G(j\omega)$ 未

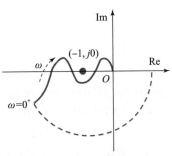

图 5.40　例 5.10 Nyquist 曲线（3）

包围（－1，j 0）点，所以系统闭环稳定。

解毕！

在开环传递函数相对复杂的情况下，$G(j\omega)$ 的相角会发生复杂变化，体现为相应 Nyquist 曲线会发生交错，同时与实轴存在多个交点，这为相角位移量的判断造成了困难。为此，人们发展出 Nyquist 判据中的"穿越"概念，以方便判断相角位移量的改变。穿越：指开环 Nyquist 曲线穿过（－1，j 0）点左边实轴时的情况。穿越又可以分为正穿越和负穿越两种情况，结合图 5.41 来说明。

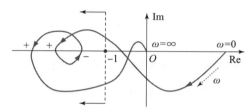

图 5.41　结合 Nyquist 曲线的正负穿越示意图

（1）正穿越：ω 增大时，Nyquist 曲线由上而下穿过 $-1 \sim -\infty$ 段实轴。正穿越时相角增加，相当于 Nyquist 曲线正方向包围（－1，j0）点 1 圈。若 Nyquist 曲线由上而下止于 $-1 \sim -\infty$ 段实轴，相当于 Nyquist 曲线正向包围（－1，j0）点 0.5 圈。

（2）负穿越：ω 增大时，Nyquist 曲线由下而上穿过 $-1 \sim -\infty$ 段实轴。负穿越时相角减小，相当于 Nyquist 曲线反向包围（－1，j0）点 1 圈。若 Nyquist 曲线由下而上止于 $-1 \sim -\infty$ 段实轴，相当于 Nyquist 曲线反向包围（－1，j0）点 0.5 圈。

根据"穿越"的概念，可对 Nyquist 稳定判据进行重新定义：当 ω 由 0 变化到∞时，Nyquist 曲线在（－1，j0）点左边实轴上的正、负穿越次数之差等于 $p/2$ 时（p 为系统开环右极点数），闭环系统稳定；否则，闭环系统不稳定。

对于图 5.41 所示系统，有 2 次正穿越和 1 次负穿越，两者之差为 1，则说明开环系统有 2 个右极点时 $\left(\dfrac{p}{2} = 1\right)$，相应闭环系统是稳定的，否则不稳定。

5.6.2　Bode 稳定判据

Nyquist 稳定判据是利用开环频率特性 $G(j\omega)$ 的极坐标图来判定闭环系统的稳定性。如果将开环极坐标图改画为开环对数坐标图，即 Bode 图，同样可以判定系统的稳定性。这种采用开环系统 Bode 图判定闭环系统稳定性的判据称为 Bode 稳定判据，它实质上与 Nyquist 判据是相对应的。

如图 5.42 所示，极坐标图上的单位圆 $A(\omega) = 1$ 相当于 Bode 图上的 0 分贝线，即 20lg $A(\omega) = 0$。Nyquist 曲线与单位圆的交点处的频率 ω_c 称为幅值交界频率，相应值对应对数幅频特性曲线与 0 分贝线交界处的频率值；Nyquist 曲线与负实轴交点处的频率 ω_g 称为相位交界频率，相应值对应对数相频特性曲线与 180°相角线交界处的频率值。

有了以上概念，下面来看如何用 Bode 判据来判定系统的稳定性。

（1）系统开环稳定的情况。如果系统开环稳定，根据 Nyquist 稳定判据，可知 Nyquist 曲线必然不包围（－1，j0）点。由图 5.42（a）可知，必然有 $\omega_g > \omega_c$。也就是图 5.42（b）

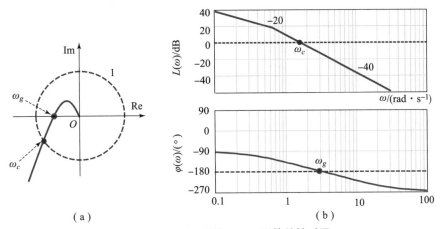

图 5.42　Nyquist 图与 Bode 图等效性对照

(a) Nyquist 图；(b) Bode 图

所示情况。显然如果 Nyquist 曲线包围（$-1, j0$）点，此时必然有 $\omega_g < \omega_c$。故对于系统开环稳定的情况，Bode 判据可表述为：若开环稳定，且在对数频率特性图中存在 $\omega_g > \omega_c$，则闭环必然稳定。

（2）系统开环不稳定的情况。如果系统开环不稳定，根据 Nyquist 稳定判据及其"穿越"概念，仍可由对数频率特性图对系统稳定性进行判断。相应的 Bode 判据可以表述为：若开环不稳定（$p \neq 0$），当 $N^+ - N^- = p/2$ 时，则系统稳定。其中 N^+ 为在 $-1 \sim -\infty$ 段实轴上的正穿越次数，N^- 为在 $-1 \sim -\infty$ 段实轴上的负穿越次数。

比如，判断如下对数幅频特性对应闭环系统的稳定性，如图 5.43 所示。

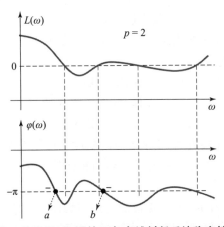

图 5.43　结合 Bode 图的正负穿越判断系统稳定性（1）

首先，要判断在 $-1 \sim -\infty$ 段实轴上的穿越次数，也就是在对数频率特性中，要判断在 $L(\omega) > 0$ 或 $A(\omega) > 1$ 区间内穿越 $-\pi$ 相角线的次数。图 5.43 中，在 $L(\omega) > 0$ 区域内，对数相频特性曲线穿越 $-\pi$ 相角线 2 次。穿越的趋势是相角向负方向增大，故而是负穿越（Nyquist 曲线从下往上穿越负实轴时，相角向负方向增大）。因此 $p = 2$ 时，$N^+ - N^- = -2 \neq$

$\dfrac{p}{2} = 1$，故而系统闭环不稳定。

再看一个例子，对于图 5.44 所示对数幅频特性，可知正穿越次数 $N^+ = 2$，负穿越次数 $N^- = 1$，因此 $p = 2$ 时，$N^+ - N^- = 1 = \dfrac{p}{2} = 1$，故而系统闭环稳定。

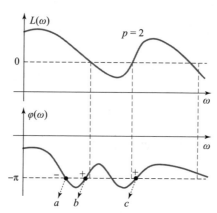

图 5.44　结合 Bode 图的正负穿越判断系统稳定性（2）

5.6.3　稳定性裕量

从具体分析设计中可知，虽然一些情况下对系统分析结果是稳定的，但这种稳定性有可能建立在临界稳定状态附近。系统在干扰作用下易转变为不稳定。从系统品质上看，一个性能良好的控制系统，其稳定性应对参数的改变有一定程度的包容性。所以，仅仅要求系统稳定还不能满足实际应用需求，在客观上需要一个关于稳定性程度的度量，这就是相对稳定性。相对稳定性也称为稳定性裕量，其本质上是系统具备一定程度的稳定性储备量。

根据最小相位系统 Nyquist 曲线与 $(-1, j0)$ 点的相对位置情况，开环稳定的系统是否闭环稳定可分为如下三种情况：

（1）$G(j\omega)H(j\omega)$ 不包围 $(-1, j0)$ 点时闭环稳定；

（2）$G(j\omega)H(j\omega)$ 通过 $(-1, j0)$ 点时闭环系统临界稳定；

（3）$G(j\omega)H(j\omega)$ 包围 $(-1, j0)$ 点时闭环不稳定。

因此，可用 Nyquist 曲线接近 $(-1, j0)$ 点的程度来衡量系统稳定裕量的大小。习惯上用相位裕度（量）和幅值裕度（量）来表征开环幅相曲线接近临界点的程度，作为系统稳定程度的度量。

（1）相位裕度 $\gamma(\omega_c)$。在 ω_c 上，使系统达到不稳定的边缘（临界稳定）所需要附加的滞后角度（相位滞后量），称为相位裕度。用 $\gamma(\omega_c)$ 表示（图 5.45），$\gamma(\omega_c) = 180° + \varphi(\omega_c)$，相位裕度为正，系统稳定；相位裕度为负，系统不稳定。

（2）幅值裕度 $k_g = \dfrac{1}{A(\omega_g)}$。在相位交界频率 ω_g 上，使开环幅值达到 1 所需放大的倍数，称为幅值裕度，用 k_g 表示，在数值上 $k_g = \dfrac{1}{A(\omega_g)}$，其中 $A(\omega_g)$ 如图 5.46 所示。

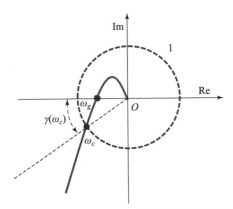
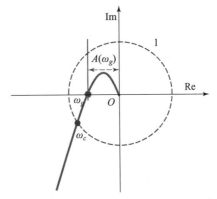

图 5.45 结合 Nyquist 曲线的相位裕度示意图 图 5.46 结合 Nyquist 曲线的幅值裕度示意图

易知 $k_g > 1$ 时，$A(\omega_g) < 1$，系统闭环稳定。$k_g < 1$ 时，$A(\omega_g) > 1$，系统闭环不稳定。此外，在实际应用中，常用对数幅值裕度 $L_g = 20\log k_g = -20\log A(\omega_g)$ 来表征系统的稳定性。如果 $k_g > 1$，则 $L_g > 0$，系统闭环稳定；若 $k_g < 1$，则 $L_g < 0$，系统闭环不稳定。

结合相应 Nyquist 曲线可知，相位裕度 γ 越大，对数幅值裕度 L_g 越大，则系统的相对稳定性越好，但对实际系统而言不可能选得非常大。在工程中，一般可取 γ 在 $30° \sim 60°$，$L_g > 6$ dB 时的相对稳定性较好。

在开环稳定系统的对数幅频特性图中，对数幅值裕度和相位裕度的关系表示如图 5.47 所示。

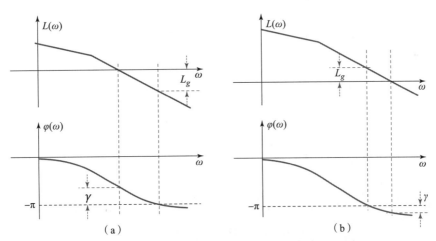

图 5.47 基于 Bode 图的对数幅值裕度与对数相位裕度

(a) 稳定系统 Bode 图；(b) 不稳定系统 Bode 图

对于图 5.47（a），虽然 L_g 在数值上位于 0 分贝线之下，但本身是一个正值，这是因为

$$L_g = -20\log A(\omega_g) = -L(\omega_g) \tag{5.50}$$

当 $L(\omega_g)$ 为负值时，L_g 则为正值。此处的 $L_g > 0$，同时也对应 $\gamma(\omega_c) > 0$，因此图 5.47（a）所示系统闭环稳定。而对于图 5.47（b），$L_g < 0$，对应 $\gamma(\omega_c) < 0$，系统闭环不稳定。

注意，根据图 5.47 可知，当 $L_g > 0$，必然意味着 $\gamma > 0$；相反，当 $L_g < 0$，必然意味着 $\gamma < 0$。但两者不存在必然的比例关系。

下面举例具体说明如何求取幅值裕度、相位裕度以及用其判断闭环系统稳定性的方法。

例 5.11 单位反馈系统的开环传递函数为

$$G(s) = \frac{K}{s(s+1)(s+10)}$$

试确定 $K = 3$、30、300 时的相位裕度及对数幅值裕度，并分析相应系统的相对稳定性。

解： 题设开环传递函数无右极点，因此开环稳定。

（1）当 $K = 3$ 时。

①求相位裕度。当 $\omega = \omega_c$ 时，$|G(s)| = 1$，可得

$$|s| \times |s+1| \times |s+10| = 3$$

将 $s = j\omega_c$ 代入可得

$$\omega_c \sqrt{1 + \omega_c^2} \sqrt{100 + \omega_c^2} = 3$$

解得 $\omega_c = 0.2881 \ \mathrm{rad \cdot s^{-1}}$（其他根为负值，舍）。由于

$$\varphi(\omega_c) = \frac{0 - \mathrm{tg}^{-1}(\infty) - \mathrm{tg}^{-1}(0.2881) - \mathrm{tg}^{-1}(0.02881)}{\pi} \times 180° = -107.7°$$

故相位裕度为

$$\gamma(\omega_c) = 180° + \varphi(\omega_c) = 72.3°$$

②求幅值裕度。当开环传递函数相位为 180° 时：

$$\varphi(\omega_g) - 0.5\pi - \mathrm{atg}(\omega_g) - \mathrm{atg}(0.1\omega_g) = -\pi$$

整理得

$$\frac{1.1\omega_g}{1 - 0.1\omega_g^2} = \infty$$

解得 $\omega_g = \sqrt{10} \ \mathrm{rad \cdot s^{-1}}$，进而得

$$A(\omega_g) = \frac{3}{\sqrt{10}\sqrt{11}\sqrt{110}} = \frac{3}{110}$$

故得对数幅值裕度为 $L_g = 20\log\left(\frac{1}{A(\omega_g)}\right) = 31.3 \ \mathrm{dB}$。

（2）当 $K = 30$ 时。

①求相位裕度。如（1）中方法可求得 $\omega_c = 1.583 \ \mathrm{rad \cdot s^{-1}}$，进而得

$$\varphi(\omega_c) = \frac{0 - \mathrm{tg}^{-1}(\infty) - \mathrm{tg}^{-1}(1.583) - \mathrm{tg}^{-1}(0.1583)}{\pi} \times 180° = -156.7°$$

$$\gamma(\omega_c) = 180° + \varphi(\omega_c) = 23.3°$$

②求幅值裕度。由于 K 改变时，ω_g 不会改变，因此 $\omega_g = \sqrt{10} \ \mathrm{rad \cdot s^{-1}}$，

$$A(\omega_g) = \frac{30}{\sqrt{10}\sqrt{11}\sqrt{110}} = \frac{3}{11}$$

故 $L_g = 20\log\left(\frac{1}{A(\omega_g)}\right) = 11.3 \ \mathrm{dB}$。

（3）当 $K = 300$ 时。

①求相位裕度。如（1）中方法可求得 $\omega_c = 5.12\ \mathrm{rad \cdot s^{-1}}$，进而得

$$\varphi(\omega_c) = \frac{0 - \mathrm{tg}^{-1}(\infty) - \mathrm{tg}^{-1}(5.12) - \mathrm{tg}^{-1}(0.512)}{\pi} \times 180° = -196.0°$$

$$\gamma(\omega_c) = 180° + \varphi(\omega_c) = -16.0°$$

②求幅值裕度。由于 K 改变时，ω_g 不会改变，因此 $\omega_g = \sqrt{10}\ \mathrm{rad \cdot s^{-1}}$，进而得

$$A(\omega_g) = \frac{300}{\sqrt{10}\ \sqrt{11}\ \sqrt{110}} = \frac{30}{11}$$

故 $L_g = 20\log\left(\frac{1}{A(\omega_g)}\right) = -8.7\ \mathrm{dB}$。

基于以上的计算，根据相位裕度和对数幅值裕度与系统稳定性之间的关系，可知：（1）和（2）中的系统闭环稳定；（3）中的系统闭环不稳定。

相位裕度分析：相对于 $30° \sim 60°$ 的相位裕度参考范围：（1）中的相位裕度 $72.3°$，稍微显大（这样的情况下，系统的快速性会变差。这是因为相位裕度可以看作是系统进入不稳定状态之前可以增加的相位变化，相位裕度越大，系统越稳定，但同时响应速度减慢）。（2）中相位裕度为 $23.3°$，稍显小一些，但更有利于提高系统的快速性。

对数幅值裕度分析：（1）中对数幅值裕度为 $31.3\ \mathrm{dB}$，（2）中对数幅值裕度为 $11.3\ \mathrm{dB}$。参考 $L_g > 6\ \mathrm{dB}$ 的参考范围，两者均满足较好相对稳定性的要求。

解毕！

例 5.12　已知单位反馈系统的开环传函为

$$G(s) = \frac{as + 1}{s^2}$$

确定使相位裕度等于 $45°$ 的 a 值。

解：由题意，可知 ω_c 对应的幅值为 1，即

$$A(\omega_c) = \frac{\sqrt{(a\omega_c)^2 + 1}}{\omega_c^2} = 1$$

相应的相角为

$$\varphi(\omega_c) = -180° + \frac{\mathrm{tg}^{-1}(a\omega_c)}{\pi} \times 180° = -135°$$

基于以上关系，得方程组

$$\begin{cases} \omega_c^2 = \sqrt{(a\omega_c)^2 + 1} \\ a\omega_c = \mathrm{tg}\left(\frac{\pi}{4}\right) \end{cases}$$

解以上方程组可得 $\omega_c = 2^{\frac{1}{4}}\ \mathrm{rad \cdot s^{-1}}$，$a = \frac{1}{\omega_c} = 0.84$。

解毕！

5.7　闭环系统频率特性指标

系统动态性能的频域指标分为开环系统频率特性指标和闭环系统频率特性指标。其中，

开环系统频率特性指标是指与开环传递函数相关的频率指标，包括前述开环频率特性涉及的幅值裕度、相位裕度、幅值交界频率、相位交界频率等。对于闭环系统，也有一些衡量系统品质和特性的指标，称为闭环系统频率特性指标。常见的闭环系统频率特性指标主要包括零频幅值 M_0、复现频率 ω_m、谐振峰值 M_r、谐振频率 ω_r、截止频率 ω_b 等。

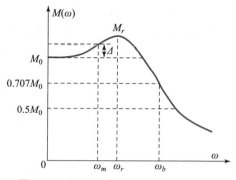

图 5.48　闭环系统频率特性指标示意图

结合图 5.48 理解闭环系统频率特性指标。

5.7.1　零频幅值 M_0

零频幅值 M_0 表示频率接近于 0 时，闭环系统输出的对数幅频值与输入对数幅频值之比。对于一阶系统

$$M_0 = M(0) = \frac{1}{\sqrt{1 + (T\omega)^2}} = 1 \tag{5.51}$$

对于二阶系统

$$M_0 = M(0) = \frac{1}{\sqrt{\left(1 - \dfrac{\omega^2}{\omega_n^2}\right)^2 + \left(2\zeta\dfrac{\omega}{\omega_n}\right)^2}} = 1 \tag{5.52}$$

M_0 反映了系统的稳态精度，越接近 1，系统的精度越高。$M_0 \neq 1$ 时，则表示系统有稳态误差。

5.7.2　复现频率 ω_m

复现频率 ω_m 是指闭环幅频特性值与零频值之差第一次达到允差 Δ 的频率值（允差：人为给定的一个可接受的误差范围）。当 $\omega > \omega_m$ 时，输出不能较好地复现输入。$0 \sim \omega_m$ 表征复现低频输入信号的频带宽度，称为复现带宽。

5.7.3　谐振峰值 M_r

谐振峰值 M_r 定义为闭环幅频特性的最大值与零频振幅值之比。相对谐振峰值 M_r 表征了系统的相对稳定性，M_r 越大，则系统的稳定性越差。一般选择 $M_r = 1.1 \sim 1.5$，系统可以获得满意的瞬态响应特性。

5.7.4　谐振频率 ω_r

谐振频率 ω_r 指系统产生谐振峰值 M_r 时对应的频率。谐振频率 ω_r 在一定程度上反映了系统瞬态响应的速度，ω_r 越大，则系统响应越快。

5.7.5　截止频率 ω_b

闭环幅频特性 $M(\omega)$ 上，对应幅值等于 $0.707M_0$ 的频率 ω_b 称为系统的带宽频率，即存在

$$M(\omega_b) = \frac{1}{\sqrt{2}}M(0) \tag{5.53}$$

其中，$0 \le \omega \le \omega_b$ 为系统带宽，带宽反映了跟踪输入信号的能力，大的带宽相应于小的上升时间，即相应于快速特性。带宽大则跟踪输入信号的能力强。以一阶系统为例，若 $\phi(s) = \frac{1}{Ts + 1}$，相应的频率特性为

$$\phi(j\omega) = \frac{C(j\omega)}{R(j\omega)} = \frac{1}{Tj\omega + 1} \tag{5.54}$$

可知 $M(0) = 1$。截止频率 ω_b 对应的闭环系统频率特性为

$$M(\omega_b) = \frac{1}{\sqrt{T^2\omega_b^2 + 1}} = \frac{1}{\sqrt{2}}M(0) \tag{5.55}$$

解得 $\omega_b = 1/T$。由于一阶系统的调节时间 $t_s = 3T$，因此 $t_s = 3/\omega_b$，所以带宽越大，t_s 越小，系统响应越快。但是也并不是带宽越大越好，带宽过大会造成系统抑制输入端高频干扰的能力减弱。因此，带宽的确定要综合地考虑系统跟踪输入信号的能力和抑制噪声的能力。

5.8　二阶系统频域指标与时域指标的关系

已知二阶系统闭环传递函数标准形式

$$\Phi(s) = \frac{\omega_n^2}{s^2 + 2\zeta\omega_n s + \omega_n^2} \tag{5.56}$$

系统的闭环幅频特性

$$M(\omega) = \frac{1}{\sqrt{\left(1 - \frac{\omega^2}{\omega_n^2}\right)^2 + \left(2\zeta\frac{\omega}{\omega_n}\right)^2}} \tag{5.57}$$

取驻点可求得 $M(\omega)$ 的峰值，即

$$\frac{\mathrm{d}M(\omega)}{\mathrm{d}\omega} = 0 \tag{5.58}$$

解之得谐振频率为

$$\omega_r = \omega_n\sqrt{1 - 2\zeta^2} \tag{5.59}$$

谐振峰值为

$$M_r = \frac{1}{2\zeta\sqrt{1 - \zeta^2}} \tag{5.60}$$

可见，给出闭环频域指标 M_r、ω_r 是可以反算出 ζ、ω_n 的，从而可以计算相应时域指标；同样，给出 ζ、ω_n，也可以确定闭环频域指标。

5.8.1　谐振峰值 M_r 与超调量 $\sigma\%$ 的关系

根据谐振峰值

$$M_r = \frac{1}{2\zeta\sqrt{1 - \zeta^2}} \tag{5.61}$$

和超调量

$$\sigma\% = \mathrm{e}^{\frac{-\zeta\pi}{\sqrt{1-\zeta^2}}} \times 100\% \qquad (5.62)$$

可知两者均只与 ζ 有关。M_r 和 $\sigma\%$ 随着 ζ 从 0 到 1 变化趋势如图 5.49 所示。

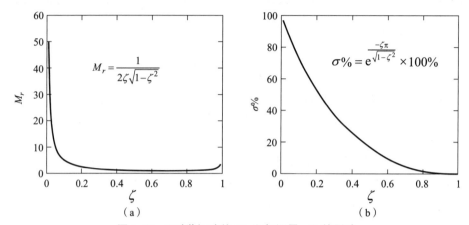

图 5.49 ζ 对谐振峰值 M_r 和超调量 $\sigma\%$ 的影响

（a）谐振峰值 M_r；（b）超调量 $\sigma\%$

当 $0 < \zeta < 0.4$ 时，$M_r > 1.35$，$\sigma\% > 25\%$，系统过超调比较明显。尤其是 ζ 接近 0 时，系统超调更严重，此时的系统响应结果不理想。

当 $0.4 \leqslant \zeta \leqslant 0.707$ 时，M_r 与 $\sigma\%$ 的变化趋势基本一致，均呈下降趋势，此时谐振峰值 $M_r = 1 \sim 1.35$，超调量 $\sigma\% = 4.5\% \sim 25\%$，系统响应结果较满意。

当 $\zeta > 0.707$ 时，M_r 与 $\sigma\%$ 的对应关系不再存在，尽管 M_r 呈现出上升趋势，但是此区间已无谐振峰值，可认为此区间的 M_r 无意义。因此通常设计时，ζ 取在 0.4 至 0.7 之间。

在 $0 < \zeta < 0.707$ 区间内，由式（5.61），可以推导出

$$\zeta = \sqrt{\frac{1 - \sqrt{1 - \dfrac{1}{M_r^2}}}{2}} \qquad (5.63)$$

进而可以得到

$$\sigma\% = \mathrm{e}^{-\pi\sqrt{\frac{M_r - \sqrt{M_r^2 - 1}}{M_r + \sqrt{M_r^2 - 1}}}} \times 100\% \qquad (5.64)$$

5.8.2 谐振频率 ω_r 与峰值时间 t_p 的关系

由

$$\omega_r = \omega_n \sqrt{1 - 2\zeta^2} \text{ 及 } t_p = \frac{\pi}{\omega_n \sqrt{1 - \zeta^2}} \qquad (5.65)$$

可得

$$\omega_r t_p = \pi \frac{\sqrt{1 - 2\zeta^2}}{\sqrt{1 - \zeta^2}} \qquad (5.66)$$

由此可看出，当 ζ 为常数时，谐振频率 ω_r 与峰值时间 t_p 成反比，ω_r 值越大，t_p 就越小，表示

系统时间响应越快。

5.8.3 谐振峰值 M_r 和相位裕度 γ 的关系

根据 $\gamma = 180° + \varphi(\omega_c)$，可得 $\varphi(\omega_c) = -180° + \gamma$，可得系统的开环频率特性

$$G(j\omega_c) = A(\omega_c)e^{j\varphi(\omega_c)} = A(\omega_c)e^{j(-180°+\gamma)} = A(\omega_c)(-\cos(\gamma) - j\sin(\gamma)) \tag{5.67}$$

进而可得系统的闭环频率特性

$$M(\omega_c) = \left| \frac{G(j\omega_c)}{1 + G(j\omega_c)} \right| = \frac{A(\omega_c)}{|1 - A(\omega_c)\cos(\gamma) - jA(\omega_c)\sin(\gamma)|} \tag{5.68}$$

取闭环幅频特性对开环幅频特性驻点

$$\frac{\mathrm{d}M(\omega)}{\mathrm{d}A(\omega)} = 0 \tag{5.69}$$

可得

$$A(\omega) \approx \frac{1}{\cos\gamma} \quad \Rightarrow \quad Mr \approx \frac{1}{\sin\gamma} \tag{5.70}$$

该结论在 ω_c 附近成立，在开环截止频率 ω_c 附近，结果的近似程度更高。

5.8.4 相位裕度 γ 与 $\sigma\%$ 和 t_s 的关系

对于二阶系统，幅值交界频率 ω_c 处，开环频率特性为

$$G(j\omega_c) = \frac{\omega_n^2}{j\omega_c(j\omega_c + 2\zeta\omega_n)} = 1\angle G(j\omega_c) \tag{5.71}$$

幅值可表示为

$$\frac{\omega_n^2}{\omega_c\sqrt{\omega_c^2 + 4\zeta^2\omega_n^2}} = 1 \tag{5.72}$$

可化为

$$\frac{\omega_c}{\omega_n}\sqrt{\frac{\omega_c^2}{\omega_n^2} + 4\zeta^2} = 1 \tag{5.73}$$

解得

$$\frac{\omega_c}{\omega_n} = \sqrt{\sqrt{4\zeta^2 + 1} - 2\zeta^2} \tag{5.74}$$

又

$$\gamma = 180° + \left(-90° - \arctan\frac{\omega_c}{2\zeta\omega_n}\right) = 90° - \arctan\frac{\omega_c}{2\zeta\omega_n} = \arctan\frac{2\zeta\omega_n}{\omega_c} \tag{5.75}$$

将式（5.74）代入得

$$\gamma = \arctan\left(\frac{2\zeta}{\sqrt{\sqrt{4\zeta^2 + 1} - 2\zeta^2}}\right) \tag{5.76}$$

相位裕度 γ 与 ζ 之间存在对应关系：$30° < \gamma < 70° \Leftrightarrow 0.27 < \zeta < 0.8$，即存在近似关系 $\zeta \approx 0.01\gamma$（单位：°），因此理论上可以利用 γ 估算出超调量 $\sigma\%$ 及调节时间 t_s 的大致数值。

对于高阶系统，如果存在主导极点，那么可以化作二阶系统，利用 $\zeta \approx 0.01\gamma$ 的关系估

算 $\sigma\%$ 及 t_s, 如果不存在主导极点, 那么在 $35° \leqslant \gamma \leqslant 90°$ 时, 由 γ 估算超调量 $\sigma\%$ 的经验公式为

$$\sigma\% = \left[0.16 + 0.4\left(\frac{1}{\sin\gamma} - 1\right)\right] \times 100\% \tag{5.77}$$

由 γ 估算超调量 t_s 的经验公式为

$$t_s = \frac{W\pi}{\omega_c} \tag{5.78}$$

其中,

$$W = 2 + 1.5\left(\frac{1}{\sin\gamma} - 1\right) + 2.5\left(\frac{1}{\sin\gamma} - 1\right)^2 \tag{5.79}$$

相应指标的对应关系如图 5.50 所示。

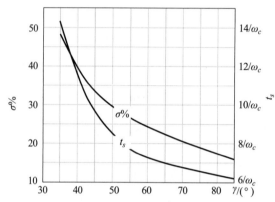

图 5.50 相位裕度 γ 与 $\sigma\%$ 和 t_s 的关系

5.8.5 截止频率 ω_b 与调节时间 t_s 之间的关系

由

$$M(\omega_b) = \frac{M(0)}{\sqrt{2}} = \frac{1}{\sqrt{2}} \tag{5.80}$$

对二阶系统, 可得其闭环幅值特性

$$M(\omega) = \frac{1}{\sqrt{\left(1 - \frac{\omega_b^2}{\omega_n^2}\right)^2 + \left(2\zeta\frac{\omega_b}{\omega_n}\right)^2}} = \frac{1}{\sqrt{2}} \tag{5.81}$$

解得

$$\omega_b = \omega_n \sqrt{1 - 2\zeta^2 + \sqrt{2 - 4\zeta^2 + 4\zeta^4}} \tag{5.82}$$

根据此结果, 可知如下规律: ①阻尼比不变, 无阻尼振荡频率越大, 带宽越大。②无阻尼振荡频率不变, 阻尼比越小, 带宽越大。③带宽与系统响应速度成正比。

由调节时间 $t_s(\Delta = \pm 5\%) = \dfrac{3}{\zeta\omega_n}$, 可得

$$t_s\omega_b = \frac{3}{\zeta}\sqrt{1 - 2\zeta^2 + \sqrt{2 - 4\zeta^2 + 4\zeta^4}} \tag{5.83}$$

因此，当阻尼比 ζ 给定后，闭环截止频率 ω_b 与过渡过程时间 t_s 成反比关系。换言之，ω_b 越大（频带宽度 $0 \sim \omega_b$ 越宽），系统的响应速度越快。

5.9　频率特性指标的综合应用

前面学习的开环和闭环系统频率特性包含较多的指标，且这些指标与时域指标之间存在复杂的对应关系。正确理解这些关系对于深入掌握控制系统的内在机理具有重要的意义。

下面举几个例子来展示频率特性指标的求取及综合应用。

例 5.13　已知某控制系统如图 5.51 所示。

求开环增益 $k = 2$ 和 $k = 20$ 时系统的相位裕度和幅值裕度，并分析系统的稳定性。

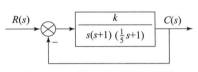

图 5.51　例 5.13 系统结构图

解： 系统的开环传递函数为

$$G(s) = \frac{k}{s(s+1)\left(\frac{1}{5}s + 1\right)}$$

（1）考虑 $k = 2$ 的情况。

① 求截止频率 ω_c 以求相位裕度，由 $|G(j\omega_c)H(j\omega_c)| = 1$，可知

$$\left| \frac{2}{j\omega_c(j\omega_c + 1)\left(\frac{1}{5}j\omega_c + 1\right)} \right| = 1$$

可得

$$\omega_c^2(1 + \omega_c^2)\left(1 + \frac{\omega_c^2}{25}\right) = 4$$

解得 $\omega_c = 1.227 \ \mathrm{rad \cdot s^{-1}}$，据此求得相应的相角为

$$\varphi(\omega_c) = \frac{-\dfrac{\pi}{2} - \arctan \omega_c - \arctan \dfrac{\omega_c}{5}}{\pi} \times 180° = -154.61°$$

进而可得相位裕度为

$$\gamma = 180° - 154.61° = 25.39°$$

② 求相角交界频率 ω_g 以求幅值裕度。开环传递函数的相角可以表示为

$$\varphi(\omega_g) = \frac{-\dfrac{\pi}{2} - \arctan \omega_g - \arctan \dfrac{\omega_g}{5}}{\pi} \times 180° = -180°$$

整理

$$\frac{\arctan \omega_g + \arctan \dfrac{\omega_g}{5}}{\pi} \times 180° = 90°$$

对等式两端取正切值得

$$\frac{\omega_g + \dfrac{\omega_g}{5}}{1 - \dfrac{\omega_g^2}{5}} \to \infty$$

故

$$1 - \frac{\omega_g^2}{5} = 0$$

解得 $\omega_g = \sqrt{5} = 2.236 \text{ rad} \cdot \text{s}^{-1}$，代入对数幅值裕度公式可得

$$L_g = -20\log|G(j\omega_g)H(j\omega_g)| = 9.54 \text{ dB}$$

根据以上结果可知 $L_g > 0$，$\gamma > 0$，这表明 $k = 2$ 时系统稳定。

（2）考虑 $k = 20$ 的情况。

同求解步骤（1）解得 $\omega_c = 3.907 \text{ rad} \cdot \text{s}^{-1}$，$\omega_g = 2.236 \text{ rad} \cdot \text{s}^{-1}$。进而可得 $\varphi(\omega_c) = -203.6°$，$\gamma = 180° - 203.6° = -23.6°$，$L_g = -10.5 \text{ dB}$。故 $L_g < 0$，$\gamma < 0$，这表明 $k = 20$ 时系统不稳定。

解毕!

例 5.14 实验测得某闭环系统的对数幅频特性如图 5.52 所示。

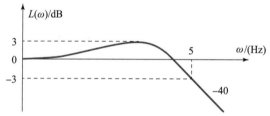

图 5.52 例 5.14 对数幅频特性图

试确定系统的动态性能（$\sigma\%$，t_s）（频率单位 Hz）。

解: 由题设可以确定是欠阻尼二阶系统，其对数幅频特性的等式关系为

$$20\log M_r = 3 \text{ dB}$$

解得 $M_r = 10^{\frac{3}{20}} = 1.41$。则系统的超调量

$$\sigma\% = e^{-\pi\sqrt{\frac{M_r - \sqrt{M_r^2 - 1}}{M_r + \sqrt{M_r^2 - 1}}}} \times 100\% \approx 27\%$$

根据 M_r 与二阶系统阻尼系数之间的关系可得

$$\zeta = \sqrt{\frac{1 - \sqrt{1 - \dfrac{1}{M_r^2}}}{2}} = 0.38$$

当 $20\lg M = -3 \text{ dB}$ 时，$M \approx 0.71 M_0$，故所对应的频率为截止频率 $\omega_b \approx 5 \text{ Hz}$，又知

$$\omega_b = \omega_n \sqrt{1 - 2\zeta^2 + \sqrt{2 - 4\zeta^2 + 4\zeta^4}}$$

可得

$$\omega_n' = 2\pi \frac{\omega_b}{\sqrt{1 - 2\zeta^2 + \sqrt{2 - 4\zeta^2 + 4\zeta^4}}} = 11.31 \text{ rad} \cdot \text{s}^{-1}$$

则调节时间为

$$t_s = \frac{3}{\zeta\omega_n} = 0.7 \text{ s}$$

综上，$\sigma\% = 27\%$，$t_s = 0.7$ s。

解毕！

例 5.15　一台记录仪的传递函数为 $\Phi(s) = \dfrac{1}{Ts+1}$，要求在 5 Hz 以内时记录仪的振幅误差不大于被测信号的 10%，试确定记录仪应有的带宽 $0 \sim \omega_b$ 为多少。（用 rad/s 作为单位）

解：依题意

$$f = 5 \text{ Hz}, \omega = 2\pi f = 5 \times 2\pi = 10\pi$$

由于是一阶系统，必然有 $M(\omega) < 1$，因此，在振幅误差不大于被测信号的 10% 的情况下，振幅须满足

$$M(\omega) = \left| \frac{1}{1+jT\omega} \right| = \frac{1}{\sqrt{1+T^2\omega^2}} \geqslant 0.9$$

整理得

$$T^2\omega^2 + 1 \leqslant \frac{1}{0.9^2}$$

据此可得系统时间常数 T 应满足的关系为

$$T \leqslant \frac{1}{\omega}\sqrt{\frac{1}{0.9^2}-1}$$

将 $\omega = 10\pi$（rad/s）代入得，$T \leqslant 0.015\,4$，则系统的截止频率为

$$\omega_b = \frac{1}{T} \geqslant \frac{1}{0.015\,4} = 64.83 \text{ rad/s}$$

故系统的要求带宽为 $0 \sim 64.83$ rad/s。

解毕！

例 5.16　已知单位反馈系统开环传递函数 $G(s)$ 为

$$G(s) = \frac{48\left(\dfrac{s}{10}+1\right)}{s\left(\dfrac{s}{20}+1\right)\left(\dfrac{s}{100}+1\right)}$$

求 ω_c，γ；确定 $\sigma\%$，t_s。

解：系统开环无右极点，因此开环稳定。

（1）题设系统为 I 型系统，低频段 20 dB/dec，反向延长线交于 48 rad/s。

（2）转折频率分别为 10、20、100 rad/s。

（3）折线斜率分别为 -20、0、-20、-40 dB/dec。

依据所得 $L(\omega)$ 曲线，存在比例关系 $\dfrac{\omega_c}{48} = \dfrac{20}{10}$，可得 $\omega_c = 96$ rad/s。

绘制 $L(\omega)$ 曲线如图 5.53 所示。

相应的相角为

$$\varphi(\omega_c) = \frac{\arctan\dfrac{96}{10} - \dfrac{\pi}{2} - \arctan\dfrac{96}{20} - \arctan\dfrac{96}{100}}{\pi} \times 180° = -127.9°$$

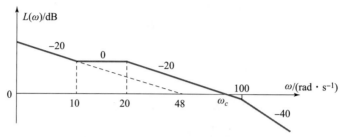

图 5.53 例 5.16 对数幅频特性曲线

则相位裕度为

$$\gamma = 180° + \varphi(\omega_c) = 52.1°$$

由于是三阶系统，且开环极点均距原点均较近，因而不能采用保留主导极点的方法进行简化。此时系统的超调量和调节时间可查图（图5.50）获得

$$\sigma\% \overset{\gamma=52.1°}{\approx} 27\%$$

$$t_s \approx \frac{8}{\omega_c} = \frac{8}{96} = 0.08 \text{ s}$$

解毕！

例 5.17 已知最小相位系统 $L(\omega)$ 如图 5.54 所示。

试确定：（1）开环传递函数 $G(s)$。

（2）由 γ 确定系统的稳定性。

（3）将 $L(\omega)$ 右移 10 倍频，讨论对 t_s、γ、$\sigma\%$ 的影响。

解：（1）按如下步骤求系统的开环传递函数。

①根据题设对数幅频特性曲线，可

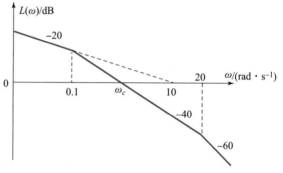

图 5.54 例 5.17 对数幅频特性曲线

知低频段斜率为 -20 dB，因此此系统为 I 型系统，含有一个积分环节 $1/s$。

②由于是 I 型系统，可知 $K = \omega = 10$（低频段渐近线延长线与 $L(\omega) = 0$ 线交点处的频率值）。

③根据渐近线第一转折处 $\omega = 0.1$ rad/s，斜率减小 20 dB，可知对应一阶微分环节 $\left(\frac{s}{0.1} + 1\right)^{-1}$，即 $\frac{1}{10s+1}$。渐近线第二转折处 $\omega = 20$ rad/s，斜率下降 20 dB，可知对应惯性环节 $\left(\frac{s}{20} + 1\right)^{-1}$，即 $\frac{1}{0.05s+1}$。

④获得该系统的开环传递函数：

$$G(s) = 10 \times \frac{1}{s} \times \frac{1}{0.05s+1} \times \frac{1}{10s+1}$$

整理化为尾 1 标准型得

$$G(s) = \frac{10}{s(10s+1)(0.05s+1)}$$

（2）由 γ 确定系统的稳定性。

由低频段反向延长线，从 0.1 rad/s 到 10 rad/s 下降共计 $20 \times 2 = 40$ dB，所以 $\omega_c = 1$ rad/s。则相应的相角为

$$\varphi(\omega_c) = \frac{-\dfrac{\pi}{2} - \arctan\dfrac{10}{1} - \arctan\dfrac{1}{20}}{\pi} \times 180° = -177.2°$$

则相位裕度为

$$\gamma = 180° + \varphi(\omega_c) = 2.8°$$

由于 $\gamma > 0$，故系统稳定。

（3）当将 $L(\omega)$ 右移 10 倍频后，可按（1）中的方法求得新的开环传递函数为

$$G(s) = \frac{100}{s(s+1)\left(\dfrac{s}{200}+1\right)}$$

① ω_c 从 1 rad/s 变为 10 rad/s，由于 ω_c 增大，因此 t_s 减小，快速性增加。

②由于

$$\varphi(\omega_c) = \frac{-\dfrac{\pi}{2} - \arctan\dfrac{10}{1} - \arctan\dfrac{10}{200}}{\pi} \times 180° = -177.2°$$

没有发生改变，因此 γ 不变，系统稳定。

③由于超调量由 ζ 确定，在 ω_c 附近 ζ 与 γ 存在定量对应关系：

$$\gamma = \arctan\left(\frac{2\zeta}{\sqrt{\sqrt{4\zeta^2+1}-2\zeta^2}}\right)$$

故当 γ 不发生改变时，可近似认为 $\sigma\%$ 也不发生改变。

解毕！

课 后 习 题

5-1　单位反馈控制系统的开环传递函数为

$$G(s)H(s) = \frac{1}{s+1}$$

试求输入信号 $r(t) = 2\sin 2t$ 时系统的稳态输出 $y(t)$。

5-2　已知系统开环传递函数

$$G(s) = \frac{10}{s(2s+1)(s^2+0.5s+1)}$$

试分别计算 $\omega = 0.5$ 和 $\omega = 2$ 时，开环频率特性的幅值 $|G(j\omega)|$ 和相位 $\angle G(j\omega)$。

5-3　用 Nyquist 稳定判据判断闭环系统的稳定性。各系统的开环传递函数如下：

（1）$G(s) = \dfrac{20}{s(s+1)(s+10)}$；

（2）$G(s) = \dfrac{10(s+100)}{s(s-2)}$。

5-4　已知最小相位系统的对数渐近幅频特性曲线如图 5.55 所示，分别确定系统的开

环传递函数。

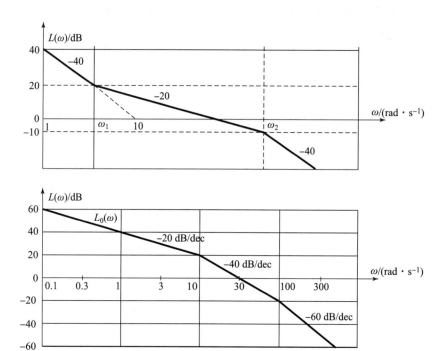

图 5.55 题 5-4 对数渐近幅频特性曲线

5-5 已知单位负反馈系统开环传递函数

$$G(s) = \frac{K}{s(Ts+1)(s+1)}$$

其中，K、$T > 0$，试用 Nyquist 稳定判据判断系统闭环稳定条件：

(1) $T = 2$ 时，K 值的范围；

(2) $K = 10$ 时，T 值的范围。

5-6 试用对数频率特性求取如下系统的相位裕量和增益裕量，判断闭环系统的稳定性。

(1) $G(s) = \dfrac{25}{s(0.2s+1)(0.08s+1)}$；

(2) $G(s) = \dfrac{100(s+1)}{s^2(0.025s+1)(0.005s+1)}$。

5-7 单位负反馈系统的开环传递函数为

$$G(s) = \frac{7}{s(0.087s+1)}$$

试用频域和时域关系求系统的超调量 $\sigma\%$ 与调整时间 t_s。

5-8 已知单位负反馈系统的开环传递函数，试绘制系统闭环的频率特性，计算如下系统的谐振峰值和谐振频率。

(1) $G(s) = \dfrac{12}{s(s+1)}$；

（2）$G(s) = \dfrac{10(0.5s + 1)}{s(5s + 1)}$。

5 - 9 典型二阶系统的开环传递函数如下：

$$G(s) = \frac{\omega_n^2}{s(s + 2\zeta\omega_n)}$$

当取 $r(t) = 2\sin t$ 时，系统的稳态输出为 $c_{ss}(t) = 2\sin(t - 45°)$，试确定系统参数 ω_n 和 ζ。

5 - 10 对于典型二阶系统，已知 $\sigma\% = 16\%$，$t_s = 3$ s，试计算幅值裕度 K_g 相位裕度 γ。

5 - 11 已知系统的开环对数幅频特性曲线如图 5.56 所示。

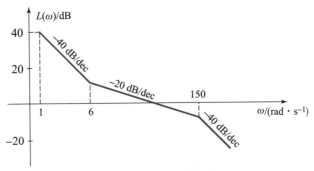

图 5.56 题 5 - 11 幅频特性曲线

（1）求该系统的相位裕量 γ；

（2）若要使得该系统的相位裕量 γ 为最大，对应开环增益应为多大？

5 - 12 已知单位负反馈系统的开环传递函数为

$$G(s) = \frac{K}{s(0.1s + 1)(s + 1)}$$

（1）求系统相位裕度为 50°时的 K 值；

（2）求对数幅值裕度为 20 dB 时的 K 值；

（3）求谐振峰值 $M_r = 1.5$ 时的 K 值。

第 6 章

线性控制系统的校正

本章学习要点

(1) 了解线性控制系统校正的概念和基本方法。

(2) 掌握串联相位超前、相位滞后、相位超前－滞后校正的方法。

(3) 了解 PID 校正原理。

6.1 引　　言

通过前面章节，同学们主要学习了时域分析法、根轨迹法和频域分析法。在这一章，要求同学们以所学的知识来进行控制系统的校正。控制系统的校正本质上是一种知识的应用实践，因而对于知识掌握的程度有更高的要求。校正，是一种原理性的局部设计，也就是在系统的基本部分（通常指被控对象、执行机构、测量元件等主要部件）已确定的条件下，对校正装置的传递函数进行设计或参数调整，使系统的控制性能满足一定的要求。此外，还有一个相关的概念就是控制系统设计，其所包含的任务通常是整个系统的创建实现，如综合考虑系统结构、控制方案、可靠性、经济性等。根据本教材的教学目标要求，我们将系统校正作为本章主要学习内容，重点介绍系统校正的相关概念，主要学习串联相位超前、相位滞后、相位滞后－超前的校正方法，并对 PID 校正中的控制参数调节规律进行了解。

6.2 系统校正的相关概念

6.2.1 系统校正的概念

系统校正，是指当系统的性能指标不能满足控制要求时，通过给系统附加某些新的部件、环节，并依靠这些部件、环节的配置来改善原系统的控制性能，从而使系统性能达到控制要求的目的。这些附加的部件、环节称为校正装置。

6.2.2 系统校正的指标

在工程上，根据不同的工作环境、工作条件以及生产要求，对控制系统的性能要求也相应地有所不同。对于一些控制系统而言，之所以需要校正，是因为系统的性能指标不符合要求。一般来说，评价控制系统优劣的性能指标有时域指标和频域指标两种体系。

1. 时域指标

时域指标又可以分为静态指标和动态指标。静态指标包括稳态误差 e_{ss}、系统的型别 v、

开环增益 K；动态指标包括上升时间 t_r、峰值时间 t_p、调节时间 t_s、超调量 $\sigma\%$、衰减比 N。

2. 频域指标

频域指标又可以分为开环指标和闭环指标。开环指标包括幅值交界频率（剪切频率）ω_c、相位交界频率 ω_g，幅值裕度 K_g（对数幅值裕度 L_g）、相位裕度 γ；闭环指标包括谐振峰值 M_r、谐振频率 ω_r、截止频率 ω_b（带宽：$0 \sim \omega_b$）。

6.2.3　系统校正的方式

按照校正装置在系统中的连接方式，控制系统的校正方式可以分为串联校正、反馈校正、前馈校正和复合校正。

1. 串联校正

串联校正是指校正装置串联在系统前向通道中的校正方式。串联校正的结构如图 6.1 所示，其中 $G_0(s)$ 为控制对象，$G_c(s)$ 为串联校正装置。该校正方式的特点是设计和计算比较简单。比较

图 6.1　串联校正的结构

常用的串联校正装置有超前校正装置、滞后校正装置、滞后 – 超前校正装置等。

2. 反馈校正

反馈校正是指校正装置接在系统局部反馈通道中的校正方式。反馈校正的结构如图 6.2 所示。其中，$G_1(s)$ 和 $G_2(s)$ 是原系统前向通道传递函数，$H(s)$ 是原系统反馈通道传递函数，$G_c(s)$ 为反馈校正装置。反馈校正的设计和计算比串联校正复杂，但是可以获得较理想的校正效果。

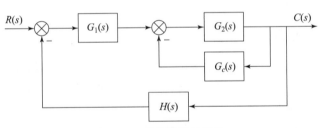

图 6.2　反馈校正的结构

3. 前馈校正

前馈校正是指校正装置处于系统主反馈回路之外采用的校正方式。前馈校正的结构如图 6.3 所示。其中，$G_1(s)$ 和 $G_2(s)$ 是原系统前向通道传递函数，$G_{c1}(s)$ 和 $G_{c2}(s)$ 是前馈校正装置。前馈校正的作用通常有两种：一种是对参考输入信号进行整理和滤波。在这种情况下，校正装置接在系统参考输入信号之后、主反馈作用点之前的前向通道上，如 $G_{c1}(s)$。另一种作用是对扰动信号进行测量、转换后接入系统，形成一条附加的对扰动影响进行补偿的通道，如 $G_{c2}(s)$。

4. 复合校正

复合校正是在系统中同时采用串联校正、反馈校正和前馈校正中两种以上的校正方式。

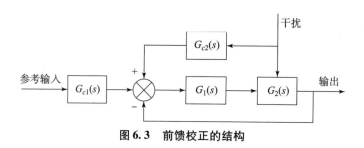

图 6.3　前馈校正的结构

6.2.4　校正装置

根据校正装置本身是否需要电源支持，可分为无源校正装置和有源校正装置。下面以电路系统为例进行阐述。

1. 无源校正装置

无源校正装置通常是由电阻和电容组成的电路网络，按它们对频率特性的影响，又分为相位滞后校正、相位超前校正和相位滞后－超前校正。无源校正装置线路简单、组合方便、无须外供电源，但本身没有增益；且输入阻抗低，输出阻抗高，因此在应用时要增设放大器或隔离器。

2. 有源校正装置

有源校正装置是由运算放大器组成的调节器。有源校正装置本身有增益，且输入阻抗高，输出阻抗低，所以工程中较多采用有源校正装置。但其缺点是需另供电源，成本较无源校正装置有所增加。

6.2.5　系统校正的分析方法

按采用分析方法的不同，系统校正还可分为根轨迹方法和频率特性方法。

控制系统校正的根轨迹方法，是在系统开环传递函数中增加零点和极点以改变根轨迹的形状，从而使系统根轨迹在 s 平面上通过希望的闭环极点。校正装置的引入，可改变根轨迹相对位置，从而将主导闭环极点配置到期望的位置。若在开环传递函数增加极点使根轨迹向右方移动，则会降低系统的相对稳定性；若在开环传递函数增加极点使根轨迹向左方移动，则能提高系统的相对稳定性。因此用根轨迹方法进行系统校正的本质，就是通过加入零极点以控制根轨迹的形状以使其满足预期性能指标要求。

用频率特性方法校正控制系统时一般是在频率特性图上进行，可以利用对数频率特性（Bode 图）、幅相频率特性（Nyquist 图）等。其中 Bode 图容易绘制，参数变化在图上的改变比较清晰，所以 Bode 图是频率特性方法校正控制系统的最常见方法。在 Bode 图中，开环频率特性的低频段表征了环系统的稳态性能，中频段表征了闭环系统的动态性能，高频段表征了系统的噪声抑制性能。因此，用频率特性进行校正的实质，就是在系统中加入频率特性形状合适的校正装置，使系统的开环频率特性变成或接近期望特性，即校正应使得低频段的增益充分大，以保证稳态误差要求；中频段对数幅频特性斜率一般应为 $-20\ \mathrm{dB/dec}$，并具有较宽的频带，以保证系统具有适当的相位裕度；而高频段应迅速衰减，以减小噪声影响，如果系统原有部分的高频段已符合要求，则校正时可保证高频段形状不变。

6.3　系统的串联校正

在控制系统设计中，串联校正是一种常用的校正方式。串联校正的优点是装置简单，调整灵活，成本低。从频域分析法角度，根据校正装置相位与输入信号相位之间的超前滞后关系，可将串联校正分为相位超前校正、相位滞后校正、相位滞后 – 超前校正等。此外，常见的 PID 控制也是一种典型的串联校正方法。

6.3.1　相位超前校正

1. 相位超前校正的原理与步骤

若串联校正装置在正弦信号作用下的稳态响应在相位上超前于输入信号，那么这样的串联校正方式称为超前校正。

图 6.4 所示为 RC 超前校正网络。

易知，超前校正网络本质上具有高通滤波器特征。

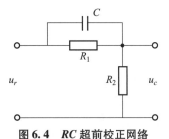

图 6.4　RC 超前校正网络

$$G_c(s) = \frac{U_c(s)}{U_r(s)} = \alpha \cdot \frac{1 + T_c s}{1 + \alpha T_c s} \tag{6.1}$$

其中，

$$T_c = R_1 C, \alpha = \frac{R_2}{R_1 + R_2} < 1 \tag{6.2}$$

其频率特性为

$$G_c(j\omega) = \alpha \cdot \frac{1 + j\omega T_c}{1 + j\omega \alpha T_c} \tag{6.3}$$

相应相角

$$\angle G_c(j\omega) = \varphi(\omega) = \mathrm{tg}^{-1} \omega T_c - \mathrm{tg}^{-1} \alpha \omega T_c \tag{6.4}$$

整理后也可表示为

$$\varphi(\omega) = \mathrm{tg}^{-1} \frac{\omega T_c - \alpha \omega T_c}{1 + \alpha \omega^2 T_c^2} \tag{6.5}$$

由于 $\alpha < 1$，故 $\varphi_c(\omega) > 0$，该装置的相角超前于输入信号。由

$$20\log|G_c(j\omega)| = \begin{cases} 0 & \omega < 1/T_c \\ -20\log(\alpha \omega T_c) & 1/T_c \leqslant \omega < 1/\alpha T_c \\ -20\log(\alpha) & \omega \geqslant 1/\alpha T_c \end{cases} \tag{6.6}$$

可得，RC 超前校正网络 Bode 图如图 6.5 所示。

可见，$\varphi(\omega)$ 存在极大值，取

$$\frac{\mathrm{d}\varphi(\omega)}{\mathrm{d}\omega} = 0 \tag{6.7}$$

可得峰值频率

$$\omega_m = \frac{1}{\sqrt{\alpha} T_c} \tag{6.8}$$

将其代入 $\varphi_c(\omega)$，可得

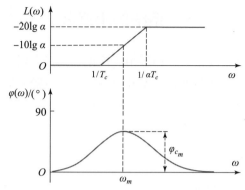

图 6.5   *RC* 超前校正网络 Bode 图

$$\alpha = \frac{1 - \sin(\varphi_m)}{1 + \sin(\varphi_m)} \tag{6.9}$$

因此也有

$$\sin(\varphi_m) = \frac{1 - \alpha}{1 + \alpha} \tag{6.10}$$

α 与 φ_m 之间的对应关系如图 6.6 所示。

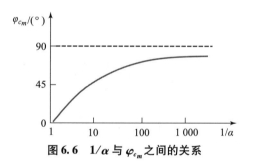

图 6.6 $1/\alpha$ 与 φ_{c_m} 之间的关系

根据图 6.6 可知，当 $1/\alpha = 5 \sim 20$ 时，$\varphi_m = 42° \sim 65°$。且当

$$\omega = \omega_{m=} \frac{1}{\sqrt{\alpha} T_c} \tag{6.11}$$

时，存在

$$-20\log|G_c(j\omega_m)| = 10\log \alpha \tag{6.12}$$

这说明 ω_m 正好位于对数频率特性的两个转折频率 $\left(\dfrac{1}{T_c} \sim \dfrac{1}{\alpha T_c}\right)$ 的中心。为了有效校正原系统的相位，将最大相移处的频率 ω_m 作为校正后的剪切频率 ω_c^*（校正前为 ω_c^0），这样可认为相角的补偿峰值 φ_{c_m} 能正好累加在原来的相位裕度 γ 上，从而达到有效提高相位裕度的目的。这说明串联超前校正主要改变原系统中频段的特性。

ω_c^0、ω_m 及 ω_c^* 的相对位置关系如图 6.7 所示。

通常情况下，对系统进行超前校正的步骤为：

（1）根据稳态误差要求，求系统的开环增益。

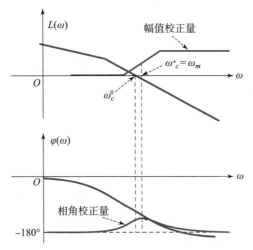

图 6.7　待校正系统 Bode 图及超前网络 Bode 图

（2）画出未校正系统的 Bode 图，并求得相应的相位裕度 $\gamma^0(\omega_c^0)$。

（3）求所需的相角校正量：

$$\varphi_m = \gamma(\omega_c) - \gamma^0(\omega_c^0) + \Delta \tag{6.13}$$

式中，$\gamma(\omega_c)$ 为要求达到的相位裕度；Δ 为校正装置引入时，引起的剪切频率增大而导致相位裕度减少的补偿量，Δ 的值要根据原系统在 ω_c^0 附近的相频特性曲线的形状而定，一般取 $\Delta = 5° \sim 10°$。

（4）根据 φ_m 求 α：

$$\alpha = \frac{1 - \sin(\varphi_m)}{1 + \sin(\varphi_m)} \tag{6.14}$$

（5）求校正装置的 ω_m。其中，ω_m 满足

$$L(\omega_m) = -20\log | G(j\omega_m) | = -10\log \alpha \tag{6.15}$$

此处的 ω_m 在数值上等于校正后的剪切频率 ω_c^*。

（6）求校正装置的两个转折频率：

$$\omega_1 = \frac{1}{T_c} \text{ 及 } \omega_2 = \frac{1}{aT_c} \tag{6.16}$$

由

$$\omega_m = \frac{1}{T_c \sqrt{a}} \tag{6.17}$$

可求得

$$T_c = \frac{1}{\omega_m \sqrt{a}} \tag{6.18}$$

（7）求得校正装置的传递函数：

$$G_c(s) = \alpha \cdot \frac{1 + T_c s}{1 + \alpha T_c s} \tag{6.19}$$

（8）求经过校正后的传递函数。为了补偿因超前校正网络的引入而造成系统开环增益的衰减，必须给 $G_c(s)$ 补偿放大倍数 $1/\alpha$，故校正后的传递函数为

$$G^*(s) = \frac{1}{\alpha} G_c(s) G(s) \qquad (6.20)$$

（9）对 $G^*(s)$ 的相位裕度 γ^* 进行检验，如实际所得相位裕度 γ^* 大于设计相位裕度 γ，则校正成功，否则应返回第（3）步进一步增加 Δ，直到 γ^* 满足要求。

2. 相位超前校正方法的应用

有了以上结论和步骤，下面来看一个具体的例子。

例 6.1 设一单位反馈系统的开环传递函数为

$$G(s) = \frac{4K}{s(s+2)}$$

采用串联校正方法，进行参数校正，要求满足性能指标：①系统的静态速度误差系数 K_v 为 $20\ \mathrm{s^{-1}}$；②相位裕度 $\gamma(\omega_c) \geqslant 50°$。试确定进行串联校正后的开环传递函数，并进行校验。

解：（1）根据对静态速度误差系数的要求，确定系统的开环增益 K。根据

$$K_v = \lim_{s \to 0} s\,\frac{4K}{s(s+2)} = 20$$

可得 $K = 10$，则开环传递函数为

$$G(s) = \frac{40}{s(s+2)}$$

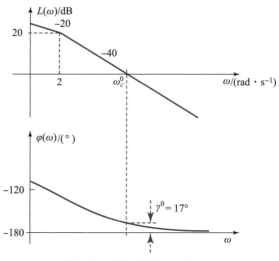

图 6.8 待校正系统 Bode 图

（2）做出未校正系统的 Bode 图（图 6.8），并求出相应的幅值裕度、相位裕度等。

由图 6.8 可知，未校正系统的剪切频率 $\omega_c^0 = 6.3\ \mathrm{rad \cdot s^{-1}}$；相位裕度为 $\gamma^0 = 17°$。

（3）根据相位裕量的要求确定超前校正网络的相位超前角。

$$\varphi_m = \gamma(\omega_c) - \gamma^0(\omega_c^0) + \Delta = 50° - 17° + 5° = 38°$$

本例中 ω_c 附近的相频特性曲线比较平坦，取 $\Delta = 5°$。

（4）由

$$\alpha = \frac{1 - \sin(\varphi_m)}{1 + \sin(\varphi_m)}$$

可得 $\alpha = 0.237\,9$。

（5）在 ω_m 处，校正装置贡献的对数幅值增量为

$$L(\omega_m) = -10\log \alpha = -20\log \left| \frac{40}{j\omega(j\omega + 2)} \right| = 6.2\ \mathrm{dB}$$

可得 $\omega_m \approx 9\ \mathrm{rad \cdot s^{-1}}$，即 $\omega_c^* \approx 9\ \mathrm{rad \cdot s^{-1}}$。

（6）计算超前校正网络的转折频率。由

$$\alpha = 0.237\,9\ \text{及}\ \omega_m = \omega_c^* = \frac{1}{T_c \sqrt{a}} = 9\ \mathrm{rad \cdot s^{-1}}$$

可得 $T_c = 0.227\ 8$ s，因此第一转折频率为

$$\omega_1 = \frac{1}{T_c} = 4.4\ \text{rad} \cdot \text{s}^{-1}$$

第二转折频率为

$$\omega_1 = \frac{1}{\alpha T_c} = 18.5\ \text{rad} \cdot \text{s}^{-1}$$

（7）求串联校正环节的传递函数

$$G_c(s) = \alpha \cdot \frac{1 + T_c s}{1 + \alpha T_c s} = 0.237\ 9 \times \frac{1 + 0.227\ 8s}{1 + 0.237\ 9 \times 0.227\ 8s}$$

（8）求校正后的开环传递函数

$$G^*(s) = \frac{1}{\alpha} G_c(s) G(s) = \frac{20(0.227\ 8s + 1)}{s(0.5s + 1)(0.054\ 2s + 1)}$$

（9）校验。首先取

$$|G^*(s)| = \left| \frac{20(0.227\ 8s + 1)}{s(0.5s + 1)(0.054\ 2s + 1)} \right| = 1$$

可求得剪切频率 $\omega_c^* = 8.69\ \text{s}^{-1}$，求得校正后的 $\varphi^*(\omega_c^*) = -124.8°$，则 $\gamma^* = 180 + \varphi^*(\omega_c^*) = 55.2°$。$\gamma^* > 50°$，故校正装置是可行的。

校正前后系统 Bode 图对比如图 6.9 所示。

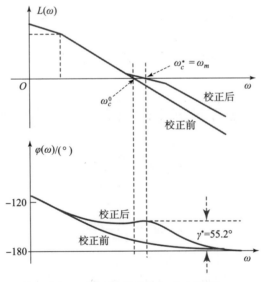

图 6.9 校正前后系统 Bode 图对比

解毕！

关于相位超前校正，需要注意几个方面：

（1）串联相位超前校正是有一定范围的，如图 6.6 所示，随着 $1/\alpha$ 的增大，最大超前相位角 φ_m 的提升幅度逐渐减小，在 $1/\alpha = 5 \sim 20$ 时，相位幅度明显。

（2）如果超前相位要求超过 70°，不能通过提高 $1/\alpha$ 的数值实现，此时应考虑两个超前校正装置的串联。

（3）若原系统 ω_c 段幅频特性下降迅速，则超前网络的相位补偿可能效果会比较差，此时应考虑其他的校正方式。

3. 相位超前校正对系统造成的影响

相位超前校正对系统性能指标的影响如下。

（1）增加开环频率特性在剪切频率附近的相位，可提高系统的相位裕度。

（2）增加对数幅频特性在剪切频率上的斜率，提高系统的稳定性和相位裕度。

（3）提高系统的频带宽度，可提高系统的响应速度。

串联超前校正也具有一定的局限性，在以下一些情况下，串联超前校正并不适用。

（1）原系统不稳定时，不宜采用串联超前校正。如果原系统不稳定，则原系统的相位裕度为负，考虑到串联超前校正元件一般仅能提供65°的相位，以及大多数系统的相频特性具有下降趋势，仅采用单个串联超前校正元件很难满足相位裕度为45°左右的要求。

（2）原系统相位裕度很小，并且在剪切频率附近相频特性下降速度较快的情况下，也不宜采用串联超前校正。串联超前校正会增大系统的剪切频率，原系统在校正后剪切频率处的相位远小于校正前的相位，串联超前校正元件提供的正的相位被抵消掉，很难达到增大相位裕度到45°左右的要求。

6.3.2 相位滞后校正

1. 相位滞后校正的原理与步骤

若串联校正装置在正弦信号作用下的稳态响应在相位上滞后于输入信号，那么这样的串联校正方式称为滞后校正。

如图6.10所示电路，易知滞后校正网络本质上为低通滤波器，相应的传递函数为

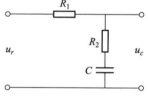

$$G_c(s) = \frac{U_c(s)}{U_r(s)} = \frac{R_2 Cs + 1}{(R_1 + R_2)Cs + 1} = \frac{\tau s + 1}{\beta \tau s + 1} \quad (6.21)$$

图6.10 RC 滞后校正网络

其中，

$$\tau = R_2 C, \beta = \frac{R_1 + R_2}{R_2} > 1 \quad (6.22)$$

其频率特性为

$$G_c(j\omega) = \frac{1 + j\omega\tau}{1 + j\omega\tau\beta} \quad (6.23)$$

相应相角

$$\angle G_c(j\omega) = \varphi_c(\omega) = \mathrm{tg}^{-1}\omega\tau - \mathrm{tg}^{-1}\omega\tau\beta \quad (6.24)$$

整理后也可表示为

$$\varphi_c(\omega) = \mathrm{tg}^{-1}\frac{\omega\tau - \omega\tau\beta}{1 + \beta\omega^2\tau^2} \quad (6.25)$$

由于 $\beta > 1$，故 $\varphi_c(\omega) < 0$，该装置的相角滞后于输入信号。由

$$20\log|G_c(j\omega)| = \begin{cases} 0 & \omega < \dfrac{1}{\tau\beta} \\[2mm] -20\log(\beta\omega\tau) & \dfrac{1}{\tau\beta} \leqslant \omega < \dfrac{1}{\tau} \\[2mm] -20\log(\beta) & \omega \geqslant \dfrac{1}{\tau} \end{cases} \qquad (6.26)$$

可得 RC 滞后校正网络 Bode 图如图 6.11 所示。

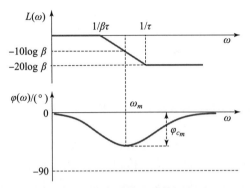

图 6.11　RC 滞后校正网络 Bode 图

取

$$\frac{\mathrm{d}\varphi(\omega)}{\mathrm{d}\omega} = 0 \qquad (6.27)$$

可得

$$\omega_m = \frac{1}{\sqrt{\beta}\tau} \ \text{及} \ \varphi_m = -\sin^{-1}\frac{\beta-1}{\beta+1} \qquad (6.28)$$

因此有

$$-\sin(\varphi_m) = \frac{\beta-1}{\beta+1} \qquad (6.29)$$

亦有

$$\beta = -\frac{\sin(\varphi_m)-1}{\sin(\varphi_m)+1} \qquad (6.30)$$

此外，如图 6.11 所示，两个转折频率分别为

$$\omega_1 = \frac{1}{\beta\tau} \ \text{和} \ \omega_2 = \frac{1}{\tau} \qquad (6.31)$$

故也有

$$\omega_m = \sqrt{\omega_1\omega_2} \qquad (6.32)$$

这说明 ω_m 位于 ω_1 和 ω_2 的几何中心。在工程中通常取

$$\omega_2 = \frac{1}{\tau} = \frac{\omega_c}{5 \sim 10} \qquad (6.33)$$

串联滞后校正可以适用两种情况：

（1）在控制系统的动态性能满足要求而静态指标不理想的情况下，可以采用串联滞后

校正提高系统的低频增益。这体现在校正装置的低频段幅值 >0，其对数幅频特性大致曲线如图 6.12 所示。

（2）系统稳定性和动态性能需要改善时，可利用校正装置将系统高频部分的幅值衰减，降低系统的剪切频率，提高系统的相角裕量，以改善系统的稳定性和其他动态性能。这体现在校正装置的高频段幅值 <0，其对数幅频特性曲线如图 6.13 所示。

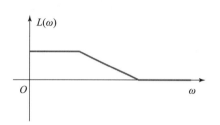

图 6.12 低频段增益补偿后的对数幅频特性曲线

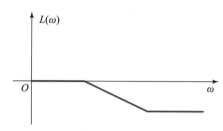

图 6.13 未补偿低频段增益的对数幅频特性曲线

对于第一种情况，其校正方法为：在滞后校正网络之后加入 β 倍的附加放大器，提高对数幅频特性，使系统的开环增益提高 β 倍，以满足稳态精度的要求；同时需要保持 ω_c 基本不变，可把滞后校正装置的最大滞后角 φ_m 设置在 ω_c 之前较远的位置（5 倍以上），从而不影响对数频率特性的中、高频率特性，相应校正步骤为：

（1）根据稳态误差 e_{ss} 的要求，确定开环放大系数 K。

（2）做出校正前系统的开环 Bode 图，确定剪切频率 ω_c^0，或根据

$$L(\omega) = -20\log|G(j\omega)| = 0 \tag{6.34}$$

计算出 ω_c^0。

（3）计算校正前系统的相位裕度 γ^0，判断系统的动态性能。

（4）若系统动态性能满足要求，则计算出所需要滞后校正装置中的 $\beta(K_c = \beta)$。

（5）根据串联滞后校正装置的转折频率 [式（6.31）及式（6.33）]，可得到校正装置频率特性：

$$G_c(j\omega) = \beta \frac{1 + j\omega\tau}{1 + j\omega\tau\beta} \tag{6.35}$$

（6）求出校正后的系统及相角裕量 γ^*，并验证是否满足系统指标要求，如果满足设计要求，则校正结束；否则从步骤（3）开始调整 ω_2 重新设计，直到满足系统性能指标。

对于第二种情况，采用相位滞后网络进行系统校正的步骤如下：

（1）根据稳态误差要求，求系统的开环增益 K。

（2）画出未校正系统的 Bode 图，求得相应剪切频率 ω_c^0、相位裕度 γ^0 及幅值裕度 h^0（dB）。

（3）由 $\varphi(\omega_c) = -180° + \gamma + \Delta$，根据要求的相位裕度 γ，由 $\gamma = 180° + \varphi(\omega_c) - \Delta$ 计算应剪切频率 ω_c。其中 Δ 用来补偿滞后网络在 ω_c 附近带来的相位滞后，一般取 $\Delta = 5° \sim 15°$。

（4）确定滞后网络参数 β 和 τ。由 $L_c(\omega_c) + L(\omega_c) = 0$，其中 $L_c(\omega_c)$ 为校正装置的幅频特性，求得参数 β，进而可按式（6.31）及式（6.33）求得 ω_1、ω_2。校正装置发生的作用及 ω_c^0 及 ω_c^* 的位置如图 6.14 所示。

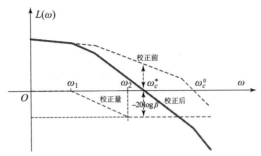

图 6.14　相位滞后校正前后的对数幅频特性对照

（5）求得校正后的传递函数。

$$G^*(s) = KG_c(s)G(s) \tag{6.36}$$

（6）对 $G^*(s)$ 的相位裕度 γ^* 进行检验，如实际所得相位裕度 γ^* 大于设计相位裕度 γ，则校正成功，否则应返回第（3）步进一步增加 Δ，直到 γ^* 满足要求。

2. 相位滞后校正的应用

有了以上结论和步骤，下面来看两个具体的例子。对于第一种情况，以例 6.2 进行分析；对于第二种情况，以例 6.3 进行分析。

例 6.2　已知单位负反馈系统的开环传递函数：

$$G(s) = \frac{1}{s(0.5s + 1)}$$

要求：（1）系统的静态速度误差系数 K_v 为 $10\ \text{s}^{-1}$；

（2）相位裕度 $\gamma(\omega_c) \geq 40°$。

试确定串联校正装置。

解：（1）未校正系统的静态速度误差系数 K_v 为

$$K_v = \lim_{s \to 0} s\frac{1}{s(0.5s + 1)} = 1$$

不满足要求。

（2）根据

$$L(\omega) = -20\log|G(j\omega)| = 0$$

有

$$\left|\frac{1}{j\omega(0.5j\omega + 1)}\right| = 1$$

解得剪切频率 $\omega_c^0 = 0.91\ \text{rad/s}$。

（3）计算校正前系统的相位裕度 γ^0：

$$\gamma^0(\omega_c^0) = 180° + \varphi(\omega_c^0) = 180° - 90° - \text{tg}^{-1}0.5\omega_c^0 \approx 65.5°$$

这说明系统的相位裕度满足要求。

（4）为了满足稳态误差要求，串联一个 $K_c = 10$ 的附加放大器，即 $\beta = 10$。

（5）取 $\omega_2 = \dfrac{1}{\tau} = \dfrac{\omega_c^0}{5} = 0.182\ \text{rad/s}$，$\omega_1 = \dfrac{1}{\beta\tau} = 0.018\ 2\ \text{rad/s}$，则校正装置传递函数为

$$G_c(s) = \frac{10(5.5s + 1)}{55s + 1}$$

校正后的传递函数为

$$G^*(s) = G_c(s)G(s) = \frac{10(5.5s + 1)}{s(0.5s + 1)(55s + 1)}$$

（6）校验校正后的传递函数的 γ^*：

$$\gamma^* = 180° + \mathrm{tg}^{-1}(5.5) - 90° - \mathrm{tg}^{-1}(0.5) - \mathrm{tg}^{-1}(55) = 51.93° > 40°$$

故校正装置满足系统需求。

解毕！

例6.3 单位负反馈系统的开环传递函数为

$$G(s) = \frac{K}{s(0.1s + 1)(0.2s + 1)}$$

要求：（1）系统的静态速度误差系数 K_v 为 30 s^{-1}；

（2）相位裕度 $\gamma(\omega_c) \geqslant 40°$；

（3）幅值裕度 h 不小于 10 dB；

（4）剪切频率 ω_c 不小于 2.3 rad/s。

试确定串联校正装置。

解：（1）首先确定开环增益 K。由题意，本系统为 I 型系统，其静态速度误差系数

$$K_v = \lim_{s \to 0} sG(s) = K = 30$$

则未校正系统开环传递函数为

$$G(s) = \frac{30}{s(0.1s + 1)(0.2s + 1)}$$

（2）画出未校正系统的对数幅频特性曲线（图6.15）。通过

$$|G(s)| = \left| \frac{30}{s(0.1s + 1)(0.2s + 1)} \right| = 1$$

计算可得 $\omega_c^0 = 9.8$ rad/s。

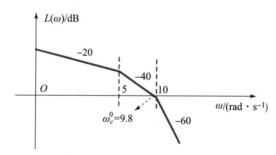

图6.15 例6.3 未校正系统的对数幅频特性曲线

（3）计算未校正系统的相位裕度 γ^0：

$$\gamma^0(\omega_c^0) = 180° + \varphi(\omega_c^0)$$
$$= 180° - 90° - \mathrm{tg}^{-1}(0.98) - \mathrm{tg}^{-1}(1.96) = -17°$$

说明未校正系统不稳定，且剪切频率 $\omega_c^0 = 9.8$ rad/s 显著大于 2.3 rad/s 的要求值。在这种情况下，不宜采用串联超前校正装置。

此外由
$$\varphi(\omega_g^0) = -90° - \mathrm{tg}^{-1}(0.1\omega_g^0) - \mathrm{tg}^{-1}(0.2\omega_g^0) = -180°$$
可知 $\omega_g^0 = 7.07$ rad/s，相应的对数幅频值为 $h^0 = -20\log|A(\omega_g^0)| = 5.63$ dB，故此处的 $h <$ 10 dB 的要求。

计算 ω_c^*。由要求的相位裕度 $\gamma \geqslant 40°$ 及 $\gamma = 180° + \varphi(\omega_c^*) - \Delta$，若取 $\Delta = 5°$，可得 $\varphi(\omega_c^*) = -135°$，故
$$\varphi(\omega_c^*) = -90° - \mathrm{tg}^{-1}(0.1\omega_c^*) - \mathrm{tg}^{-1}(0.2\omega_c^*) = -135°$$
解得 $\omega_c^* = 2.81$ rad/s。

（4）确定滞后网络参数 β 和 τ。

利用
$$-20\log\beta + L(\omega_c^*) = 0$$
可得
$$20\log\beta = 19.05$$
解得 $\beta = 8.96$。由于 $\omega_2 = \dfrac{1}{\tau} = 0.1\omega_c^*$，可知
$$\tau = \frac{1}{0.1\omega_c^*} = 3.56 \text{ 和 } \beta\tau = 31.9$$
则滞后网络的传递函数
$$G_c(s) = \frac{1 + \tau s}{1 + \beta\tau s} = \frac{1 + 3.56s}{1 + 31.9s}$$

（5）校正后的传递函数。
$$G^*(s) = G_c(s)G(s) = \frac{1 + 3.56s}{1 + 31.9s} \times \frac{30}{s(0.1s + 1)(0.2s + 1)}$$
整理得
$$G^*(s) = \frac{30(3.56s + 1)}{s(0.1s + 1)(0.2s + 1)(31.9s + 1)}$$

（6）校验指标。

根据 $G^*(s)$ 计算得
$$\gamma^* = 180° + \mathrm{tg}^{-1}(3.56\omega_c^*) - 90° - \mathrm{tg}^{-1}(0.1\omega_c^*) - \mathrm{tg}^{-1}(0.2\omega_c^*)$$
$$- \mathrm{tg}^{-1}(31.9\omega_c^*) = 39.9° < 40°$$

这说明还有微小差距。此时可以返回第（3）步，修改 Δ 以增加其补偿，使 $\Delta = 10°$，据此计算得 $\omega_c^* = 2.46$ rad/s，$\beta = 10.63$，$\tau = 4.07$ s。
$$G^*(s) = \frac{30(4.07s + 1)}{s(0.1s + 1)(0.2s + 1)(43.3s + 1)}$$

由其可得相应的 $\gamma^* = 44.8°$。由 $\varphi(\omega_g^*) = -180°$ 可得 $\omega_g^* = 6.83$ rad/s，此时有幅值裕度
$$h^* = -20\lg|G^*(j\omega_g^*)| = 13.9 \text{ dB}$$

综上分析，当 $K = 30$ 时，$K_v = 30$ s^{-1}，校正装置为
$$G_c(s) = \frac{4.07s + 1}{44.3s + 1}$$

时，$\omega_c^* = 2.46$ rad/s（> 2.3 rad/s），$\gamma^* = 44.8°$（$> 40°$），$h^* = 13.9$ dB（> 10 dB）。所有指标均得到满足，故系统得以成功校正。

解毕！

3. 串联滞后校正对系统的影响

串联滞后校正对系统性能指标的影响包括以下几点：

（1）提高系统的相位裕度。

（2）降低系统的剪切频率，系统的响应速度会随之降低。

（3）高频段幅频特性下降，系统抗高频干扰能力提高。

串联滞后校正适用于原系统不稳定，或者剪切频率附近相频特性变化剧烈，以至于串联超前校正很难达成增大相位裕度目标的情况。而采用串联滞后校正也需要满足以下条件：

（1）性能指标要求中，对响应速度的要求不高。

（2）原系统相频特性在剪切频率要求范围内，能够找到所需要的相位余量。

6.3.3 相位滞后－超前校正

1. 相位滞后－超前校正的原理与步骤

当系统的稳态性能和动态性能都不能满足要求，用单一的超前校正或滞后校正都不能同时满足各项指标时，则应考虑使用相位滞后－超前校正方法。该方法实质上是前述滞后校正和超前校正方法的综合应用。

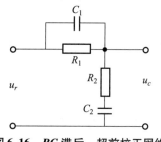

图 6.16 RC 滞后－超前校正网络

图 6.16 所示 RC 滞后－超前校正网络的传递函数为

$$G_c(s) = \frac{U_c(s)}{U_r(s)} = \alpha \frac{T_1 s + 1}{\alpha T_1 s + 1} \times \frac{T_2 s + 1}{\beta T_2 s + 1} \tag{6.37}$$

其中，$\alpha < 1, \beta > 1, T_2 > T_1$，则

$$G_{c1} = \alpha \frac{T_1 s + 1}{\alpha T_1 s + 1} \tag{6.38}$$

为相位超前环节

$$G_{c2} = \frac{T_2 s + 1}{\beta T_2 s + 1} \tag{6.39}$$

为相位滞后环节，因此本质上滞后－超前校正可视为是相位滞后环节与相位超前环节的串联。令 $\omega_1 = 1/\beta T_2$，$\omega_2 = 1/T_2$，$\omega_3 = 1/T_1$，$\omega_4 = 1/\alpha T_1$，易知 $\omega_1 < \omega_2 < \omega_3 < \omega_4$，相应 Bode 图如图 6.17 所示。

由图 6.17 可知，对于对数幅频特性，相位滞后－超前校正可在中频段拉低原系统的幅频特性，这样的好处是使得中频段能尽量平缓，以改善系统的动态性能。对于相频特性，在低频段位置会降低原系统的相角，但在中频段会增加原系统的相角，这将有效提高系统的相位裕度，从而改善原系统的相对稳定性。直观上，滞后－超前校正前后的 Bode 图如图 6.18 所示。

图 6.18 中"校正后指标 = 校正前指标 + 校正量"。从幅频特性曲线的校正效果上看，一方面，$\omega_c^* < \omega_c^0$，说明剪切频率有一定程度减小；另一方面，剪切频率附近的幅频特性渐近线的斜率从 -40 dB 改变为 -20 dB，因此，中频段变化更平缓。从相频特性曲线上看，

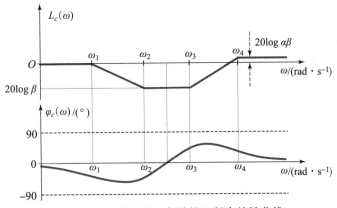

图 6. 17　相位滞后 – 超前校正频率特性曲线

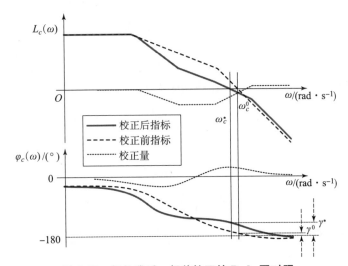

图 6. 18　相位滞后 – 超前校正的 Bode 图对照

$\gamma^* > \gamma^0$，可以看出原系统的相位裕度可得到明显改善。

相位滞后 – 超前校正的步骤为：

（1）根据稳态误差要求，求系统的开环增益 K。

（2）画出未校正系统的 Bode 图，求得相应剪切频率 ω_c^0、相位裕度 γ^0 及幅值裕度 h^0（dB）。

（3）根据要求的相位裕量 γ 或剪切频率 ω_c，设计超前校正部分的转折频率

$$\omega_3 = \frac{1}{\alpha T_1}, \omega_4 = \frac{1}{T_1} \tag{6.40}$$

（4）按照

$$\omega_2 = \frac{1}{\beta T_2} \approx \frac{\omega_c}{5 \sim 10} \tag{6.41}$$

结合幅值条件求 β，进而获得 $\omega_1 = 1/T_2$，从而设计出滞后校正部分的转折频率 ω_1，ω_2。

（5）求得校正后的传递函数。

$$G^*(s) = KG_c(s)G(s) \tag{6.42}$$

（6）对 $G^*(s)$ 的剪切频率 ω_c^* 相位裕度 γ^* 等进行检验。若不满足，应返回第（3）步，通过进一步增加 Δ 等，修改 $\omega_1 \sim \omega_4$，修正 $G_c(s)$ 直到 ω_c^* 和 γ^* 等满足要求。

2. 相位滞后－超前校正的应用

例6.4 已知单位负反馈系统的开环传递函数

$$G(s) = \frac{K}{s(s+1)(0.5s+1)}$$

要求：（1）系统的静态速度误差系数 K_v 为 $10\ \mathrm{s}^{-1}$；

（2）相位裕度 $\gamma \geq 45°$；

（3）幅值裕度 h 不小于 10 dB；

（4）剪切频率 ω_c 不小于 1.2 rad/s。

试根据以上指标要求确定串联校正装置。

解：（1）首先确定开环增益 K。由题意，本系统为 I 型系统，其静态速度误差系数 $K_v = \lim\limits_{s \to 0} sG(s) = K = 10$，则未校正系统开环传递函数为

$$G(s) = \frac{10}{s(s+1)(0.5s+1)}$$

（2）画出未校正系统的 Bode 图。在剪切频率处

$$|G(s)| = \left| \frac{10}{s(s+1)(0.5s+1)} \right| = 1$$

计算可得 $\omega_c^0 = 2.43$ rad/s，相应相位裕度为 $\gamma^0 = 180 + \varphi(\omega_c^0) = -28.2°$。在相位交界频率处，$\varphi(\omega_g^0) = -180°$，计算可得 $\omega_g^0 = 1.41$ rad/s。相应对数幅值裕度为

$$h^0 = 20\log\frac{1}{A(\omega_g^0)} = -10.5\ \mathrm{dB}$$

以上结果说明系统不稳定。系统校正前后的 Bode 图对照如图 6.19 所示。

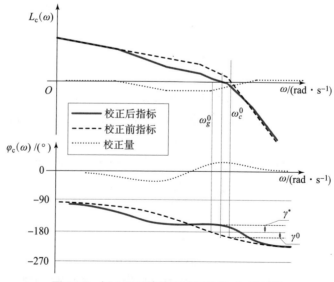

图 6.19 例 6.4 系统校正前后的 Bode 图对照

由于原系统 γ^0 存在较大的负相位，如果单独用相位超前校正，将很难满足 $\gamma \geqslant 45°$ 的要求；若单独用相位滞后校正，在 $\omega_c^0 = 2.43$ rad/s 的情况下，很可能不能满足 ω_c 不小于 1.2 rad/s 的指标要求，这种情况下，考虑采用串联滞后 – 超前校正。

（3）设计相位超前校正部分。考虑校正后 ω_c 不小于 1.2 rad/s 的指标要求和 $\omega_g^0 =$ 1.41 rad/s，选择校正后的剪切频率为 $\omega_c^* = 1.5$ rad/s。此处开环系统幅角位于 $-180°$ 附近，为了满足 $\gamma \geqslant 45°$ 的要求，应提供的超前相角为 $\varphi_m = \gamma + \Delta$。此处由于选择的 ω_c^* 与 ω_g^0 之间存在约 0.1 rad/s 的差，因此 Δ 选为 $15°$，即 $\varphi_m = 45° + 15° = 60°$。由

$$\alpha = \frac{1 - \sin(\varphi_m)}{1 + \sin(\varphi_m)}$$

可得 $\alpha = 0.071\,8$。此外，可得 $L(\omega_c^*) = 9.42$ dB，若要使得期望的 $L(\omega_c) = 0$，则校正量应为 $-L(\omega_c^*)$，根据

$$G_{c1} = \frac{T_1 s + 1}{\alpha T_1 s + 1}$$

可知

$$20\log \frac{T_1 s + 1}{\alpha T_1 s + 1} = -9.42$$

代入 $\alpha = 0.071\,8$ 解得 $T_1 = 3.25$ s，故

$$G_{c1} = 0.071\,8\,\frac{3.25s + 1}{0.233\,4s + 1}$$

相应转折频率

$$\omega_3 = \frac{1}{T_1} = 0.308 \text{ rad/s} \quad 及 \quad \omega_4 = \frac{1}{\alpha T_1} = 4.285 \text{ rad/s}$$

（4）设计相位滞后校正部分。取滞后部分第二个转折频率

$$\omega_2 = \frac{1}{T_2} = \frac{\omega_c^*}{10} = 0.15 \text{ rad/s}$$

故 $T_2 = 6.67$ s，假设超前部分的幅值上升段和滞后部分的幅值下降段具有相同的几何长度，则必有

$$\frac{\omega_4}{\omega_3} = \frac{\omega_2}{\omega_1}$$

据此可得

$$\omega_1 = \frac{1}{\beta T_2} = 0.010\,8 \text{ rad/s}$$

故相位滞后校正环节为

$$G_{c2} = \frac{6.67s + 1}{92.6s + 1}$$

（5）求校正后的传递函数。这里为了补偿相位超前校正减少的幅值，应再串联一个

$$\frac{1}{\alpha} = \frac{1}{0.071\,8}$$

的增益以维持系统增益，因而

$$G^*(s) = KG_c(s)G(s)$$

$$= \frac{1}{\alpha} \times 0.071\,8\frac{3.25s + 1}{0.233\,4s + 1} \times \frac{6.67s + 1}{92.6s + 1} \times \frac{10}{s(s + 1)(0.5s + 1)}$$

化简得

$$G^*(s) = \frac{10(3.25s + 1)(6.67s + 1)}{s(s + 1)(0.5s + 1)(0.233\,4s + 1)(92.6s + 1)}$$

（6）校验校正。根据 $G^*(s)$，可以计算获得 $\omega_c^* = 1.56$ rad/s，$\gamma^* = 47.6°$，$h^* = 11.9$ dB，$K_v = 10$ s^{-1}。所有指标均满足设计要求，故校正有效。

解毕！

3. 串联滞后 – 超前校正对系统的影响

串联滞后 – 超前校正方法适用于系统幅频特性中频段下降陡，且相位裕度为较大负值的情况（系统不稳定情况）。串联滞后 – 超前校正事实上是串联滞后和超前两种校正方法的组合使用，其对于系统的影响主要体现在以下两点。

（1）利用超前校正在剪切频率处提供最大正相位，以提升相位裕度。

（2）利用滞后校正拉低中低频段幅频特性，使得中频段平缓下降（以 – 20 dB 斜率下降），以满足剪切频率要求。

6.3.4　PID 控制算法校正

PID 即 proportional（比例）、integral（积分）、differential（微分）的缩写。顾名思义，PID 控制算法是结合比例、积分和微分三种环节于一体的控制算法，它是连续系统中技术最为成熟、应用最为广泛的一种控制算法，该控制算法出现于 20 世纪三四十年代，适用于对被控对象模型了解不清楚的场合。当然系统模型已知时，也可以采用 PID 控制算法。尽管 PID 控制算法已经提出了很多年，但是在当今应用的工业控制器中，半数以上的控制器依然采用该算法实现系统的控制或校正，因此 PID 控制算法是自动控制理论中非常重要的知识点。

1. PID 控制的系统结构

PID 控制的系统结构如图 6.20 所示。PID 控制器属于一种并联组合控制器，位于系统信号的比较点之后，执行机构之前。因此 PID 校正本质上也是一种串联校正，并且和相位超前校正、相位滞后校正及相位滞后 – 超前校正有着明确的对应关系，这在后面详细讨论。

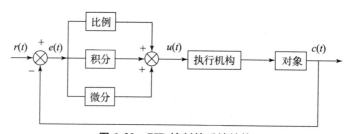

图 6.20　PID 控制的系统结构

2. PID 控制算法规律

根据系统优化需求，PID 控制算法属一种组合式算法，其比例、积分、微分部分可以组合使用，常见的组合有 P、PI、PD 和 PID。

（1）比例（P）控制规律。具有 P 控制的系统，其稳态误差可通过 P 控制器的增益 K_p 来调整：K_p 越大，稳态误差越小；反之，稳态误差越大。但是 K_p 增大，其系统的稳定性会降低。比例（P）调节是工业调节器的基本调节作用，调节器的输出控制信号与偏差呈比例关系，即

$$u(t) = K_p e(t) \tag{6.43}$$

由式（6.43）可知，控制器的输出 $C(t)$ 与输入误差信号 $e(t)$ 呈比例关系，偏差减小的速度取决于比例系数 K_p。

其传递函数为

$$G_c(s) = \frac{U(s)}{E(s)} = K_p \tag{6.44}$$

比例控制特点如下：

①比例控制快速反映误差。

②在系统中增大比例系数 K_p，可以减少系统的稳态误差以提高稳态精度。

③增加 K_p 可以降低系统的惯性，减少一阶系统的时间常数，改善系统的快速性。

④提高 K_p 会影响到系统的稳定性，调节 K_p 要权衡利弊。系统校正中很少单独使用比例控制。

（2）比例积分（PI）控制规律。比例积分（PI）调节器输出控制信号与偏差之间的关系为

$$u(t) = K_p e(t) + \frac{K_p}{T_i} \int_0^t e(t)\,dt \tag{6.45}$$

传递函数为

$$G_c(s) = \frac{U(s)}{E(s)} = K_p\left(1 + \frac{1}{T_i s}\right) \tag{6.46}$$

式中，T_i 为调节器的积分时间常数或重定时间。

采用比例积分控制，而不单独采用积分控制的一个原因，是积分控制虽能消除静态误差，但是其作用依赖误差积累，控制作用缓慢，不利于改善系统的动态性能。所以，实用中一般不单独使用积分控制，而是和比例控制作用结合起来，构成比例积分（PI）控制。这样取二者之长，互相弥补，既有比例控制作用的迅速及时，又有积分控制作用消除静态误差的能力。比例积分控制器是目前应用十分广泛的一种控制器。

比例积分控制特点如下：

①兼顾动态响应指标和稳态指标，在保证控制系统稳定的基础上提高系统的型别，从而提高系统的稳态精度。

②对于 Ⅰ 型系统，斜坡输入时会产生稳态误差，但是加入 PD 控制后，系统变为 Ⅱ 型系统，稳态误差为 0，因而控制精度显著提高。

（3）比例微分（PD）调节规律。比例微分 PD 调节器的特性可用下列微分方程表示：

$$u(t) = K_p e(t) + K_p T_d \frac{de(t)}{dt} \tag{6.47}$$

传递函数为

$$G_c(s) = \frac{U(s)}{E(s)} = K_p(1 + T_d s) \tag{6.48}$$

式中，T_d 为调节器的微分时间。

PD 调节器可以反映输入信号的变化趋势，具有某种预见性，可为系统引进一个有效的早期修正信号，以增加系统的阻尼程度，从而提高系统的稳定性。

比例微分控制特点如下：

①具有超前校正作用，能反映偏差信号的变化速率，能在偏差信号变得太大前，在系统中引入一个有效的早期修正信号，有助于提高系统的稳定性和响应的快速性。

②微分控制只对动态过程起作用，对稳态过程无影响，对噪声敏感，通常不单独与被控对象串用。

（4）比例积分微分（PID）调节规律。比例积分微分调节规律是由比例、积分、微分三种基本调节规律组合而成的，它兼备了单独的调节规律的优点。理想 PID 调节器输出信号与偏差之间的关系为

$$u(t) = K_p\Big[e(t) + \frac{1}{T_i}\int_0^t e(t)\,\mathrm{d}t + T_d\frac{\mathrm{d}e(t)}{\mathrm{d}t}\Big] \tag{6.49}$$

传递函数为

$$G_c(s) = \frac{U(s)}{E(s)} = K_p\Big(1 + \frac{1}{T_i s} + T_d s\Big) \tag{6.50}$$

对 PID 控制公式进行分析可以发现：P 控制与误差呈比例关系，用于控制系统增益（减小系统的稳态误差，提高系统的响应速度）；I 控制为了消除静态误差而辅助存在（误差累计越多，作用越强）；D 控制仅当 $e(t)$ 发生变化时起作用，主要作用为抑制系统的振荡（系统响应变化越剧烈，作用越强）。

此外，也注意到参数 K_p 同时影响各个模块，说明 K_p 的调节可以使整个调节器的作用得到放大或缩小。在调节过程中，应首先确定 K_p，在此基础上，再调节 T_i 和 T_d。

PID 控制特点如下：

①兼具 PI 和 PD 的作用，全面提高系统控制性能，应用广泛。

②需要确定 3 个参数，参数的确定复杂度比两作用控制要高。

3. PID 校正与串联相位超前、滞后校正等的区别与联系

（1）PID 校正与串联相位超前、滞后校正等的区别。PID 校正与串联相位超前、滞后校正等的区别主要可以总结为如下五点：

①从校正装置的性质和特点上看，PID 校正环装置多为有源校正装置，参数变换范围更广，但结构复杂、成本高；串联相位超前、滞后、滞后 - 超前等主要为无源校正装置，参数变化范围有限，但结构简单、成本低。

②从校正装置的结构组成上看，PID 校正环装置对系统调节作用可视为多环节并联校正，通常只改控制参数，而无须对结构进行调整；串联相位超前、滞后、滞后 - 超前等校正装置通常被视为整体考虑，同时要考虑校正装置的性质和参数。

③从校正装置与系统关系上看，PID 校正更多地被认为是原系统引入的控制器；串联相位超前、滞后、滞后 - 超前等校正则是对原系统进行结构修改，但两者达到的效果是类似的。

④从装置的对数相频特性上看，PID 校正的相频特性曲线具有单调性，但是串联相位超前、滞后、滞后 – 超前等校正等的相频特性曲线通常没有单调性。

⑤从校正结果的实现上看，PID 校正参数的选择通常需要依据经验进行调试；串联相位超前、滞后、滞后 – 超前等校正等的校正装置结构与参数通常是可以严格计算出来的。

（2）PID 校正与串联相位超前、滞后校正等的联系。从装置的对数幅频特性上看，PD 校正与串联相位超前校正类似；PI 校正与串联相位滞后校正类似；PID 校正与串联相位滞后 – 超前校正类似。

4. PID 控制中各参数的作用

例 6.5　已知单位负反馈系统的开环传递函数

$$G(s) = \frac{0.5}{(s+5)(s+1)}$$

在单位阶跃输入时，试采用 PID 校正改善系统性能，并说明各参数对系统响应的影响。

解：系统的闭环传递函数

$$\Phi(s) = \frac{G(s)}{1 + G(s)} = \frac{0.5}{s^2 + 6s + 25}$$

采用 MATLAB 求系统的单位阶跃响应

（1）观察 K_p 的影响。设 $T_i = 0.2$ s，$T_d = 0.2$ s，令 K_p 从 0.7 开始，以步长 0.5 增长到 3.2。系统的响应曲线如图 6.21 所示。

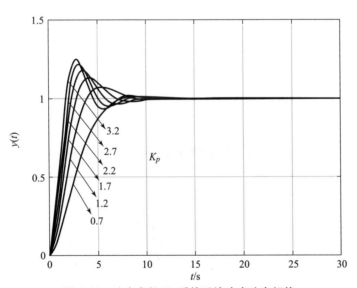

图 6.21　改变参数 K_p 后的系统响应改变规律

结果表明：随着 K_p 的增加，系统的快速性会得到改善，但是系统的超调会愈加明显。

（2）观察 T_i 的影响。设 $K_p = 1.2$，$T_d = 0.2$ s，令 T_i 从 0.2 s 开始，以步长 0.2 s 增长到 1.2 s。系统的响应曲线如图 6.22 所示。

由图 6.22 可知，随着积分时间增加，系统的响应逐渐变慢。从

$$G_c(s) = K_p\left(1 + \frac{1}{T_i s} + T_d s\right)$$

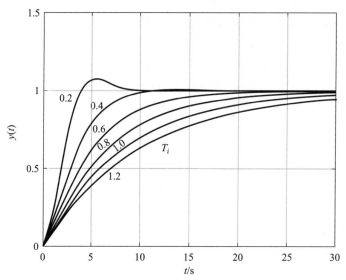

图 6.22 改变参数 T_i 后的系统响应改变规律

可以看出，当 T_i 增加时，积分作用对系统输出的影响是逐渐减小的。积分作用主要是消除稳态误差，因此积分作用越强，系统消除稳态误差的速度越快，有利于提高系统的响应速度。

（3）观察 T_d 的影响。设 $K_p = 3.2$，$T_i = 0.1 \text{ s}$，令 T_d 从 0.3 s 开始，以步长 0.3 s 增长到 1.8 s。系统的响应曲线如图 6.23 所示。

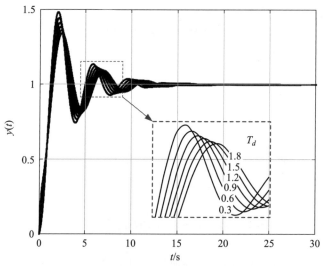

图 6.23 改变参数 T_d 后的系统响应改变规律

结果表明：随着 T_d 的增加，系统的振荡幅度减小，说明微分作用可以降低系统的变化幅度。从数学角度，微分作用是输出响应 $y(t)$ 的时间导数，显然只有在 $y(t)$ 发生改变时，微分项才能起作用。

解毕!

在实际应用中，K_p、T_i、T_d 3 个参数存在优化组合，可兼顾系统的稳定性、准确性和快速性。这种优化参数组合的选择，通常需要根据对系统的了解和经验进行调节。关于 PID 控制作用选择方面，规律可以总结如下：比例（P）调节规律适用于改善系统响应慢、稳态误差大情况，单纯 P 调节的引入，可以增大系统增益，有利于提高响应速度、减少稳态误差，但不能完全消除稳态误差。比例积分（PI）调节规律适用于改善响应较慢并需要消除余差的情况。比例积分（PD）调节规律适用于对象调节通道时间常数较小、输出变化幅度大的情况。如果系统结构自带积分环节，PD 作用的引入将显著改善系统的动态性能。比例积分微分（PID）调节规律属于三者的综合作用，适用于改善响应质量较差的系统。关于 PID 控制参数的选择，在第 7 章的例子中（例 7.8）展示了采用爬山法优化 PID 控制参数的例子，同学们可以进一步对 PID 控制参数的整定过程进行深入的了解。

课 后 习 题

6-1　什么是系统校正？系统校正方式有哪些类型？

6-2　PID 控制中，比例、积分、微分作用分别用什么量表示其控制作用的强弱？并分别说明它们对控制质量的影响。

6-3　设单位反馈系统的开环传递函数

$$G(s) = \frac{K}{s(s+1)}$$

试设计串联超前校正装置的参数，使系统在单位斜坡输入的稳态误差 $e_{ss} = 1/15$，相位裕度 $\gamma \geq 45°$，幅值交接频率 $\omega_c \geq 7.5$ rad/s，绘制校正前和校正后系统开环传递函数的对数幅频特性和相频特性曲线。

6-4　已知一单位反馈系统的开环传递函数为

$$G(s) = \frac{K_m}{s(s+25)}$$

试设计一个相位滞后校正装置：

（1）在单位速度函数输入下的输出稳态误差 $e_{ss} = 1/100$，且相位裕量 $\gamma \geq 45°$；

（2）绘制校正前和校正后的系统频率特曲线。

6-5　一单位负反馈系统如图 6.24 所示。

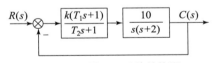

R(s)　$\dfrac{k(T_1 s + 1)}{T_2 s + 1}$　$\dfrac{10}{s(s+2)}$　C(s)

图 6.24　题 6.5 系统结构图

（1）试确定校正装置的参数 k、T_1、T_2，使系统单位斜坡输入下的稳态误差 $e_{ss} = 0.1$，闭环传递函数为无零点的二阶振荡系统，调节时间 $t_s = 0.7$ s（按 $\pm 5\%$ 误差带计算，$t_s = 3.5/\xi\omega_n$）。

（2）计算校正后系统阶跃响应的超调量 $\sigma\%$。

6-6 单位反馈系统校正前的开环传递函数为

$$G(s) = \frac{1\,000}{s(0.01s + 1)}$$

引入串联校正装置后系统的对数幅频特性渐近曲线如图 6.25 所示。

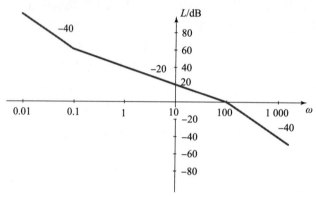

图 6.25 引入串联校正装置后系统的对数幅频特性渐近曲线

（1）在图 6.25 中做出系统校正前开环传递函数和校正环节的对数幅频特性的渐近曲线，计算校正前系统的相位裕度。

（2）写出校正装置的传递函数，它是何种校正装置？计算校正后系统的相位裕度。

（3）计算校正前闭环系统阶跃响应的超调量、峰值时间和调节时间，估算校正后闭环系统阶跃响应的超调量、峰值时间和调节时间。

第 7 章

MATLAB 在自动控制理论中的应用

本章学习要点

(1) 了解 MATLAB 中常用控制系统工具箱命令的应用。

(2) 会用 MATLAB 进行控制系统的时域分析、根轨迹分析和频域分析。

(3) 掌握采用 MATLAB 对控制系统进行校正和参数优化的基本方法。

7.1 引　　言

自动控制理论针对实际的自动控制系统，探讨的是控制过程的性能及其规律性，具有数学知识要求高、计算繁杂、作图方法多、实际应用广泛等特点。传统的学习方法对于快速理解各类规律和求解问题具有很大的局限。MATLAB 是一种集数值计算、符号运算和图形处理等强大功能于一体的计算机语言，适用于工程应用各领域的分析、设计和复杂计算。采用 MATLAB 作为工具进行自动控制理论的学习和实践，对于提高学习效率及促进分析、设计能力有很大的帮助。本章对常见自动控制系统应用的 MATLAB 命令进行了概述，并针对时域分析法、根轨迹法、频域分析法及系统的校正、优化等进行举例阐述。本章进行示范的 MATLAB 平台版本为 8.5.0.197613（R2015a）。由于 MATLAB 的版本兼容比较好，因此通常程序可以在各个版本中正常运行。此外，在安装 MATLAB 时，要确保安装控制理论工具箱，即 control system toolbox，否则一些专用的命令将无法识别。

7.2 常用的自动控制理论 MATLAB 命令

MATLAB 控制系统工具箱包含很多函数，每种函数的用法（可变的输入输出参数）又分很多种。本章总结和介绍了几种常用的控制系统函数指令。其他功能指令在此不一一列举，请大家根据实际需求自行学习。

常见的 8 个控制系统工具箱函数指令如下。

1. 从多项式构建传递函数 tf

$$G = tf(Num, Den)$$

其中，Num 为分子向量，Den 为分母向量。如：H = tf（{ -5；[1 -5 6]}，{ [1 -1]；[1 3 0]}），可以构造两个函数

$$G_1(s) = \frac{-5}{s-1}$$

和

$$G_2(s) = \frac{s^2 - 5s + 6}{s^2 + 3s}$$

若要从传递函数中取得分子分母向量中的元素，如要取第二个传递函数分母中 s 的系数，可以采用命令 H（2）.den｛1｝（2），结果返回 3。

2. 从增益、零点、极点构造传递函数 zpk

$$G = zpk(z,p,k)$$

其中，z 为传递函数零点；p 为传递函数极点；k 为传递函数增益。如 H = zpk（｛[ ]；[- 2 - 3]｝,｛1；[0 - 1]｝,[- 5；1]）可以构造两个函数

$$G_1(s) = \frac{-5}{s - 1}$$

和

$$G_2(s) = \frac{(s + 2)(s + 3)}{s(s + 1)}$$

如果需要得到多项式格式的传递函数，则采用 H = tf(zpk( )) 格式就可以转化；如果需要得到零极点格式的传递函数，则采用 H = zpk(tf( )) 格式就可以转化。

3. 求系统的单位阶跃响应函数 step

$$y = step(num,den,t) 或 y = step(G,t)$$

其中，num 和 den 分别为系统传递函数描述中的分子与分母多项式系数；G 为传递函数；t 为选定的仿真时间向量，一般可以由 t = 0:dt:n *dt 等步长地产生。该函数返回值 y 为系统在仿真时刻各个输出所组成的矩阵。单位阶跃响应函数 impulse( ) 和 step( ) 的格式用法类似。

4. 求单位负反馈系统的传递函数 feedback

$$G = feedback(series(G1,G2),W,sign)$$

其中，series（G1，G2）是两个传递函数的串联，也可写成 G1 * G2；如果是两个传递函数并联，相应传递函数为 parallel（G1，G2），也可写成 G1 + G2。W 为反馈通道上的传递函数，最后一个 sign = - 1 或缺省时是负反馈，sign = 1 时代表正反馈。

5. 求系统根轨迹函数 rlocus

$$r = rlocus(sys,k)$$

指定增益 k，返回 r 为与 k 对应的根轨迹点。

6. 求根轨迹上指定点函数 rlocfind

$$[K,p] = rlocfind(sys)$$

其中，K 为增益，p 为极点坐标，需要单击根轨迹上相应的点，同时也会返回被选极点的开环增益 K 和与之对应的所有其他闭环极点的值。

7. 绘制 Bode 图函数 bode

$$[mag,phase,wout] = bode(sys)$$

返回幅值、相位以及对应的角频率 w，采用 bode(sys) 显示系统 sys 的 Bode 图。

8. 绘制系统极坐标图函数 nyquist

$$[RE,IM] = nyquist(SYS,W) 和 [RE,IM,W] = nyquist(SYS)$$

其中，返回实际值频率响应的部分 RE 和虚部 IM，以及频率向量 W（如 W 未被缺省）。若缺省掉所有的返回参数，则表示要输出系统的 Nyquist 图，直接用命令 nyquist（sys）即可。

7.3　用 MATLAB 实现自动控制系统分析

下面，我们通过一些例子来具体学习如何用 MATLAB 来实现自动控制系统分析。

例 7.1　求如图 7.1 所示控制系统框图的传递函数。

解：相应代码为

```
[1]clc;clear;
[2]num1 =[10];den1 =[1,2,1];
[3]num2 =[1,1];den2 =[1,2];
[4]G = tf(num1,den1);
[5]H = tf(num2,den2);
[6]sys = feedback(G,H, -1)
```

运行结果为

```
sys =
        10 s + 20
----------------------------
s^3 + 4 s^2 + 15 s + 12
Continuous – time transfer function.
```

解毕!

例 7.2　求如图 7.2 所示复合控制系统框图的传递函数。

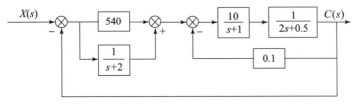

图 7.2　复合控制系统框图

解：相应代码为

```
[1]clc;clear;
[2]num1 =[540];   den1 =[1];
[3]num2 =[1];   den2 =[1,2];
[4]num3 =[10];   den3 =[1,1];
[5]num4 =[1];   den4 =[2,0.5];
[6]num5 =[0.1];   den5 =[1];
[7][numa,dena] =parallel(num1,den1,num2,den2);
[8][numb,denb] =series(num3,den3,num4,den4);
```

```
[9][numc,denc]=feedback(numb,denb,num5,den5);
[10][numd,dend]=series(numa,dena,numc,denc);
[11][num,den]=cloop(numd,dend);
[12]printsys(num,den)
```

运行结果为

num/den =

$$\frac{5400\ s + 10810}{2\ s^3 + 6.5\ s^2 + 5406.5\ s + 10813}$$

解毕!

例 7.3 求下列传递函数的单位阶跃响应。

$$G(s) = \frac{192}{s^3 + 16s^2 + 64s + 192}$$

并求系统的超调量 $\sigma\%$、上升时间 t_r、峰值时间 t_p 和调节时间 t_s；做出阶跃响应曲线。

解：相应代码为

```
[1]clc;clear;close
[2]num=[192];
[3]den=[1,16,64,192];
[4]t=0:0.05:10;
[5]G=tf(num,den);
[6][Y,T]=step(G,t);

[7]%%图像输出
[8]set(gcf,'color',[1 1 1])
[9]A=axes('Parent',gcf,'FontSize',14,'FontName',...
[10]'Times New Roman');
[11]box(A,'on');
[12]hold(A,'on');
[13]grid(A,'on');
[14]title('Step respnose')
[15]xlabel('time(s)')
[16]ylabel('Amplitude')
[17]axis([0 10 0 1.3])
[18]Hp=plot(T,Y,'k','LineWidth',2);

[19]%%求上升时间、峰值时间、超调量、调节时间
[20]t0=1;
[21]while Y(t0)<1.00001;t0=t0+1;end
[22]t_r=(t0-1)*0.05;   %上升时间
```

```
[23][ymax,tp]=max(Y);
[24]t_p=(tp-1)*0.05;　%峰值时间
[25]ct1=(ymax-1)*100;%超调量
[26]t0=max(T)/0.05;
[27]while  Y(t0)>0.98 & Y(t0)<1.02;t0=t0-1;end
[28]t_s=(t0-1)*0.05;　%调节时间
[29]['[t_r,t_p,ct1,t_s]=[',num2str(t_r),'s,',...
[30]num2str(t_p),'s,',num2str(ct1),'%,',num2str(t_s),'s]'])
```
程序运行结果为

[t_r,t_p,ct1,t_s]=[0.75s,1s,15.2474%,2.05s]

相应的响应曲线如图7.3所示。

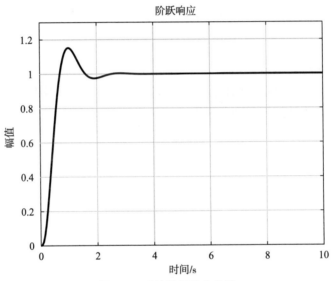

图 7.3　系统阶跃响应曲线

解毕!

例 7.4　求如图 7.4 所示闭环系统的极点,并判断系统的稳定性。

解:相应的代码为

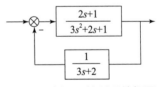

图 7.4　例 7.4 控制系统框图

```
[1]clc;clear
[2]sys1=tf([2 1],[3 2 1]);
[3]sys2=tf(1,[3 2]);
[4]H=feedback(sys1,sys2,-1);
[5]p=pole(H);　%系统极点
[6]ni=find(real(p)>0);
[7]n=length(ni);
[8]if  n>0
[9]    disp('系统不稳定')
```

```
[10]    else
[11]      disp('系统稳定')
[12]    end
[13]    p
```

运行结果为：系统稳定

```
p =
    -0.3695 +0.6514i
    -0.3695 -0.6514i
    -0.5944 +0.0000i
```

解毕！

例7.5 已知开环传函

$$G(s) = \frac{2s^2 + 5s + 1}{s^2 + 2s + 3}$$

（1）作系统的根轨迹。

（2）求分离点坐标与增益。

（3）如要求找到任意指定点的根及对应的根轨迹增益，应采用什么指令？

解：（1）作系统根轨迹相应的代码为

```
[1]clc;clear;close
[2]num =[2 5 1];
[3]den =[1 2 3];
[4]rlocus(num,den)   %作根轨迹图
[5]title('Root Locus');
```

相应根轨迹图如图7.5所示。

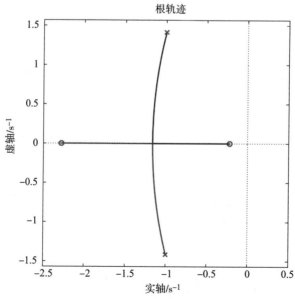

图7.5　系统根轨迹图

（2）接续（1）中代码，求分离点坐标代码为

```
[6][r,k]=rlocus(num,den);  %返回根轨迹点与增益
[7][ind]=find(abs(r(:,1)-r(:,2))<0.0001)%找重根索引
[8]fld=r(ind,1);  %找到分离点坐标
[9]kfld=k(ind);  %找到分离点处根轨迹增益
[10]['[fld,kfld]=[',num2str(fld),',',num2str(kfld),']']
```

返回的结果为

$$[fld,kfld]=[-1.1644\ 0.96052]$$

说明分离点为 -1.1644，相应的根轨迹增益为 0.96052。

（3）接续（2）中代码，可采用 rlocfind 函数找到任意指定点的根及对应的根轨迹增益。具体为

```
[11][k,poles]=rlocfind(num,den);%在根轨迹上找根和增益
```

运行以上指令后，命令窗口将处于等待状态。同时，在当前根轨迹图上有可移动十字线出现（用鼠标运动进行移动控制）。当将十字线交点对准根轨迹上的指定点后，单击确定，即可在根轨迹上显示找到相应根轨迹增益对应的根，并在命令窗口显示找到的根的坐标及相应的根轨迹增益值。

解毕！

例 7.6　单位反馈系统的开环传递函数为

$$G(s)=\frac{K}{s(s+1)(s+10)}$$

当 $K=3$、30、300 时：

（1）在一张图上做出相应的 Nyquist 曲线。

（2）求出每种情况下的幅值裕度、相位裕度、幅值交界频率、相位交界频率。

解：（1）做出相应的 Nyquist 曲线图：

```
[1]clc;  clear;close

[2]%% ----准备作图----
[3]hold on
[4]axis off
[5]set(gcf,'color',[1 1 1])
[6]A=axes('Parent',gcf,'FontSize',14,'FontName','Times New Roman');
[7]box(A,'on');
[8]hold(A,'on');
[9]line([-2,2],[0,0],'linestyle',':');
[10]line([0,0],[-2,2],'linestyle',':');
[11]ceta=0:0.02:2* pi;
[12]plot(cos(ceta),sin(ceta),'b','linestyle','--')
[13]axis equal
[14]title('Nyquist program')
```

```
[15]xlabel('RE')
[16]ylabel('IM')

[17]%% ----根据 Nyquist 曲线坐标画图----
[18]W =[0:0.01:20]';              %频率序列
[19]n =length(W);
[20]for j =[3,30 300]
[21]Gs =tf(j,[1,11,10,0]);        %构建传递函数
[22][Re,Im]=nyquist(Gs,W);        %获得各频率下 Gs 的极坐标
[23]for i =1:n
[24]if Re(1,1,i) > -2
[25]plot(Re(1,1,i),Im(1,1,i),'k.')%作曲线点图
[26]end
[27]end
[28]id =floor(j^0.5* n/60)%找到标注增益位置序号
[29]text(Re(1,1,id),Im(1,1,id),['K =',num2str(j)])%标注增益
[30]%[kg,gama,Wg,Wc]=margin(Gs);
[31]%[j,kg,gama,Wc,Wg]
[32]end
[33]hold off
[34]axis([-2,2,-2,2])
```

做出 Nyquist 图如图 7.6 所示。

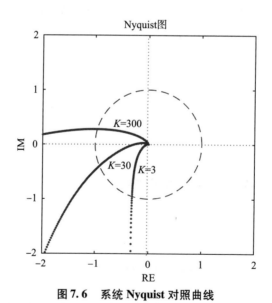

图 7.6 系统 Nyquist 对照曲线

（2）采用 margin 函数可以求出每种情况下的幅值裕度、相位裕度、幅值交界频率、相位交界频率，具体方法为在（1）的代码中，取消［30］、［31］两行的注释，再次运行程序

即可。最终结果分别为

$$
\begin{array}{ccccc}
3.000\ 0 & 36.666\ 7 & 72.275\ 1 & 0.288\ 2 & 3.162\ 3 \\
30.000\ 0 & 3.666\ 7 & 23.292\ 0 & 1.582\ 7 & 3.162\ 3 \\
300.000\ 0 & 0.366\ 7 & -16.057\ 3 & 5.119\ 4 & 3.162\ 3
\end{array}
$$

其中，第一列为增益 K，后面依次为幅值裕度、相位裕度、幅值交界频率、相位交界频率。

解毕！

例 7.7　已知开环传递函数

$$
G(s) = \frac{1\ 000}{s(0.1s + 1)(0.001s + 1)}
$$

分析该系统，并采用串联校正方法校正系统，要求：

（1）相位裕度 $\gamma \geqslant 45°$。

（2）剪切频率 $\omega_c > 150$ rad/s。

（3）对数幅值裕度 $L_g > 10$ dB。

解：首先分析未校正系统的情况：

```
[1]clc;clear;close
[2]num =1000;
[3]den =conv([1,0],conv([0.1,1],[0.001,1]));
[4]G0 =tf(num,den);
[5][Lg0,Gama0,Wg0,Wc0]=margin(G0);
[6]hold on
[7]bode(G0);
[8]margin(G0);
[9]hold off
[10]set(gcf,'color',[1 1 1])
```

输出的 Bode 图如图 7.7 所示。

可见系统的幅值裕度和相位裕度均基本为 0，系统处于临界稳定状态。注意到系统的两个特征：第一，中频段剪切频率附近的幅频特性曲线下降较陡，说明需要一个处于上升段的幅值补偿；第二，要求补偿的相位裕度 $\gamma \geqslant 45°$，而当前相位裕度为 0，补偿量不超过 50°。以上两个特征表明，宜首先采用串联相位超前补偿。

确定好方案后进行校正，相应代码为

```
[1]clc;clear;close
[2]num =1000;
[3]den =conv([1,0],conv([0.1,1],[0.001,1]));
[4]G0 =tf(num,den);
[5][Lg0,Gama0,Wg0,Wc0]=margin(G0);%获得未校正传递函数参数
[6]w =0.1:0.1:10000;            %产生频率序列
[7][mag0,phase0]=bode(G0,w);%获得未校正函数的
[8]Lw =20* log10(mag0);        %未校正系统的对数幅值特性
[9]phiml =45;          %相位裕度校正目标
```

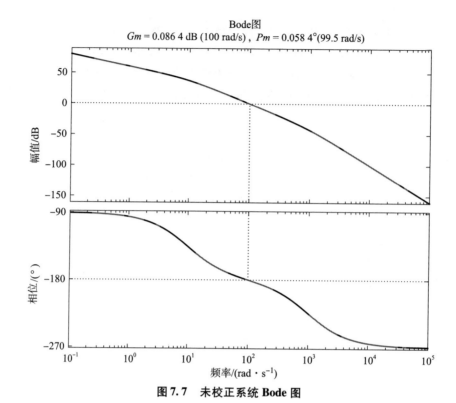

图7.7 未校正系统 Bode 图

```
[10]deta =10;       % 相位裕度误差余量
[11]phim =phiml - Gama0 +deta;  % 校正装置应提供的最大相位
[12]alfa =(1 - sin(phim* pi/180))/(1 +sin(phim* pi/180));% 计算 alfa
[13]n =find(Lw +10* log10(1/alfa) < =0.0001);  % 找新的剪切频率
[14]wc =n(1);
[15]w1 =(wc/10)* sqrt(alfa);  % 补偿装置第一转折频率
[16]w2 =(wc/10)/sqrt(alfa);   % 补偿装置第二转折频率
[17]numc =[1/w1,1];
[18]denc =[1/w2,1];
[19]Gc =tf(numc,denc);  % 补偿装置传递函数
[20]G =Gc* G0;
[21][Lgc,Gamac,Wgc,Wcc] =margin(G);  % 校正后的传递函数频率指标
[22]CmcdB =20* log10(Lgc);

[23]%% 显示计算结果
[24]disp('校正装置传递函数和校正后系统开环传递函数:'),Gc,G
[25]disp('校正后系统的频域性能指标 Lg,γ,wc:'),[20* log10(Lgc),Gamac,Wcc]
[26]disp('校正装置的参数 T 和 α 值:'),[1/w1,alfa]
[27]set(gcf,'color',[1 1 1])
```

```
[28]hold on
[29]bode(G0,G);
[30]margin(G);
[31]hold off
```

运行程序，获得结果如下。

校正装置传递函数和校正后系统开环传递函数：

$$Gc = \frac{0.01794\ s + 1}{0.00179\ s + 1}$$

$$G = \frac{17.94\ s + 1000}{1.79e - 07\ s^4 + 0.0002807\ s^3 + 0.1028\ s^2 + s}$$

Continuous – time transfer function.

校正后系统的频域性能指标 Lg、γ、wc：

ans = 17.5876　48.1832　176.3849

校正装置的参数 T 和 α 值：

ans = 0.0179　0.0998

相应的 Bode 图如图 7.8 所示。

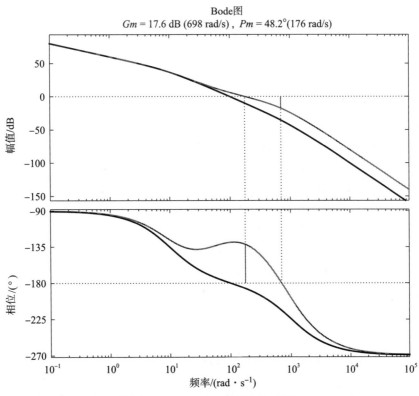

图 7.8　校正前、后系统 Bode 图对照

从图 7.8 显示数据可知，相位裕度 $\gamma = Pm = 48.2 \geqslant 45°$，剪切频率 $\omega_c = 176$ rad/s $>$ 150 rad/s，对数幅值裕度 $L_g = Cm - 17.6$ dB >10 dB。这说明当

$$G_c(s) = \frac{0.017\,94s + 1}{0.001\,79s + 1}$$

时，系统要求的校正后指标均能满足需求。

解毕！

例7.8　图 7.9 所示为 PID 控制系统框图。其中，

图7.9　PID 控制系统框图

$$G(s) = \frac{1}{(s + 0.5)(s + 1)(s + 8)}$$

试采用爬山法获得理想的 PID 控制参数。

解：程序代码为

```
[1]clc;clear;close
[2]%% 采用 ZPK 格式构造开环传递函数
[3]KTFP = [ -0.5 -1 -8];
[4]KTFZ = [ ];
[5]KTFK = 1;
[6]EA = zeros(1,7);% 误差指标存储空间
[7]PIDC = [1 1 1];　% 初始化 Kc Ti Td
[8]d = 0.01;　　% 参数修改步长
[9]
[10]%% ------- 主循环 ------------
[11]for i = 1:1000
[12]% 采用爬山法调整 PID 参数
[13]PIDC7 = [PIDC(1),PIDC(2),PIDC(3);
[14]　 PIDC(1) + d,PIDC(2),PIDC(3);
[15]　 PIDC(1) - d,PIDC(2),PIDC(3);
[16]　 PIDC(1),PIDC(2) + d,PIDC(3);
[17]　 PIDC(1),PIDC(2) - d,PIDC(3);
[18]　 PIDC(1),PIDC(2),PIDC(3) + d;
[19]　 PIDC(1),PIDC(2),PIDC(3) - d];
[20]% 计算误差指标
[21]for j = 1:7
[22]
    NUMC = [PIDC7(j,1) * PIDC7(j,2) * PIDC7(j,3),PIDC7(j,1) * PIDC7
(j,2),PIDC7(j,1)];
[23]　 DENC = [PIDC7(j,2),0];　% DENC(NUMC)—PID 控制器分母(分子)多项式
[24]　 SYSB = feedback(tf(zpk(KTFZ,KTFP,KTFK)) * tf(NUMC,DENC),1, -1);
[25]　 [Y,T] = step(SYSB,[0:0.05:30]);　% 获得系统的阶跃响应
```

［26］　EA(1,j) = sum(((Y-1).*(Y>1).*T).^2) - sum((Y-1).*(Y<1).*T);%
获得误差指标

［27］end

［28］[SEA,IND] = sort(EA);%获得当前步骤中最优 PID 参数组合

［29］PIDC = PIDC7(IND(1),:);

［30］if i = =1 %没有 PID 控制器的系统输出

［31］　SYSB = feedback(tf(zpk(KTFZ,KTFP,KTFK)),1);

［32］　[Y2,T2] = step(SYSB,[0:0.05:30]);

［33］end

［34］if Y(30) >1;break;end　%防止由于快速性增强然而超调过大

［35］% ------ 数据与图像输出 ------

［36］　%屏幕输出

［37］　clc;clf

［38］　OUT = {floor(i),PIDC,Y(30),EA'};

［39］　steps = OUT{1}

［40］　KpTiTd = OUT{2}

［41］　Y30 = OUT{3}

［42］　ErrorIndex = OUT{4}

［43］　%图形输出

［44］　A = axes('Parent',gcf,'FontSize',14,'FontName','Times New Roman
');

［45］　box(A,'on');

［46］　grid(A,'on');

［47］　hold(A,'on');

［48］　Hp = plot(T,Y,'r',T,Y2,'k','LineWidth',2);

［49］　set(gcf,'color',[1 1 1])

［50］　title('Step respnose')

［51］　xlabel('time(s)')

［52］　ylabel('Amplitude')

［53］　drawnow

［54］end

［55］　text(20,Y(floor(25/0.05)) +0.04,'Optimized PID control');

［56］　text(20,Y2(floor(25/0.05)) +0.04,'No PID control');

程序运行结果为

steps =　　2 000

KpTiTd =　18.4400　2.5300　0.6300

Y30 =　　　0.9458

```
ErrorIndex =
    6.0737
    6.0674
    6.0800
    6.0677
    6.0802
    6.0734
    6.0805
```

获得的响应曲线如图 7.10 所示。

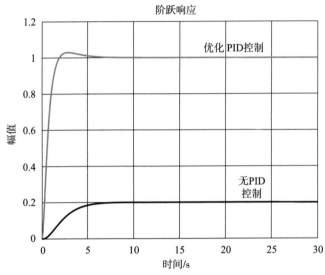

图7.10　PID 控制阶跃响应对照

解毕!

关于本例的三点说明:

(1) 爬山法是一种经典的最优化方法,通过在基准点周围以一个特定的空间步长进行不同方向试探,如果在试探函数值中,存在比基准点更优的点,则将基准点取代之,进行下一次试探,直到所有试探的函数值均小于基准点函数值,则视该基准点对应的函数值为最优值。

(2) PID 控制参数有 3 个量,则每个迭代步中需要进行 6 次试探,加上基准点的值,故每个迭代步包含 7 个函数值,这是误差指标 ErrorIndex 有 7 个维度的原因。

(3) 本例中,误差指标函数采用组合方式构成,其代码为 $EA(1,j) = \text{sum}(((Y-1).*(Y>1).*T).^2) - \text{sum}((Y-1).*(Y<1).*T)$;通过这样的方式将正向误差和负向误差按照不同方式进行累计。事实上,在实际应用中,我们需要根据不同的传递函数,灵活改变这个误差指标以达到获得优化 PID 控制参数的目的。

7.4　小　　结

　　这一章中，我们学习了常用的 MATLAB 控制系统工具箱函数的使用，举例阐述了采用 MATLAB 进行控制系统的时域分析、根轨迹分析和频域分析的基本方法，并对控制系统校正和参数优化进行了示范。通过本章学习，同学们要基本掌握采用 MATLAB 学习自动控制理论的方法，并能尝试进行系统校正和优化。本章没有对 MATLAB 的一些基本函数进行介绍，也没有对 Simulink 等常用的工具平台进行讲解，希望大家能进一步学习和熟练这些知识，举一反三，从而形成较好的学习技能，更好地掌握和应用自动控制理论知识。

参 考 答 案

第1章 "绪论"习题与答案

1-1 自动控制理论作为一门学科形成的标志是什么？

答：1948 年，美国数学家诺伯特·维纳的《控制论》一书的出版，标志着控制论的正式诞生，也标志着自动控制理论作为一门学科的形成。

1-2 经典控制理论的快速发展时期是什么阶段？

答：经典控制理论的快速发展时期是 1935—1950 年。在此阶段，经典控制理论中的核心方法根轨迹法、频域分析法等集中形成。

1-3 什么是自动控制和自动控制系统？

答：自动控制是指在没有人直接参与的情况下，利用外加的设备或装置（称控制装置或控制器），使机器、设备或生产过程（被控对象）的某个工作状态或参数（即被控量）自动地按照预定的规律运行的操作手段。自动控制系统是由控制装置和被控对象所组成，它们以某种相互依赖的方式组合成为一个有机整体，并对被控对象进行自动控制。

1-4 经典控制理论的三大分析校正方法是什么？

答：经典控制理论的三大分析校正方法是时域分析法，根轨迹法和频域分析法。

1-5 评价一个控制系统的性能主要从哪几方面考虑？

答：其主要是从三个方面考虑：首先是稳定性，其次是准确性，最后是快速性。这三个方面相互影响，共同决定系统的综合性能。

1-6 按照补偿方式不同，复合控制系统主要分为哪两种？

答：其主要分为按给定补偿和按扰动补偿两种方式。

1-7 自动控制系统能分成哪些类型？

答：（1）按系统的结构，可以分为开环控制系统、闭环控制系统及复合控制系统。

（2）按描述系统的微分方程，可分为线性控制系统和非线性控制系统。

（3）按系统中传递信号的性质，可分为连续系统和离散系统。

（4）按控制信号 $r(t)$ 的变化规律，可分为定值控制系统、程序控制系统和随动系统。

1-8 开环控制与闭环控制各有何特点？

答：开环控制只有信号的单向通路。其优点为：信号单向传递、结构简单、调试方便；其缺点在于，不能实时对控制误差进行自动监控和调整，抗干扰能力差，控制精度得不到保障。

闭环控制将输出信号通过回路反馈到输入端，以误差作为控制依据。其优点在于系统具有自动纠正偏差的能力、抗扰性好、控制精度高。其缺点在于：元件多、成本高、信号传输及结构相对复杂。

1-9 经典控制理论中，有哪些主要的非线性分析方法？

答：经典控制理论中的非线性系统理论方法包括描述函数法、相平面法、李雅普诺夫法、波波夫法、Z 变换等。

1-10 现代控制理论中，有哪些常见控制方法？

答：现代控制理论的常见控制方法包括状态反馈、最优控制、智能控制、预测控制、自适应控制、模糊控制、分级递阶控制等。

第2章 "控制系统数学模型"习题与答案

2-1 求下列函数拉氏变换式（零初始条件）或反拉氏变换式。

(1) $f(t) = e^{-2t}\cos 4t$。

解：由复位移定理可得

$$L[e^{At}f(t)] = F(s - A)]$$

又有

$$L[\cos \omega t] = \frac{s}{s^2 + \omega^2}$$

则有

$$L[f(t)] = \frac{s + 2}{(s + 2)^2 + 16} = \frac{s + 2}{s^2 + 4s + 20}$$

(2) $f(t) = 2 - e^{-\frac{t}{T}} + \sin 3t$。

解：由拉氏变换线性性质

$$L[1(t)] = \frac{1}{s}, L[f(t)e^{At}] = F(s - A) \ \text{及} \ L[\sin(\omega t)] = \frac{\omega}{s^2 + \omega^2}$$

可得

$$L[f(t)] = L[2 \times 1(t)] - L[e^{-\frac{t}{T}}] + L[\sin(3t)]$$
$$= \frac{2}{s} - \frac{1}{s + \frac{1}{T}} + \frac{3}{s^2 + 9} = \frac{Ts^3 + (3T + 2)s^2 + (9T + 3s) + 18}{s(Ts^3 + s^2 + 9Ts + 9)}$$

(3) $F(s) = \frac{s + 1}{s(s^2 + s + 1)}$。

解：原式可分解为

$$F(s) = \frac{a}{s} - \frac{bs}{s^2 + s + 1}$$

可求得 $a = 1$ 和 $b = 1$。

代入得

$$L^{-1}[F(s)] = L^{-1}\left[\frac{1}{s}\right] - L^{-1}\left[\frac{s}{s^2 + s + 1}\right]$$

其中，

$$\frac{s}{s^2 + s + 1} = \frac{s + \frac{1}{2}}{\left(s + \frac{1}{2}\right)^2 + \left(\frac{\sqrt{3}}{2}\right)^2} - \frac{1}{\sqrt{3}} \frac{\frac{\sqrt{3}}{2}}{\left(s + \frac{1}{2}\right)^2 + \left(\frac{\sqrt{3}}{2}\right)^2}$$

依据

$$L[\cos \omega t] = \frac{s}{s^2 + \omega^2}, L[\sin \omega t] = \frac{\omega}{s^2 + \omega^2}$$

及复位移定理

$$L[f(t)\mathrm{e}^{At}] = F(s - A)$$

可求原式拉氏逆变换

$$L^{-1}[F(s)] = L^{-1}\left[\frac{1}{s}\right] - L^{-1}\left[\frac{s + \frac{1}{2}}{\left(s + \frac{1}{2}\right)^2 + \left(\frac{\sqrt{3}}{2}\right)^2}\right] + \frac{1}{\sqrt{3}}L^{-1}\left[\frac{\frac{\sqrt{3}}{2}}{\left(s + \frac{1}{2}\right)^2 + \left(\frac{\sqrt{3}}{2}\right)^2}\right]$$

$$= 1 - \mathrm{e}^{-\frac{1}{2}t}\cos\left(\frac{\sqrt{3}}{2}t\right) + \frac{\sqrt{3}}{3}\mathrm{e}^{-\frac{1}{2}t}\sin\left(\frac{\sqrt{3}}{2}t\right)$$

$(4)F(s) = \dfrac{s + 2}{s^2 + 4}$。

解：原式可分拆为

$$F(s) = \frac{s}{s^2 + 4} + \frac{2}{s^2 + 4}$$

$$= \frac{s}{s^2 + 2^2} + \frac{2}{s^2 + 2^2}$$

依据

$$L[\cos \omega t] = \frac{s}{s^2 + \omega^2}, L[\sin \omega t] = \frac{\omega}{s^2 + \omega^2}$$

可得原式的拉氏逆变换

$$L^{-1}[F(s)] = \cos(2t) + \sin(2t)$$

解毕！

2 – 2 已知系统的单位脉冲响应为 $g(t) = 4\mathrm{e}^{-t} + 3\mathrm{e}^{-0.2t}$，试求系统的传递函数。

解：依题意，设输入 $r(t) = \delta(t)$，则有 $R(s) = 1$；设输出为 $c(t) = g(t)$，则 $C(s) = L[g(t)]$；设传递函数为 $G(s)$，根据传递函数定义有

$$G(s) = \frac{C(s)}{R(s)} = L[g(t)] = \frac{4}{s + 1} + \frac{3}{s + 0.2} = \frac{35s + 19}{5s^2 + 6s + 1}$$

解毕！

2 – 3 已知系统传递函数

$$\frac{C(s)}{R(s)} = \frac{2}{s^2 + 3s + 2}$$

其中，初始条件为 $c(0) = -1, \dot{c}(0) = 0$，试求系统在输入 $r(t) = 1(t)$ 作用下的输出 $c(t)$。

解：依题意，本系统处于非零初始条件之下，因此首先要求出系统的微分方程，由

$$\frac{C(s)}{R(s)} = \frac{2}{s^2 + 3s + 2} \tag{1}$$

可得

$$2R(s) = (s^2 + 3s + 2)C(s) \tag{2}$$

进而可得时域关系

$$2r(t) = \ddot{c}(t) + 3\dot{c}(t) + 2c \tag{3}$$

在非零初始条件下进行拉氏变换（微分定理）得

$$2R(s) = s^2 C(s) - sc(0) - \dot{c}(0) + 3sC(s) - 3c(0) + 2C(s) \tag{4}$$

代入已知条件得

$$\frac{2}{s} = s^2 C(s) + s + 3sC(s) + 2C(s) + 3 \tag{5}$$

整理可得

$$C(s) = \frac{-s^2 - 3s + 2}{s(s+1)(s+2)} \tag{6}$$

由留数法分解

$$C(s) = \frac{k_1}{s} + \frac{k_2}{s+1} + \frac{k_3}{s+2} \tag{7}$$

$$\begin{cases} k_1 = \lim_{s \to 0} sC(s) = 1 \\ k_2 = \lim_{s \to -1} sC(s) = -4 \\ k_3 = \lim_{s \to -2} sC(s) = 2 \end{cases} \tag{8}$$

代入以上系数得

$$c(t) = 1 - 4e^{-t} + 2e^{-2t} \tag{9}$$

解毕！

2-4 证明图 P1(a)、(b) 所示的力学系统和电路系统是相似系统（即有相同形式的数学模型）。

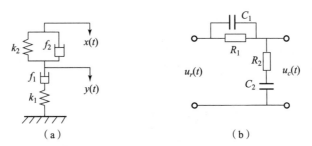

图 P1 题 2-4 力学系统与电路系统
(a) 力学系统；(b) 电路系统

证明：对于图 P1(a)，取 A、B 两点分别进行受力分析，如图所示。

$$\begin{cases} \text{对 } A \text{ 点}: k_2(x - y) + f_2(\dot{x} - \dot{y}) = f_1(\dot{y} - \dot{y}_1) \tag{1} \\ \text{对 } B \text{ 点}: f_1(\dot{y} - \dot{y}_1) = k_1 y_1 \tag{2} \end{cases}$$

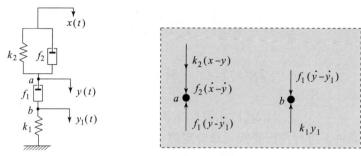

图 P2　图 P1(a) 受力分析

对式（1）、式（2）分别取拉氏变换，消去中间变量 y_1 得

$$\frac{Y(s)}{X(s)} = \frac{\dfrac{f_1 f_2}{k_1 k_2} s^2 + \left(\dfrac{f_1}{k_1} + \dfrac{f_2}{k_2}\right)s + 1}{\dfrac{f_1 f_2}{k_1 k_2} s^2 + \left(\dfrac{f_1}{k_1} + \dfrac{f_2}{k_2} + \dfrac{f_2}{k_1}\right)s + 1} \tag{3}$$

整理得

$$\frac{Y(s)}{X(s)} = \frac{f_1 f_2 s^2 + (f_1 k_2 + f_2 k_1)s + k_1 k_2}{f_1 f_2 s^2 + (f_1 k_2 + f_2 k_1 + f_2 k_2)s + k_1 k_2} \tag{4}$$

由图 2.59（b），根据电路信号关系可直接写出复域等式

$$\frac{U_c(s)}{R_2 + \dfrac{1}{C_2 s}} = \frac{U_r(s)}{R_2 + \dfrac{1}{C_1 s} + \dfrac{R_1 \cdot \dfrac{1}{C_1 s}}{R_1 + \dfrac{1}{C_1 s}}} \tag{5}$$

整理得

$$\frac{U_c(s)}{U_r(s)} = \frac{R_1 R_2 C_1 C_2 s^2 + (R_1 C_1 + R_2 C_2)s + 1}{R_1 R_2 C_1 C_2 s^2 + (R_1 C_1 + R_2 C_2 + R_1 C_2)s + 1} \tag{6}$$

比较式（4）和式（6），可知两个系统都是二阶系统，具有相同的传递函数结构，且如果

$$R_1 = \frac{1}{k_2},\ R_2 = \frac{1}{k_1},\ C_1 = f_1,\ C_2 = f_2 \tag{7}$$

则两系统的传递函数相同。

故原题设得证！

2 - 5　求图 P3 所示各有源网络的传递函数 $U_c(s)/U_r(s)$。

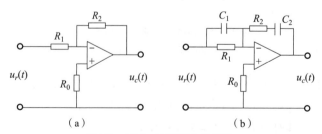

图 P3　题 2 - 5 有源电路网络

解：对图 P3(a)，设通过 R_1 的电流为 I，由运放特性，可得如下信号关系：

$$\begin{cases} 对输入端: U_r(s) - 0 = I(s)R_1 & (1) \\ 对输出端: 0 - U_c(s) = I(s)R_2 & (2) \end{cases}$$

对式（1）和式（2）进行整理、等式对应端相除可得

$$\frac{U_c(s)}{U_r(s)} = -\frac{R_2}{R_1} \tag{3}$$

对图 P3(b)，设通过 R_1 和 C_1 的总电流为 I，由运放特性，可得如下信号关系：

$$\begin{cases} 对输入端: U_r(s) - 0 = I(s)[R_1//(1/Cs)] & (4) \\ 对输出端: 0 - U_c(s) = I(s)[R_2 + 1/Cs] & (5) \end{cases}$$

对式（3）和式（4）进行整理可得

$$\begin{cases} U_r(s) = I(s)\dfrac{R_1}{R_1C_1s+1} & (6) \\[3mm] U_c(s) = -I(s)\dfrac{R_2C_2s+1}{C_2s} & (7) \end{cases}$$

等式对应端相除并整理成尾 1 标准型可得

$$\frac{U_c(s)}{U_r(s)} = -\frac{R_1R_2R_1C_2s^2 + (R_1C_1 + R_2C_2)s + 1}{R_1C_2s} \tag{8}$$

解毕！

2-6 已知一机械系统受力情况如图 P4 所示。

其中，弹簧弹性系数为 k，阻尼器阻尼系数为 f，质量块的质量为 m，求传递函数 $Y(s)/F(s)$。

解：根据牛顿第二运动定律，可得系统微分方程

$$F_合(t) = ma(t) = F(t) - ky(t) - fv(t) \tag{1}$$

其中

$$\begin{cases} v(t) = \dot{y}(t) & (2) \\ a(t) = \ddot{y}(t) & (3) \end{cases}$$

将式（2）、式（3）代入式（1），并进行拉氏变换可得

$$s^2 mY(s) = F(s) - kY(s) - sf\,Y(s) \tag{4}$$

整理得

$$\frac{Y(s)}{F(s)} = \frac{1}{ms^2 + fs + k} \tag{5}$$

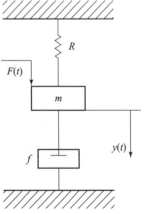

图 P4　题 2-6 力学系统示意图

解毕！

2-7 试用结构图等效化简求图 P5 所示各系统的传递函数 $C(s)/R(s)$。

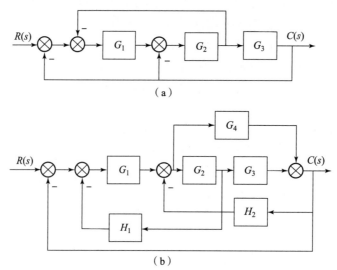

图 P5　题 2-7 待简化系统结构图

（a）系统结构图Ⅰ；（b）系统结构图Ⅱ

解：对图 P5(a)：

第一步：首先将 G_2 和 G_3 之间的节点后移，并将输入端的反馈结点合并可得

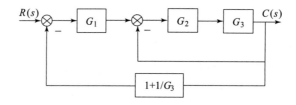

第二步：消除内部环路得

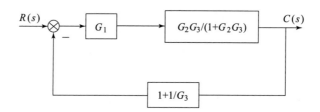

第三步：再消除环路，并进行合并

$$R(s) \boxed{\dfrac{G_1 G_2 G_3}{1+G_1 G_2 G_3 + G_1 G_2 + G_2 G_3}} C(s)$$

故

$$\frac{C(s)}{R(s)} = \frac{G_1 G_2 G_3}{1 + G_1 G_2 G_3 + G_1 G_2 + G_2 G_3}$$

对图 P5(b)：

第一步：将 G_2 前的分支点后移，并将并联支路合并可得

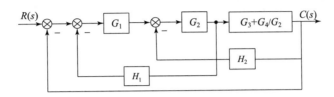

第二步：将 G_2 后的分支点后移可得

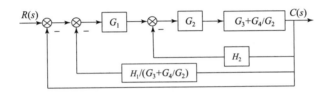

第三步：消除最里层的环路得

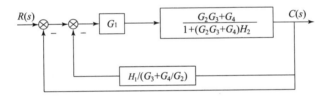

第四步：再消除最里层的环路得

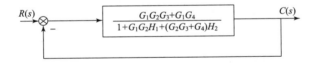

第五步：消除最后的环路得

$$R(s) \rightarrow \boxed{\frac{G_1 G_2 G_3 + G_1 G_4}{1 + G_1 G_2 G_3 + G_1 G_4 + G_1 G_2 H_1 + (G_2 G_3 + G_4) H_2}} \rightarrow C(s)$$

故

$$\frac{C(s)}{R(s)} = \frac{G_1 G_2 G_3 + G_1 G_4}{1 + G_1 G_2 G_3 + G_1 G_4 + G_1 G_2 H_1 + G_2 G_3 H_2 + G_4 H_2}$$

解毕！

2-8 试绘制图 P6 所示系统的信号流图并求传递函数 $C(s)/R(s)$。

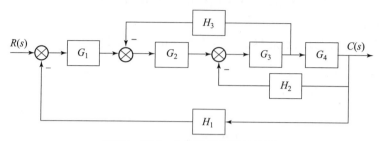

图 P6 题 2-8 待转换系统结构图

解：依据翻译法，可将题设方框图转化为信号流图，如下图所示。

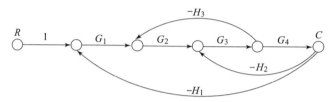

图 P7 题 2-8 系统信号流图

依据以上框图，采用梅逊公式可求系统传递函数

$$\frac{C(s)}{R(s)} = G = \frac{1}{\Delta}\sum_{k=1}^{n}P_k\Delta_k \tag{1}$$

其中，系统有三个回路，且均两两接触：

$$\Delta = 1 - (-G_1G_2G_3G_4H_1 - G_3G_4H_2 - G_2G_3H_3) \tag{2}$$

系统有一条前向通路，且与所有回路接触，故

$$P_1 = G_1G_2G_3G_4, \ \Delta_1 = 1 \tag{3}$$

将式（2）、式（3）代入式（1）可得

$$\frac{C(s)}{R(s)} = \frac{G_1G_2G_3G_4}{1 + G_1G_2G_3G_4H_1 + G_3G_4H_2 + G_2G_3H_3} \tag{4}$$

解毕！

2-9 求图 P8 系统结构图的 $C(s)/R(s)$ 与 $E(s)/R(s)$。

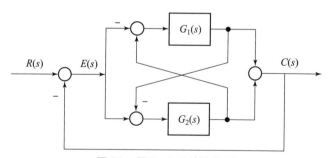

图 P8 题 2-9 系统结构图

解：设 G_1 的输出为 Y_1，G_2 的输出为 Y_2。

（1）求 $C(s)/R(s)$。采用代数法，可得信号简写关系式

$$E = R - C \tag{1}$$

$$C = Y_1 + Y_2 \tag{2}$$

$$Y_1 = (-E + Y_2)G_1 \tag{3}$$

$$Y_2 = (E - Y_1)G_2 \tag{4}$$

联立式（3）和式（4）可得

$$Y_1 = -EG_1 + (E - Y_1)G_1G_2 \rightarrow Y_1 = \frac{-EG_1(1 - G_2)}{1 + G_1G_2} \tag{5}$$

$$Y_2 = EG_2 - \frac{-EG_1(1 - G_2)}{1 + G_1G_2}G_2 \rightarrow Y_2 = \frac{EG_2(1 + G_1)}{1 + G_1G_2} \tag{6}$$

结合式（1）和式（2）可得

$$C = \frac{-EG_1(1 - G_2)}{1 + G_1G_2} + \frac{EG_2(1 + G_1)}{1 + G_1G_2} \tag{7}$$

$$C = \frac{G_2 - G_1 + 2G_1G_2}{1 + G_1G_2}(R - C) \tag{8}$$

整理可得系统的传递函数

$$\frac{C}{R} = \frac{-G_1 + G_2 + 2G_1G_2}{1 - G_1 + G_2 + 3G_1G_2} \tag{9}$$

（2）求 $E(s)/R(s)$。仍采用代数法，将式（3）和式（4）代入式（2），再代入式（1）可得

$$E = R - \left(\frac{-EG_1(1 - G_2)}{1 + G_1G_2} + \frac{EG_2(1 + G_1)}{1 + G_1G_2} \right) \tag{10}$$

整理得

$$\frac{E}{R} = \frac{1 + G_1G_2}{1 - G_1 + G_2 + 3G_1G_2} \tag{11}$$

解毕！

2-10 已知系统结构图如图 P9 所示。

（1）求传递函数 $C(s)/R(s)$ 与 $E(s)/R(s)$；

（2）若要消除干扰对输出的影响，求 $G_0(s)$ 的表达式。

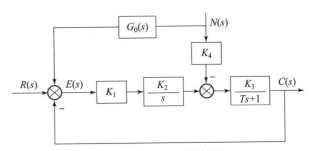

图 P9 题 2-10 系统结构图

解：（1）

①求 $C(s)/R(s)$。此时忽略干扰的影响，即 $N = 0$。采用代数法，可得信号简写关系式

$$E = R - C \tag{1}$$

$$C = E\left(\frac{K_1K_2}{s}\right)\frac{K_3}{Ts + 1} \tag{2}$$

将式（1）代入式（2）得

$$\frac{C(s)}{R(s)} = \frac{K_1 K_2 K_3}{Ts^2 + s + K_1 K_2 K_3} \tag{3}$$

②求 $E(s)/R(s)$。此时依据式（1）和式（2），消除 C 可得

$$\frac{E(s)}{R(s)} = \frac{Ts^2 + s}{Ts^2 + s + K_1 K_2 K_3} \tag{4}$$

（2）若要消除干扰对输出的影响，首先要知道输出和干扰之间的规律，即求出 $C(s)/N(s)$，此时 $R(s) = 0$。

$$E = NG_0 - C \tag{5}$$

$$C = \left(E \frac{K_1 K_2}{s} - N K_4 \right) \frac{K_3}{Ts + 1} \tag{6}$$

联立式（5）和式（6）可获得

$$\frac{C(s)}{N(s)} = \frac{K_1 K_2 K_3 G_0 - K_3 K_4 s}{Ts^2 + s + K_1 K_2 K_3} \tag{7}$$

若消除干扰对输出的影响，必有 $K_1 K_2 K_3 G_0 - K_3 K_4 s = 0$，此时存在

$$G_0(s) = \frac{K_4 s}{K_1 K_2} \tag{8}$$

解毕！

第3章 "线性系统的时域分析"习题与答案

3-1 单位反馈系统的开环传递函数为

$$G(s) = \frac{4}{s(s + 5)}$$

求单位阶跃响应 $h(t)$ 和调节时间 t_s。

解：系统的闭环传递函数为

$$\phi(s) = \frac{G(s)}{1 + G(s)} = \frac{4}{s^2 + 5s + 4} = \frac{4}{(s + 1)(s + 4)} \tag{1}$$

依据传递函数的定义 $R(s) = 1/s$，则输出为

$$H(s) = \phi(s) R(s) = \frac{4}{s(s + 1)(s + 4)} \tag{2}$$

由留数法分解

$$H(s) = \frac{k_1}{s} + \frac{k_2}{s + 1} + \frac{k_3}{s + 4} \tag{3}$$

$$\begin{cases} k_1 = \lim_{s \to 0} sC(s) = 1 \\ k_2 = \lim_{s \to -1} sC(s) = -4/3 \\ k_3 = \lim_{s \to -4} sC(s) = 1/3 \end{cases} \tag{4}$$

故单位阶跃响应

$$h(t) = L^{-1}[H(s)] = 1 - \frac{4}{3} e^{-t} + \frac{1}{3} e^{-4t} \tag{5}$$

由系统的闭环特征方程 $s^2 + 5s + 4 = 0$，可知 $\zeta\omega_n = 5/2$。

故调节时间 $t_s = \dfrac{3}{\zeta\omega_n}$ （$\Delta = \pm 5\%$）$= 1.2$ s。

解毕!

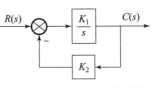

3-2 一阶系统结构图如图 P10 所示。要求系统闭环增益 $K_\Phi = 2$，调节时间 $t_s \leqslant 0.4$ s，试确定参数 K_1、K_2 的值。

图 P10 题 3-2 一阶系统结构图

解：系统的闭环传递函数为

$$\phi(s) = \frac{G(s)}{1 + G(s)H(s)} = \frac{K_1}{s + K_1 K_2} = \frac{\dfrac{1}{K_2}}{\dfrac{1}{K_1 K_2}s + 1} \tag{1}$$

根据一阶系统的标准形式

$$\phi(s) = \frac{K}{Ts + 1} \tag{2}$$

可知

$$K_\Phi = K = \frac{1}{K_2} = 2 \rightarrow K_2 = 0.5 \tag{3}$$

由 $t_s \leqslant 0.4$ s，可知在 $\pm 5\%$ 的允差下，系统 $t_s = 3T = \dfrac{3}{K_1 K_2} = 0.4$。故 $K_1 = 15$。

综上，$K_1 = 15$，$K_2 = 0.5$。

解毕!

3-3 机器人控制系统结构图如图 P11 所示。试确定参数 K_1、K_2 值，使系统阶跃响应的峰值时间 $t_p = 0.5$ s，超调量 $\sigma\% = 2\%$。

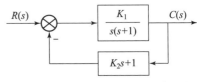

图 P11 题 3-3 机器人控制系统结构图

解：系统的闭环传递函数为

$$\phi(s) = \frac{G(s)}{1 + G(s)H(s)} = \frac{K_1}{s^2 + (1 + K_1 K_2)s + K_1} \tag{1}$$

对照二阶系统传递函数的标准形式

$$\phi(s) = \frac{\omega_n^2}{s^2 + 2\zeta\omega_n s + \omega_n^2} \tag{2}$$

可得

$$\omega_n = \sqrt{K_1} \tag{3}$$

$$\zeta = \frac{1 + K_1 K_2}{2\sqrt{K_1}} \tag{4}$$

由

$$t_p = \frac{\pi}{\omega_n\sqrt{1 - \zeta^2}} = 0.5 \tag{5}$$

$$\sigma_p = e^{-\frac{\zeta\pi}{\sqrt{1-\zeta^2}}} \times 100\% = 2\% \tag{6}$$

首先根据 σ_p 可以直接计算出 $\zeta = 0.78$，然后将其代入 t_p 可算得 $\omega_n = 10.03$。

进而将 $\zeta = 0.78$ 和 $\omega_n = 10.03$ 代入式（3）和式（4）可算得：$K_1 = 100$，$K_2 = 0.146$。

解毕!

3-4 已知系统结构图如图 P12 所示，其中 $G(s) = \dfrac{k(0.5s+1)}{s(s+1)(2s+1)}$，输入信号为单位斜坡函数。

图 P12 题 3-4 系统结构图

（1）求系统的稳态误差。

（2）分析能否通过调节增益 k，使稳态误差小于 0.2。

解：由题设开环传递函数可知该系统为 I 型系统。

（1）在单位斜坡函数输入下，由静态速度误差系数法可得

$$e_{ss} = \frac{1}{k_v} \text{ 及 } k_v = \lim_{s \to 0} sG(s) = k \tag{1}$$

即系统在单位斜坡函数输入下的稳态误差为

$$e_{ss} = \frac{1}{k} \tag{2}$$

（2）当 $e_{ss} = \dfrac{1}{k} < 0.2$ 时，易知 $k > 5$。

此外，还需分析系统的闭环特征方程以确保系统稳定。

可首先求得系统的闭环传递函数，进而得到闭环特征方程

$$2s^3 + 3s^2 + (1 + 0.5k)s + k = 0 \tag{3}$$

列出相应劳斯表

s^3	2	$(1 + 0.5k)$
s^2	3	k
s^1	b_1	b_2
s^0	c_1	

计算出劳斯表中的未知系数：

$$b_1 = \frac{3(1 + 0.5k) - 2k}{3}$$

$$b_2 = 0$$

$$c_1 = k$$

由劳斯判据，可知 $b_1 > 0$，进而可得 $0 < k < 6$。

综上，当 $5 < k < 6$ 时，可使得系统的稳态误差小于 0.2。

解毕!

3-5 已知控制系统如图 P13 所示。

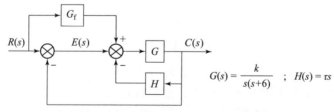

$$G(s) = \frac{k}{s(s+6)} \quad ; \quad H(s) = \tau s$$

图 P13 题 3-5 系统结构图及传递函数设置

在 $G_f(s) = 0$ 时，闭环系统响应阶跃输入时的超调量 $\sigma_p = 4.6\%$、峰值时间 $t_p = 0.73$ s，确定系统的 k 值和 τ 值。

解：$G_f(s) = 0$ 对应系统的闭环传递函数为

$$\phi(s) = \frac{G}{1 + GH + G} = \frac{k}{s^2 + (6 + k\tau)s + k} \tag{1}$$

对照二阶系统传递函数的标准形式

$$\phi(s) = \frac{\omega_n^2}{s^2 + 2\zeta\omega_n s + \omega_n^2} \tag{2}$$

可得

$$\omega_n = \sqrt{k} \tag{3}$$

$$\zeta = \frac{6 + k\tau}{2\sqrt{k}} \tag{4}$$

由

$$t_p = \frac{\pi}{\omega_n \sqrt{1 - \xi^2}} = 0.73 \tag{5}$$

$$\sigma_p = e^{-\frac{\zeta\pi}{\sqrt{1-\zeta^2}}} \times 100\% = 4.6\% \tag{6}$$

首先根据 σ_p 可以直接计算出 $\zeta = 0.7$，然后将其代入 t_p 可算得 $\omega_n = 6.03$。

进而将 $\zeta = 0.7$ 和 $\omega_n = 6.03$ 代入式（3）与式（4）可算得：$k = 36.36$，$\tau = 0.066$。

解毕！

3-6　已知系统的特征方程，试用劳斯判据判别系统的稳定性，并确定在右半 s 平面根的个数及纯虚根。

（1）$D(s) = s^5 + 12s^4 + 44s^3 + 48s^2 + s + 1 = 0$；

（2）$D(s) = s^5 + 3s^4 + 12s^3 + 24s^2 + 32s + 48 = 0$

（3）$D(s) = s^5 + 2s^4 - s - 2 = 0$

解：（1）列出劳斯表

s^5	1	44	1
s^4	12	48	1
s^3	b_1	b_2	0
s^2	c_1	c_2	0
s^1	d_1	0	
s^0	e_1		

计算出劳斯表中的未知系数：

$$b_1 = \frac{12 \times 44 - 1 \times 48}{12} = 40 \tag{1}$$

$$b_2 = \frac{12 \times 1 - 1 \times 1}{12} = \frac{11}{12} = 0.92 \tag{2}$$

$$c_1 = \frac{33/5 \times 2 - 5 \times 10}{33/5} = \frac{1\,909}{40} = 47.73 \tag{3}$$

$$c_2 = \frac{40 \times 1}{40} = 1 \tag{4}$$

$$d_1 = \frac{47.73 \times 0.92 - 40 \times 1}{47.73} = 0.082 \tag{5}$$

$$e_1 = 1 \tag{6}$$

劳斯表第一列元素（b_1, c_1, d_1, e_1）均大于 0，故系统稳定。

（2）列出劳斯表

s^5	1	12	32
s^4	3	24	48
s^3	b_1	b_2	0
s^2	c_1	c_2	0
s^1	d_1	0	
s^0	e_1		

计算出劳斯表中的未知系数：

$$b_1 = \frac{3 \times 12 - 1 \times 24}{3} = 4 \tag{7}$$

$$b_2 = \frac{3 \times 32 - 1 \times 48}{3} = 16 \tag{8}$$

$$c_1 = \frac{4 \times 24 - 3 \times 16}{4} = 12 \tag{9}$$

$$c_2 = \frac{4 \times 48}{4} = 48 \tag{10}$$

$$d_1 = \frac{12 \times 16 - 4 \times 48}{12} = 0 \tag{11}$$

此时 s^1 所在行出现对应系数（d_1, d_2）为全 0，由劳斯判据，利用 s^2 所在行系数构建辅助方程可得 $12s^2 + 48 = 0$。对辅助方程两端求导可得 $24s + 0 = 0$，故对于 s^1 行，可得新系数 $d_1' = 24, d_2' = 0$，继续参与计算可得 $e_1 = \frac{24 \times 48}{24} = 48$。

所以，劳斯表第一列元素（b_1, c_1, e_1）均大于 0，但 $d_1 = 0$，故系统临界稳定。依据辅助方程 $12s^2 + 48 = 0$，可得系统存在一对纯虚根 $s = \pm 2j$。

（3）列出劳斯表

s^5	1	0	-1
s^4	2	0	-2
s^3	b_1	b_2	0

$$
\begin{array}{c|ccc}
s^2 & c_1 & c_2 & 0 \\
s^1 & d_1 & 0 & \\
s^0 & e_1 & &
\end{array}
$$

计算出劳斯表中的未知系数:

$$b_1 = \frac{2 \times 0 - 1 \times 0}{2} = 0 \tag{12}$$

$$b_2 = \frac{2 \times (-1) - 1 \times (-2)}{2} = 0 \tag{13}$$

故对于 s^3 行,出现系数全 0 情况,根据劳斯判据,以 s^4 行系数列写辅助方程 $2s^4 - 2 = 0$,可求解得 $s = \pm 1$,$\pm j$ 为系统的 4 个根。对辅助方程两端求导可得 $8s^3 + 0 = 0$。故对于 s^3 行,可得新系数 $b_1' = 8$,$b_2' = 0$,继续参与劳斯表计算

$$
\begin{array}{c|ccc}
s^5 & 1 & 0 & -1 \\
s^4 & 2 & 0 & -2 \\
s^3 & 8 & 0 & 0 \\
s^2 & c_1 & c_2 & 0 \\
s^1 & d_1 & 0 & \\
s^0 & e_1 & &
\end{array}
$$

$$c_1 = \frac{8 \times 0 - 2 \times 0}{8} = 0 \tag{14}$$

$$c_2 = \frac{8 \times (-2) - 2 \times 0}{8} = -2 \tag{15}$$

此时以 $c_1 = \varepsilon$ 继续进行劳斯表计算,可得

$$d_1 = \frac{\varepsilon \times 0 - (-2) \times 8}{\varepsilon} = +\infty \tag{16}$$

$$e_1 = \frac{+\infty \times (-2) - \varepsilon \times 0}{+\infty} = -2 \tag{17}$$

综上,关于系统的根可得出如下结论:

(1) 系数第一列总共编号一次,说明系统有一个正根,可判断为 $s = 1$;

(2) 系数出现一次全行为 0 情况,说明有一对共轭虚根,$s = \pm j$;

(3) 已知一个根为 $s = -1$,那么最后一个根必定为负实根。

解毕!

3-7 温度计的传递函数为 $G(s) = \dfrac{1}{Ts + 1}$,用其测量容器内的水温,1 min 才能显示出该温度 98% 的数值。若加热容器使水温按 10 ℃/min 的速度匀速上升,温度计的稳态指示误差有多大?

解:由题设,可知温度计测量为一阶开环系统,传递函数为

$$G(s) = \frac{1}{Ts + 1} \qquad (1)$$

由一阶系统的性质可知，当 $t = 4T$ 时，响应输出达到期望值的 98.2%，因此可知 $T \approx 0.25 \min$。

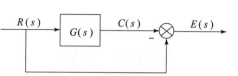

图 P14　题 3-7 温度计误差传递函数生成框图

温度计的误差传递函数 $E(s)$ 生成框图如图 P14 所示，即 $E(s) = R(s) - C(s) = R(s)(1 - G(s))$。由题意，$r(t) = 10t$，那么 $R(s) = \frac{10}{s^2}$，代入得

$$E(s) = \frac{10}{s^2}\Big(1 - \frac{1}{0.25s + 1}\Big) = \frac{2.5}{s(0.25s + 1)} \qquad (2)$$

采用留数法进行部分分式展开可得

$$E(s) = \frac{2.5}{s} - \frac{0.625}{0.25s + 1} \qquad (3)$$

则系统的误差为 $e(t) = 2.5 - 0.625\mathrm{e}^{-t}$，其中，系统的稳态误差为 2.5 ℃。

解毕！

3-8　系统结构图如图 P15 所示。控制器结构为 $G_c(s) = K_p\Big(1 + \frac{1}{T_i s}\Big)$，为使该系统稳定，控制器参数 K_p、T_i 应满足什么关系？

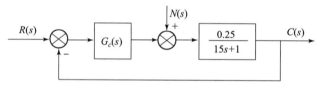

图 P15　题 3-8 系统结构图

解：系统的闭环传递函数为

$$\varPhi(s) = \frac{0.25K_p T_i s + 0.25K_p}{15T_i s^2 + T_i(1 + 0.25K_p)s + 0.25K_p} \qquad (1)$$

闭环系统特征方程为

$$15T_i s^2 + T_i(1 + 0.25K_p)s + 0.25K_p = 0 \qquad (2)$$

二阶系统稳定的条件是各项系数均大于 0，这里可以分为两种情况：

$$\begin{cases} K_p > 0 \\ T_i > 0 \\ T_i(1 + 0.25K_p) > 0 \end{cases} \qquad (3)$$

和

$$\begin{cases} K_p < 0 \\ T_i < 0 \\ T_i(1 + 0.25K_p) < 0 \end{cases} \qquad (4)$$

分别求解式（3）和式（4），可得系统稳定的条件为

$$\begin{cases} T_i > 0 \\ K_p > 0 \end{cases} \tag{5}$$

或

$$\begin{cases} T_i < 0 \\ -4 < K_p < 0 \end{cases} \tag{6}$$

解毕！

3-9 设单位反馈系统的开环传递函数为

$$G(s) = \frac{K(s+1)}{s^3 + Ms^2 + 2s + 1}$$

若系统以 2 rad/s 频率持续振荡，试确定相应的 K 值和 M 值。

解：系统的闭环传递函数为

$$\phi(s) = \frac{G}{1+G} = \frac{K(s+1)}{s^3 + Ms^2 + (2+k)s + (1+K)} \tag{1}$$

闭环系统特征方程为：

$$s^3 + Ms^2 + (2+k)s + (1+K) = 0 \tag{2}$$

列出劳斯表

s^3	1	$2+K$
s^2	M	$1+K$
s^1	b_1	0
s^0	c_1	

由于系统持续振荡，说明系统临界稳定，因此必有 $b_1 = 0$，即

$$b_1 = \frac{M(2+K) - (1+K)}{M} = 0 \tag{3}$$

可得

$$M = \frac{1+K}{2+K} \tag{4}$$

若系统以 2 rad/s 频率持续振荡，则说明 $\omega_d = 2$，即系统的两个共轭虚根为 $s = \pm 2j$，这可以由劳斯表中 s^2 对应行系数所构建的特征方程确定，即

$$Ms^2 + 1 + K = 0 \tag{5}$$

将式（4）代入式（5），整理可得

$$s^2 = -(2+K) \tag{6}$$

为使 $s = \pm 2j$，可求得 $K = 2$，将其代入式（4）可得 $M = 0.75$。

解毕！

3-10 已知质量-弹簧-阻尼器系统如图 P16（a）所示，其中质量为 m kg，弹簧系数为 k N/m，阻尼器系数为 μ N·s/m，当物体受 $F = 10$ N 的恒力作用时，其位移 $y(t)$ 的变化如图 P16（b）所示。求 m、k 和 μ 的值。

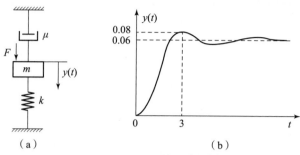

图 P16 题 3 – 10 力学系统示意图及时域响应

（a）力学系统示意图；（b）时域响应

解：根据图 P16（a），首先依据牛顿第二运动定律列出等式关系

$$F_{合}(t) = ma(t) = F(t) - ky(t) - \mu v(t) \tag{1}$$

其中

$$\begin{cases} v(t) = \dot{y}(t) \\ a(t) = \ddot{y}(t) \end{cases} \tag{2}$$

将式（2）、式（3）代入式（1），并进行拉氏变换可得

$$s^2 mY(s) = F(s) - kY(s) - sfY(s) \tag{3}$$

整理得

$$G(s) = \frac{Y(s)}{F(s)} = \frac{1}{ms^2 + \mu s + k} = \frac{\dfrac{1}{m}}{s^2 + \dfrac{\mu}{m}s + \dfrac{k}{m}} \tag{4}$$

结合二阶系统的标准形式可知

$$2\zeta\omega_n = \frac{\mu}{m}; \omega_n = \sqrt{\frac{k}{m}} \tag{5}$$

由图 P16（b），可知稳态值 $y(\infty) = 0.06$。由题设知 $F(s) = \dfrac{10}{s}$。由终值定理

$$y(\infty) = \lim_{s \to 0} sF(s)G(s) = \frac{10}{k} = 0.06 \tag{6}$$

解得 $k = 500/3 = 166.67$。此外，图 P16（b）显示，峰值时间 $t_p = 3$ s，超调量 $\sigma\% = \dfrac{0.08 - 0.06}{0.06} \times 100\% = 33.33\%$。列出方程组为

$$t_p = \frac{\pi}{\omega_n \sqrt{1 - \zeta^2}} = 3 \tag{7}$$

$$\sigma\% = e^{-\frac{\zeta\pi}{\sqrt{1-\zeta^2}}} \times 100\% = 33.33\% \tag{8}$$

联立式（7）和式（8）可求得 $\zeta = 0.33$，$\omega_n = 1.11$，将其代入式（5）可得 $m = 135.27$，$\mu = 99.10$。

综上可得 $m = 135.27$ kg，$k = 166.67$ N/m，$\mu = 99.10$ N · s/m。

解毕！

3-11 控制系统结构图如图 P17 所示。其中 K_1、$K_2 > 0$，$\beta \geq 0$。试分析：

（1）β 值变化（增大）对系统稳定性的影响；

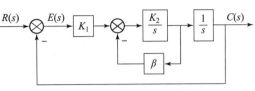

（2）β 值变化（增大）对动态性能（$\sigma\%$，t_s）的影响；

（3）β 值变化（增大）对 $r(t) = at$ 作用下稳态误差的影响。

图 P17　题 3-11 控制系统结构图

解：系统的闭环传递函数为

$$\phi(s) = \frac{K_1 K_2}{s^2 + \beta K_2 s + K_1 K_2} \tag{1}$$

闭环系统特征方程为

$$s^2 + \beta K_2 s + K_1 K_2 = 0 \tag{2}$$

（1）由于 K_1、$K_2 > 0$，$\beta \geq 0$，因此，当 $\beta > 0$ 时，系统始终是稳定的；当 $\beta = 0$ 时，系统存在一对共轭虚根，此时的系统处于临界稳定。

（2）因知 $2\zeta\omega_n = \beta K_2$，$K_1$ 与 K_2 为已知，则 ω_n 也为已知，故增大 β 时 ζ 也相应增加。在 $0 < \beta < 2\sqrt{\dfrac{K_2}{K_1}}$ 时，系统为欠阻尼状态，系统的超调量 $\sigma\%$ 将随着 β 增加而减小；当 $\beta \geq 2\sqrt{\dfrac{K_2}{K_1}}$ 时，系统处于临界阻尼（取等号时）和过阻尼状态，系统不振荡，相应超调量为 0，即不随着 β 的增大而改变。在 $0 < \beta < 2\sqrt{\dfrac{K_2}{K_1}}$ 时，系统为欠阻尼状态，由 $t_s = \dfrac{3}{\zeta\omega_n}$ 可知当 β 增加时，$\zeta\omega_n$ 增加会导致 t_s 缩短。当 $\beta \geq 2\sqrt{\dfrac{K_2}{K_1}}$ 时，系统处于过阻尼状态，主导极点随着 β 增加逐渐逼近虚轴，相应的时间常数增加，系统响应减慢，t_s 增长。

（3）由代数法可求得系统的误差传递函数为

$$\frac{E(s)}{R(s)} = \frac{1}{1 + G(s)} = \frac{s^2 + \beta K_2 s}{s^2 + \beta K_2 s + K_1 K_2} \tag{3}$$

由终值定理

$$e_{ss} = \lim_{s \to 0} sE(s) = \lim_{s \to 0} s \frac{s^2 + \beta K_2 s}{s^2 + \beta K_2 s + K_1 K_2} \times \frac{a}{s^2} = \frac{a\beta}{K_1} \tag{4}$$

因此，对于 $r(t) = at$，当 β 增加，系统的稳态误差线性增加。

解毕！

3-12 系统结构图如图 P18 所示。已知系统单位阶跃响应的超调量 $\sigma\% = 16.3\%$，峰值时间 $t_p = 1\ \text{s}$。

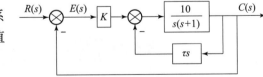

图 P18　题 3-12 系统结构图

（1）求系统的开环传递函数 $G(s)$；

（2）求系统的闭环传递函数 $\Phi(s)$；

（3）根据已知的性能指标 $\sigma\%$、t_p 确定系统参数 K 及 τ；

（4）计算等速输入 $r(t) = 1.5t$ 时系统的稳态误差。

解：（1）系统的开环传递函数为

$$G(s) = \frac{10K}{s^2 + (1 + 10\tau)s} \tag{1}$$

（2）系统的闭环传递函数为

$$\phi(s) = \frac{10K}{s^2 + (1 + 10\tau)s + 10K} \tag{2}$$

（3）由题设可知

$$\sigma_p = e^{-\frac{\zeta\pi}{\sqrt{1-\zeta^2}}} \times 100\% = 16.3\% \tag{3}$$

$$t_p = \frac{\pi}{\omega_n\sqrt{1-\zeta^2}} = 1 \tag{4}$$

联立式（3）和式（4）求解得 $\zeta = 0.5$，$\omega_n = 3.63$，则有 $10K = \omega_n^2 = 13.18$，可得 $K = 1.32$；又有 $1 + 10\tau = 2\zeta\omega_n = 3.63$，可得 $\tau = 0.26$。

（4）系统的误差传递函数为

$$\frac{E(s)}{R(s)} = \frac{1}{1 + G(s)} = \frac{s^2 + (1 + 10\tau)s}{s^2 + (1 + 10\tau)s + 10K} \tag{5}$$

当 $r(t) = 1.5t$ 时，$R(s) = 1.5/s^2$

$$e_{ss} = \lim_{s \to 0} sE(s) = \lim_{s \to 0} s\frac{s^2 + (1 + 10\tau)s}{s^2 + (1 + 10\tau)s + 10K} \times \frac{1.5}{s^2} = \frac{1.5(1 + 10\tau)}{10K} = 0.41 \tag{6}$$

解毕！

3-13 已知一个 n 阶闭环系统的微分方程为

$$a_n y^{(n)} + a_{n-1} y^{(n-1)} + \cdots + a_2 y^{(2)} + a_1 \dot{y} + a_0 y = b_1 \dot{r} + b_0 r$$

其中，r 为输入，y 为输出，所有系数均大于零。

（1）写出该系统的特征方程；

（2）写出该系统的闭环传递函数；

（3）若该系统为单位负反馈系统，写出其开环传递函数；

（4）若系统是稳定的，求当 $r(t) = 1(t)$ 时的稳态误差 e_{ss}；

（5）为使系统在 $r(t) = t$ 时的稳态误差 $e_{ss} = 0$，除系统必须稳定外，还应满足什么条件？

（6）当 $a_0 = 1$，$a_1 = 0.5$，$a_2 = 0.25$，$a_i = 0(i > 2)$，$b_1 = 0$，$b_0 = 2$，$r(t) = 1(t)$ 时，试评价该二阶系统的如下性能：ζ、ω_n、$\sigma\%$、t_s 和 $y(\infty)$。

解：（1）在零初始条件下，系统的特征方程为

$$a_n s^n + a_{n-1} s^{n-1} + \cdots + a_2 s^2 + a_1 s + a_0 = 0 \tag{1}$$

（2）由传递函数的定义可得

$$\Phi(s) = \frac{Y(s)}{R(s)} = \frac{b_1 s + b_0}{a_n s^n + a_{n-1} s^{n-1} + \cdots + a_2 s^2 + a_1 s + a_0} \tag{2}$$

（3）由单位反馈下的 $G_b(s)$，可得

$$G(s) = \frac{\Phi(s)}{1 - \Phi(s)} = \frac{b_1 s + b_0}{a_n s^n + a_{n-1} s^{n-1} + \cdots + a_2 s^2 + (a_1 - b_1)s + (a_0 - b_0)} \tag{3}$$

(4) 当 $r(t) = 1(t)$ 时，$R(s) = 1/s$,

$$\frac{E(s)}{R(s)} = \frac{1}{1 + G(s)}$$

$$= \frac{a_n s^n + a_{n-1} s^{n-1} + \cdots + a_2 s^2 + a_1 s + a_0}{a_n s^n + a_{n-1} s^{n-1} + \cdots + a_2 s^2 + (a_1 - b_1)s + (a_0 - b_0)} \tag{4}$$

$$e_{ss} = \lim_{s \to 0} sE(s)$$

$$= s \frac{a_n s^n + a_{n-1} s^{n-1} + \cdots + a_2 s^2 + (a_1 - b_1)s + (a_0 - b_0)}{a_n s^n + a_{n-1} s^{n-1} + \cdots + a_2 s^2 + a_1 s + a_0} \times \frac{1}{s} \tag{5}$$

化简得 $e_{ss} = \dfrac{a_0 - b_0}{a_0}$。

(5) 当 $r(t) = t$ 时，$R(s) = 1/s^2$

$$e_{ss} = \lim_{s \to 0} sE(s)$$

$$= s \frac{a_n s^n + a_{n-1} s^{n-1} + \cdots + a_2 s^2 + (a_1 - b_1)s + (a_0 - b_0)}{a_n s^n + a_{n-1} s^{n-1} + \cdots + a_2 s^2 + a_1 s + a_0} \times \frac{1}{s^2} \tag{6}$$

若使得 $e_{ss} = 0$，则有 $a_0 = b_0 \neq 0$ 或 $a_0 = b_0 = 0$ 且 $a_1 = b_1 \neq 0$

(6) 当 $a_0 = 1$，$a_1 = 0.5$，$a_2 = 0.25$，$a_i = 0(i > 2)$，$b_1 = 0$，$b_0 = 2$ 时，系统的闭环传递函数为

$$\phi(s) = \frac{2}{0.25s^2 + 0.5s + 1} = \frac{2 \times 4}{s^2 + 2s + 4} \tag{7}$$

易知 $\omega_n = 2$，$\zeta = 0.5$，进而可得

$$\sigma\% = e^{-\frac{\zeta\pi}{\sqrt{1-\xi^2}}} \times 100\% = 16.37\% \tag{8}$$

$$t_s(\Delta = \pm 5\%) = \frac{3}{\zeta\omega_n} = 3 \text{ s} \tag{9}$$

$$y(\infty) = \lim_{s \to 0} sR(s)G_b(s) = \lim_{s \to 0} s\frac{1}{s} \times \frac{2 \times 4}{s^2 + 2s + 4} = 2 \tag{10}$$

解毕！

第4章 "线性系统根轨迹法" 习题与答案

4-1 什么是系统的根轨迹？根轨迹分析的意义与作用是什么？

答：根轨迹，是指当系统的某个参数（如开环根轨迹增益）由零连续变化到无穷大时，闭环特征方程的特征根在 s 平面上形成的若干条曲线。

根轨迹用图示法直观地显示了系统闭环特征根在复平面上的分布情况。通过分析根的位置分布，可以方便地了解系统的稳定性、准确性和快速性。应用根轨迹分布与系统特征之间的对应关系，有助于对系统提出解决方案，使得闭环特征根满足期望的分布。轨迹法直观、简单、实用，可以胜任高阶系统的特性分析，也可以应用在连续和离散的线性系统分析，因而它在控制工程中得到了广泛应用。

4-2 在绘制根轨迹时，如何运用幅值条件与相角条件？

答，应用相角条件，可以判断一个根是否在根轨迹上；应用幅值条件，可以求出根轨迹

上任意根对应的调节参数。

4-3 常规根轨迹与广义根轨迹的区别和应用条件是什么?

答:常规根轨迹与广义根轨迹的区别主要有两点:第一是系统调节参数在传递函数中的位置,第二是系统的反馈性质。在负反馈系统中,根轨迹增益 K^* 变化时的根轨迹叫作常规根轨迹。其他情形下的根轨迹统称为广义根轨迹。

因此,常规根轨迹的应用条件是:调节参数为根轨迹增益 K^*,且仅适用于负反馈系统。其他情况则符合广义根轨迹应用条件。

4-4 已知负反馈控制系统的开环传递函数,试绘制各系统的根轨迹图。

(1) $G(s)H(s) = \dfrac{K(s+1)}{s^2(s+2)(s+4)}$;

(2) $G(s)H(s) = \dfrac{K}{(s+1)^2(s+3)}$。

解:(1)系统的开环零点 $s = -1$;开环极点 $s = 0$(二重根),及 $s = -2, s = -4$。

①实轴上的根轨迹为 $(-\infty, -4]$,$[-2, -1]$。

②渐近线为

$$\begin{cases} \sigma_a = \dfrac{\sum_{i=1}^{n} p_i - \sum_{j=1}^{m} z_i}{n-m} = \dfrac{0+0-4-2-(-1)}{4-1} = -5/3 \\ \phi_a = \dfrac{(2k+1)\pi}{n-m} = \pm\dfrac{\pi}{4-1}, \dfrac{3\pi}{4-1} = \pm\dfrac{\pi}{3}, \pi \end{cases} \quad (1)$$

画出实轴上的根轨迹及渐近线如图 P19 所示。

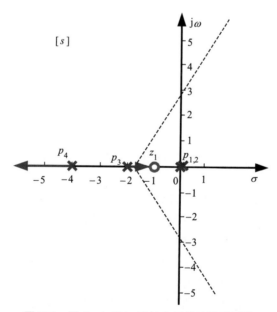

图 P19 题 4-4(1)实轴上根轨迹及渐近线

③求虚轴交点。

由系统的闭环特征方程 $D(s) = s^4 + 6s^3 + 8s^2 + K^*s + K^* = 0$ 可知:

$$\begin{cases} \mathrm{Re}[D(j\omega)] = \omega^4 - 8\omega^2 + K^* = 0 \\ \mathrm{Im}[D(j\omega)] = -6\omega^3 + K^*\omega = 0 \end{cases} \tag{2}$$

解得：$\omega_1 = 0$，$K_1^* = 0$；$\omega_2 = \sqrt{2}$，$K_2^* = 12$。

系统的根轨迹为

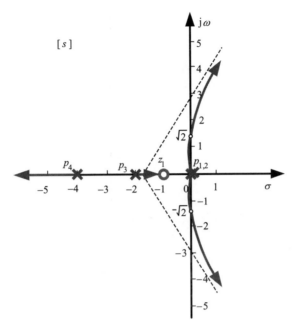

图 P20 题 4−4（1）系统根轨迹

（2）系统无开环零点；开环极点 $s = -1$（二重根），及 $s = -3$。

①实轴上的根轨迹为（$-\infty$，-3]。

②渐近线为

$$\begin{cases} \sigma_a = \dfrac{\sum_{i=1}^{n} p_i - \sum_{j=1}^{m} z_i}{n-m} = \dfrac{-1-1-3}{3-0} = -5/3 \\ \phi_a = \dfrac{(2k+1)\pi}{n-m} = \pm\dfrac{\pi}{3-0}, \dfrac{3\pi}{3-0} = \pm\dfrac{\pi}{3}, \pi \end{cases} \tag{3}$$

画出实轴上的根轨迹及渐近线，如图 P21 所示。

③求虚轴交点。由系统的闭环特征方程 $D(s) = s^3 + 5s^2 + 7s + 3 + K^* = 0$ 可知：

$$\begin{cases} \mathrm{Re}[D(j\omega)] = -5\omega^2 + 3 + K^* = 0 \\ \mathrm{Im}[D(j\omega)] = -\omega^3 + 7\omega = 0 \end{cases} \tag{4}$$

解得：$\omega_1 = \sqrt{7}$，$K_1^* = 32$。

系统的根轨迹如图 P22 所示。

解毕！

4−5 已知负反馈控制系统的开环传递函数为

$$G(s)H(s) = \dfrac{K}{(s+1)(s+2)(s+4)}$$

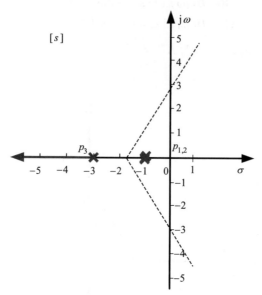

图 P21　题 4－4（2）实轴上的根轨迹及渐近线

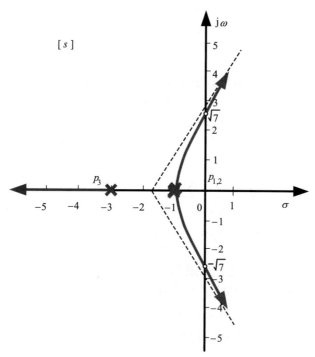

图 P22　题 4－4（2）系统根轨迹

　　试证明 $s = -1 + j\sqrt{3}$ 是该系统根轨迹上的一点，并求出相应的 K 值。

　　解：系统不存在开环零点，存在 3 个开环极点 $s_1 = -1$、$s_2 = -2$ 及 $s_3 = -4$，对于复平面上的点 $s = -1 + j\sqrt{3}$，可得

$$\sum_{i=1}^{3} \angle(s - s_i) = \frac{\pi}{2} + \frac{\pi}{3} + \frac{\pi}{6} = \pi \tag{1}$$

因此, s 满足 $(2k + 1)\pi$ 的相角条件, 该点是系统根轨迹上的一点。

由幅值条件 $|G(s)H(s)| = 1$, 代入 $s = -1 + j\sqrt{3}$ 可得

$$K = \sqrt{3} \times \sqrt{4} \times \sqrt{12} = 12 \tag{2}$$

解毕!

4-6 已知负反馈系统的闭环特征方程

$$(s^2 + 2s + 2)(s + 14) + K = 0$$

(1) 绘制系的根轨迹图 $(0 < K < \infty)$;

(2) 确定使复数闭环主导极点的阻尼系数 $\zeta = 0.5$ 的 K 值。

解: 由系统的闭环特征方程可得相应的开环传递函数

$$G(s)H(s) = \frac{K}{(s + 1 + j)(s + 1 - j)(s + 14)} \tag{1}$$

系统无开环零点; 开环极点 $s = -1 + j, s = -1 - j$ 及 $s = -14$。

(1) 实轴上的根轨迹为 $(-\infty, -14]$。

(2) 渐近线为

$$\begin{cases} \sigma_a = \dfrac{\sum_{i=1}^{n} p_i - \sum_{j=1}^{m} z_i}{n - m} = \dfrac{-16}{3 - 0} = -16/3 \\[3mm] \phi_a = \dfrac{(2k + 1)\pi}{n - m} = \pm\dfrac{\pi}{3 - 0}, \dfrac{3\pi}{3 - 0} = \pm\dfrac{\pi}{3}, \pi \end{cases} \tag{2}$$

画出实轴上的根轨迹及渐近线, 如图 P23 所示。

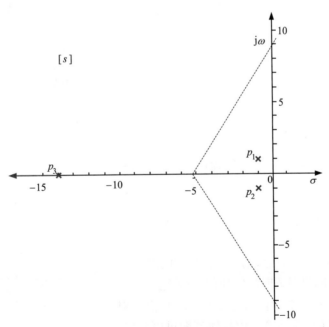

图 P23 题 4-6 实轴上的根轨迹及渐近线

（3）出射角。对极点 p_1 的出射角 θ_{p1} 进行计算。由 $\theta_{px} = (2k+1)\pi + \left(\sum\limits_{j=1}^{m} \angle (p_x - z_j) - \sum\limits_{i=1, i \neq x}^{n} \angle (p_x - p_i) \right), k = 0, \pm 1, \pm 2, \cdots,$ 可得 $\theta_{p1-p2} = 90°$, $\theta_{p1-p3} = 4.4°$。要使得 $\theta_{p1} \in [-\pi, \pi]$，须取 $k = 0$，得 $\theta_{p1} = \pi - \theta_{p1-p2} - \theta_{p1-p3} = 85.6°$。由于极点 p_2 与极点 p_1 关于实轴对称，因此 $\theta_{p2} = -85.6°$。

（4）与虚轴交点。将特征方程展开得

$$D(s) = s^3 + 16s^2 + 30s + 28 + K^* = 0$$

当根位于虚轴时

$$\begin{cases} \mathrm{Re}[D(j\omega)] = -16\omega^2 + 28 + K^* = 0 \\ \mathrm{Im}[D(j\omega)] = -\omega^3 + 30\omega = 0 \end{cases} \tag{3}$$

解得：$\omega = \pm \sqrt{30}$，$K^* = 452$。

根据以上法则，绘制系统根轨迹，如图 P24 所示。

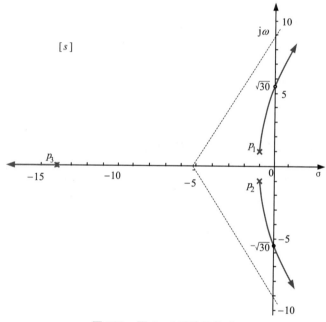

图 P24　题 4-6 系统根轨迹

解毕！

4-7　已知某单位反馈系统的闭环根轨迹图如图 P25 所示。

（1）确定使系统稳定的根轨迹增益 K^* 的范围；

（2）写出系统临界阻尼时的闭环传递函数。

解：（1）根据实轴上的根轨迹分布与零极点的对应关系，可知其为零度根轨迹。由根轨迹图可以看出，系统有 1 个开环零点为 1；有 2 个开环极点为 0、-2，

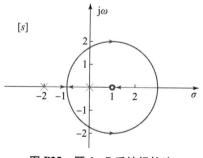

图 P25　题 4-7 系统根轨迹

故可得以根轨迹增益 K^* 为变量的开环传递函数

$$G(s) = \frac{-K^*(s-1)}{s(s+2)} \tag{1}$$

则系统的闭环特征方程为

$$D(s) = s^2 + (2-K^*)s + K^* = 0 \tag{2}$$

要使得该二阶系统稳定，其闭环特征方程系数须均大于0，故 $0 < K^* < 2$ 是系统稳定的范围。

（2）当系统处于临界阻尼点时，系统的根位于根轨迹实轴的分离点。分离点坐标方程为

$$\frac{1}{d-1} = \frac{1}{d} + \frac{1}{d+2} \tag{3}$$

解得 $d_1 = -0.732$，$d_2 = 2.732$（非稳定点，舍）。

以 d_1 代入幅值条件可求得：$K_1^* = 1.15$，则系统对应的闭环传递函数为

$$\phi(s) = \frac{G(s)}{1+G(s)} = \frac{\dfrac{K_1^*(1-s)}{s(s+2)}}{1+\dfrac{K_1^*(1-s)}{s(s+2)}} = \frac{-1.15(s-1)}{s^2+0.85s+1.15} \tag{4}$$

解毕！

4-8 已知反馈系统的开环传递函数

$$G(s)H(s) = \frac{K(0.25s+1)}{s(0.5s+1)}$$

试用根轨迹法确定系统无超调响应时的开环增益 K。

解：采用根轨迹增益表示系统的开环传递函数

$$G(s)H(s) = \frac{K^*(s+4)}{s(s+2)}, K^* = \frac{K}{2} \tag{1}$$

易知系统的开环零点 $s = -4$，开环极点 $s = 0$ 及 $s = -2$。

（1）实轴上的根轨迹为 $(-\infty, -4]$，$[-2, 0]$。

（2）分离点坐标方程为

$$\frac{1}{d+4} = \frac{1}{d} + \frac{1}{d+2} \tag{2}$$

解得 $d_1 = -0.536$，$d_1 = -7.464$，代入幅值条件 $\left| \dfrac{K^*(s+4)}{s(s+2)} \right| = 1$ 可得 $K_1^* = 0.227$，$K_2^* = 11.774$。

（3）由根轨迹的性质，当两个极点和一个零点同在实轴上时，复平面上的根轨迹为圆弧，且可断定，根轨迹与虚轴无交点。系统的根轨迹，如图 P26 所示。

因此可知当 $0 < K^* \leqslant 0.227$ 或 $K^* \geqslant 11.774$，即 $0 < K \leqslant 0.454$ 或 $K \geqslant 23.548$ 时，系统无超调响应。

解毕！

4-9 单位反馈系统的开环传递函数为

$$G(s) = \frac{k(2s+1)}{(s+1)^2\left(\dfrac{4}{7}s-1\right)}$$

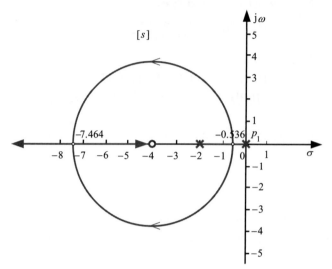

图 P26　题 4 - 8 系统根轨迹

试绘制系统根轨迹，并确定使系统稳定的 k 值范围。

解：采用根轨迹增益表示系统的开环传递函数

$$G(s) = \frac{K^*(s + 0.5)}{(s + 1)^2(s - 1.75)}, K^* = 3.5k \tag{1}$$

系统的开环零点 $s = -0.5$；开环极点 $s = -1$（二重根），及 $s = 1.75$。

（1）实轴上的根轨迹为 -1，$[-0.5, 1]$。

（2）渐近线为

$$\begin{cases} \sigma_a = \dfrac{\sum_{i=1}^{n} p_i - \sum_{j=1}^{m} z_i}{n - m} = \dfrac{-1 - 1 + 1.75 + 0.5}{3 - 1} = 0.125 \\[3mm] \phi_a = \dfrac{(2k + 1)\pi}{n - m} = \pm \dfrac{\pi}{3 - 1} = \pm \dfrac{\pi}{2} \end{cases} \tag{2}$$

（3）求与虚轴交点。系统的闭环特征方程为

$$D(s) = s^3 + 0.25s^2 + (K^* - 2.5)s + (0.5K^* - 1.75) = 0$$

当根位于虚轴时

$$\begin{cases} \mathrm{Re}[D(j\omega)] = -0.25\omega^2 + 0.5K^* - 1.75 = 0 \\ \mathrm{Im}[D(j\omega)] = -\omega^3 + (K^* - 2.5)\omega = 0 \end{cases} \tag{3}$$

解得：$\omega = \pm \sqrt{2}j$，$K^* = 4.5$，以及 $\omega = 0j$，$K^* = 3.5$。故系统的根轨迹，如图 P27 所示。

易知，当 $3.5 < K^* < 4.5$，即 $1 < K < 9/7$ 时系统是稳定的。

解毕！

4 - 10　已知单位反馈系统的开环传递函数为

$$G(s) = \frac{k}{s(0.02s + 1)(0.01s + 1)}$$

要求：（1）绘制系统的根轨迹；

（2）确定系统临界稳定时开环增益 k 的值；

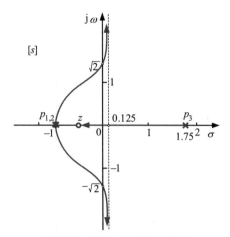

图 P27   题 4 - 9 系统根轨迹

（3）确定系统临界阻尼比时开环增益 k 的值。

解： 将传递函数化为首 1 标准型得

$$G(s) = \frac{k}{s(0.02s+1)(0.01s+1)} = \frac{K^*}{s(s+50)(s+100)}, K^* = 5\,000k \tag{1}$$

易知系统无开环零点；开环极点 $s = 0$、$s = -50$ 及 $s = -100$。

（1）绘制系统的根轨迹。

①实轴上的根轨迹：$(-\infty, -100]$，$[-50, 0]$。

②分离点方程为。

$$\frac{1}{d} + \frac{1}{d+50} + \frac{1}{d+100} = 0 \tag{2}$$

求解得 $d_1 = -21.13$，$d_2 = -78.87$（不在根轨迹上，舍）。

③渐近线方程为

$$\begin{cases} \sigma_a = \dfrac{\sum_{i=1}^{n} p_i - \sum_{j=1}^{m} z_i}{n-m} = \dfrac{-50-100}{3} = -50 \\ \varphi_a = \dfrac{(2k+1)\pi}{n-m} = \pm\dfrac{\pi}{3}, \pi \end{cases} \tag{3}$$

④求虚轴交点

由系统的闭环特征方程 $D(s) = s^3 + 150s^2 + 5\,000s + K^* = 0$ 可知：

$$\begin{cases} \mathrm{Re}[D(j\omega)] = -150\omega^2 + K^* = 0 \\ \mathrm{Im}[D(j\omega)] = -\omega^3 + 5\,000\omega = 0 \end{cases} \tag{4}$$

解得：$\omega_{1,2} = \pm 50\sqrt{2}$，$K^* = 750\,000$。

根轨迹如图 P28 所示。

（2）系统临界稳定时，根轨迹在虚轴上，此时对应 $K^* = 750\,000$，故 $k = 150$。

（3）系统临界阻尼比时，根轨迹位于分支点，利用幅值条件，当 $s = d_1 = -21.13$ 时有

$$|G(d_1)| = \left| \frac{k}{-21.13 \times (0.02 \times -21.13 + 1)(0.01 \times -21.13 + 1)} \right| = 1 \tag{5}$$

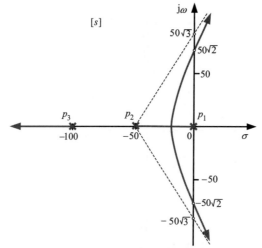

图 P28 题 4 - 10 系统根轨迹

解得：$k = 9.62$。

解毕！

4 - 11 已知系统的开环传递函数为

$$G(s)H(s) = \frac{K(s+1)}{s^2(s+2)(s+4)}$$

试绘制系统的正、负反馈两种根轨迹。

解：根据系统的开环传递函数，可知系统有 4 个开环极点和 1 个开环零点。即 $s_{p1} = s_{p2} = 0, s_{p3} = -2, s_{p4} = -4$ 和 $s_{z1} = -1$。

（1）首先画正反馈系统的根轨迹（按零度根轨迹规则绘制）。

①实轴上的根轨迹：$[-4, -2]$，$[-1, 0)$，$(0, +\infty)$。

②渐近线方程为

$$\begin{cases} \sigma_a = \dfrac{\sum_{i=1}^{n} p_i - \sum_{j=1}^{m} z_i}{n-m} = \dfrac{-2-4-(-1)}{3} = -5/3 \\ \phi_a = \dfrac{(2k+1)\pi}{n-m} = \pm\dfrac{\pi}{3}, \pi \end{cases} \tag{1}$$

③分离点方程为

$$\frac{1}{d} + \frac{1}{d} + \frac{1}{d+2} + \frac{1}{d+4} = \frac{1}{d+1} \tag{2}$$

求解得 $d_1 = -3.08, d_{2,3}$ 为虚数根，舍。

故正反馈系统根轨迹，如图 P29 所示。

（2）再画负反馈系统的根轨迹（按常规根轨迹规则绘制）。

①实轴上的根轨迹：$(-\infty, -4]$，$[-2, -1]$，0。

②渐近线方程为

$$\begin{cases} \sigma_a = \dfrac{\sum_{i=1}^{n} p_i - \sum_{j=1}^{m} z_i}{n-m} = \dfrac{-2-4-(-1)}{3} = -5/3 \\ \phi_a = \dfrac{(2k+1)\pi}{n-m} = \pm\dfrac{\pi}{3}, \pi \end{cases} \tag{3}$$

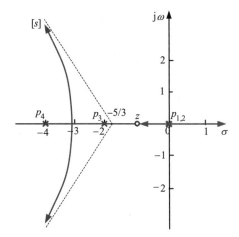

图 P29　题 4 -11 正反馈系统根轨迹

③求虚轴交点。由系统的闭环特征方程 $D(s) = s^4 + 6s^3 + 8s^2 + Ks + K = 0$ 可知：

$$\begin{cases} \text{Re}[D(j\omega)] = \omega^4 - 8\omega^2 + K = 0 \\ \text{Im}[D(j\omega)] = -6\omega^3 + K\omega = 0 \end{cases} \tag{4}$$

解得：$\omega_{1,2} = \pm \sqrt{2}$，$K = 12$。

相应根轨迹如图 P30 所示。

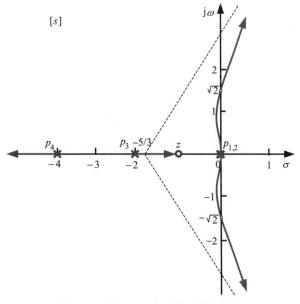

图 P30　题 4 -11 负反馈系统根轨迹

解毕！

4 -12　已知负反馈系统的开环传递函数为

$$G(s)H(s) = \frac{K(s + T)}{s^2(s + 2)}$$

试求 $K = 1$ 时，以 T 为参变量的根轨迹。

解：$K = 1$ 时，系统的闭环特征方程为

$$D(s) = s^3 + 2s^2 + s + T = 0 \tag{1}$$

可得以 T 为参变量时的等效开环传递函数为

$$G^e(s)H^e(s) = \frac{T}{s(s^2 + 2s + 1)} = \frac{T}{s(s + 1)^2} \tag{2}$$

则系统有 3 个开环极点：$s_{p1} = 0$，$s_{p2,3} = -1$。

下面绘制以 T 为变量时的系统根轨迹。

（1）实轴上的根轨迹：$(-\infty, -1)$，$(-1, 0]$。

（2）渐近线方程为

$$\begin{cases} \sigma_a = \dfrac{\sum_{i=1}^{n} p_i - \sum_{j=1}^{m} z_i}{n - m} = \dfrac{-1 - 1}{3} = -2/3 \\[3mm] \phi_a = \dfrac{(2k + 1)\pi}{n - m} = \pm\dfrac{\pi}{3}, \pi \end{cases} \tag{3}$$

（3）求虚轴交点。由系统的闭环特征方程可知：

$$\begin{cases} \mathrm{Re}[D(j\omega)] = -2\omega^2 + T = 0 \\ \mathrm{Im}[D(j\omega)] = -\omega^3 + \omega = 0 \end{cases} \tag{4}$$

解得：$\omega_{1,2} = \pm 1$，$T = 2$。

（4）分离点方程为

$$\frac{1}{d} + \frac{1}{d + 1} + \frac{1}{d + 1} = 0 \tag{5}$$

求解得 $d = -1/3$。故相应根轨迹，如图 P31 所示。

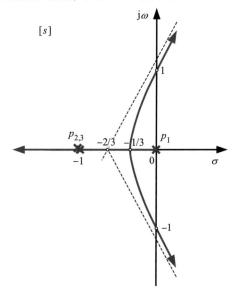

图 P31　题 4 - 12 系统根轨迹

解毕！

4 - 13　已知系统结构图如图 P32 所示，试绘制时间常数 T 变化时系统的根轨迹，并分析参数 T 的变化对系统动态性能的影响。

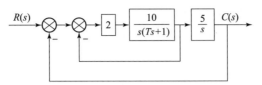

图 P32 题 4 – 13 系统结构图

解：消除内部的环路，可得系统开环传递函数为

$$G(s) = \frac{100}{Ts^3 + s^2 + 20s} \tag{1}$$

则系统的闭环特征方程为

$$D(s) = Ts^3 + s^2 + 20s + 100 = 0 \tag{2}$$

据此作等效开环传递函数为

$$G^e(s) = \frac{1/T(s^2 + 20s + 100)}{s^3} = \frac{K(s + 10)^2}{s^3}, K = \frac{1}{T} \tag{3}$$

则有系统的二重开环零点 $s_{z1,2} = -10$ 及三重开环极点 $s_{p1,2,3} = 0$，且有

$$D^*(s) = s^3 + Ks^2 + 20Ks + 100K = 0 \tag{4}$$

下面绘制以 K 为变量时的系统根轨迹。

（1）实轴上的根轨迹：$(-\infty, -10)$，$(-10, 0]$。

（2）求虚轴交点。由系统的闭环特征方程可知：

$$\begin{cases} \mathrm{Re}[D(j\omega)] = -K\omega^2 + 100K = 0 \\ \mathrm{Im}[D(j\omega)] = -\omega^3 + 20K\omega = 0 \end{cases} \tag{5}$$

解得：$\omega_{1,2} = \pm 10, K = 5$。

（3）分离点方程为

$$\frac{3}{d} = \frac{2}{d + 10} \tag{6}$$

解得 $d = -30$，由幅值特性，可知对应 $K = 135/2$。

（4）极点 p_1 的起始角 θ_{p_1} 满足

$$3\theta_{p_1} - 2\theta_{z_1} = (2k + 1)\pi \tag{7}$$

可知 $\theta_{z_1} = \pi$，$\theta_{p_1} = 60°(k = -1)$。

故相应根轨迹，如图 P33 所示。

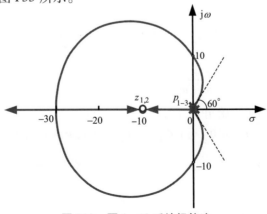

图 P33 题 4 – 13 系统根轨迹

由根轨迹变化趋势，可知 K 与 T 改变对系统影响，进行分析如下表所示。

K	T	系统状态
$0 < K < 5$	$T > 1/5$	系统有正根，不稳定
$K = 5$	$T = 1/5$	系有纯虚根，临界稳定
$5 < K < 135/2$	$2/135 < T < 1/5$	根轨迹位于左半复平面，系统稳定，欠阻尼状态
$K = 135/2$	$T = 2/135$	根轨交汇在负实轴点，系统稳定，临界阻尼状态
$K > 135/2$	$0 < T < 2/135$	根轨位于负实轴，系统稳定，过阻尼状态

解毕！

4-14 试绘制如图 P34 所示系统以 τ 为参变量的根轨迹。

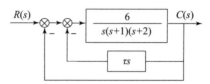

$R(s)$ $\dfrac{6}{s(s+1)(s+2)}$ $C(s)$ τs

图 P34 题 4-14 系统结构图

解：消除内部环路得系统的开环传递函数

$$G(s)H(s) = \frac{6(1 + \tau s)}{s(s + 1)(s + 2)} \tag{1}$$

闭环系统的特征方程为

$$D^*(s) = s^3 + 3s^2 + 2s + 6\tau s + 6 = 0 \tag{2}$$

构造等效开环传递函数得

$$G^e(s) = \frac{6\tau s}{s^3 + 3s^2 + 2s + 6} = \frac{Ks}{(s + 3)(s^2 + 2)}, K = 6\tau \tag{3}$$

可知系统有 1 个开环零点 $s_z = 0$ 及 3 个开环极点 $s_{p1} = -3$。和 $s_{p2,3} = \pm \sqrt{2}j$。根据以上信息绘制根轨迹。

（1）实轴上的根轨迹 $[-3, 0]$。

（2）渐近线方程为

$$\begin{cases} \sigma_a = \dfrac{\sum_{i=1}^{n} p_i - \sum_{j=1}^{m} z_i}{n - m} = \dfrac{-3 - 0}{3 - 1} = -3/2 \\ \phi_a = \dfrac{(2k + 1)\pi}{n - m} = \pm \dfrac{\pi}{2} \end{cases} \tag{4}$$

（3）极点 $p_2 = j\sqrt{2}$ 的起始角 θ_{p2} 满足

$$\theta_{p2} + \theta_{p2-p1} + \theta_{p2-p3} - \theta_{p2-z} = (2k + 1)\pi \tag{5}$$

其中，$\theta_{p2-p1} = \operatorname{atan}\left(\dfrac{\sqrt{2}}{3}\right) = 25.24°$，$\theta_{p2-p3} = 90°$，$\theta_{p2-z} = 90°$，则 $\theta_{p2} = 180° - 25.24° - 90° + 90° = 154.76°$。

故相应根轨迹，如图 P35 所示。

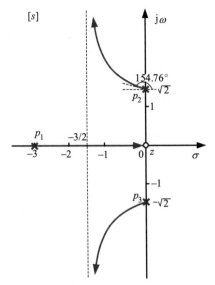

图 P35　题 4－14 系统根轨迹

解毕！

第5章 "线性系统频域分析法" 习题与答案

5－1　单位反馈控制系统的开环传递函数为

$$G(s)H(s) = \frac{1}{s+1}$$

试求输入信号 $r(t) = 2\sin 2t$ 时系统的稳态输出 $y(t)$。

解：系统的闭环传递函数为

$$\phi(s) = \frac{G(s)}{1+G(s)} = \frac{1}{s+2} \tag{1}$$

可得

$$\phi(j\omega) = \frac{1}{j\omega+2} \tag{2}$$

相应幅频特性为

$$A(\omega) = \left| \frac{1}{j\omega+2} \right| = \frac{1}{\sqrt{\omega^2+4}} \tag{3}$$

相频特性为

$$\varphi(\omega) = -\mathrm{tg}^{-1}\left(\frac{\omega}{2}\right) \tag{4}$$

当 $\omega = 2$ 时，$A(\omega) = \dfrac{\sqrt{2}}{4}$，$\varphi(\omega) = -\dfrac{\pi}{4}$，故

$$y(t) = A(\omega) \times 2\sin(2t+\varphi(\omega)) = \frac{\sqrt{2}}{2}\sin\left(2t-\frac{\pi}{4}\right) \tag{5}$$

解毕！

5-2 已知系统开环传递函数

$$G(s) = \frac{10}{s(2s+1)(s^2+0.5s+1)}$$

试分别计算 $\omega = 0.5$ 和 $\omega = 2$ 时，开环频率特性的幅值 $|G(j\omega)|$ 和相位 $\angle G(j\omega)$。

解：依据开环传递函数可求相应的开环频率特性

$$|G(j\omega)| = \frac{10}{|j\omega||2j\omega+1||(j\omega)^2+0.5j\omega+1|} = \frac{10}{\omega\sqrt{1+4\omega^2}\sqrt{(1-\omega^2)^2+0.25\omega^2}} \tag{1}$$

$$\angle G(j\omega) = 0 - \text{tg}^{-1}(\infty) - \text{tg}^{-1}(2\omega) - \text{tg}^{-1}\left(\frac{0.5\omega}{1-\omega^2}\right) \tag{2}$$

（1）当 $\omega = 0.5$ 时：

$$|G(j0.5)| = \frac{10}{0.5\sqrt{2}\sqrt{0.625}} = 17.89 \tag{3}$$

$$\angle G(j0.5) = 0 - 90° - 45° - 18.43° = -153.43° \tag{4}$$

（2）当 $\omega = 2$ 时：

$$|G(j2)| = \frac{10}{2\sqrt{17}\sqrt{10}} = 0.38 \tag{5}$$

$$\angle G(j2) = 0 - 90° - 75.96° + 18.43° = -147.53° \tag{6}$$

解毕！

5-3 用 Nyquist 稳定判据判断闭环系统的稳定性。各系统的开环传递函数如下：

（1）$G(s) = \dfrac{20}{s(s+1)(s+10)}$。

（2）$G(s) = \dfrac{10(s+100)}{s(s-2)}$。

解：（1）采用向量表示开环系统得

$$G(j\omega) = \frac{20}{j\omega(j\omega+1)(j\omega+10)} = \frac{-220\omega^2 - (200\omega - 20\omega^3)j}{121\omega^4 + (10\omega - \omega^3)^2} \tag{1}$$

据此可得

①当 $\omega = 0$ 时，实部为 $= -2.2$，即无穷远处的 Nyquist 曲线逼近实部 -2.2；

②当虚部为 0，即 $\omega^2 = 10$ 时，可求得 Nyquist 图与负实轴的交点，解得 $\omega = 3.16$ rad/s，对应实部值为 -0.18。

③依据开环传递函数可求相应的开环频率特性

$$A(\omega) = |G(j\omega)| = \frac{20}{|j\omega||j\omega+1||j\omega+10|} = \frac{20}{\omega\sqrt{1+\omega^2}\sqrt{100+\omega^2}} \tag{2}$$

$$\varphi(\omega) = \angle G(j\omega) = 0 - \text{tg}^{-1}(\infty) - \text{tg}^{-1}(\omega) - \text{tg}^{-1}\left(\frac{\omega}{10}\right) \tag{3}$$

则有 $A(0) = \infty$；$\varphi(0) = -90°$ 以及 $A(\infty) = 0$；$\varphi(\infty) = -270°$。

根据以上结论画出 Nyquist 图如图 P36 所示。

由于系统无开环正根，且 Nyquist 图不包围 $(-1, j0)$ 点，因此系统稳定。

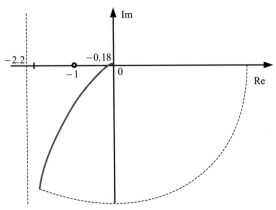

图 P36 题 5-3（1）系统 Nyquist 图

（2）采用向量表示开环系统得

$$G(j\omega) = \frac{1\,000 + 10j\omega}{j\omega(-2 + j\omega)} = \frac{-1\,020\omega^2 + (-10\omega^3 + 2\,000\omega)j}{\omega^4 + 4\omega^2} \tag{4}$$

据此可得

①当 $\omega = 0$ 时，实部为 -255，即无穷远处的 Nyquist 曲线逼近实部 -255；

②当虚部为 0，即 $\omega^2 = 200$ 时，可求得 Nyquist 图与负实轴的交点，解得 $\omega = 10\sqrt{2}\,\mathrm{rad/s}$，对应实部值为 -5。

③依据开环传递函数可求相应的开环频率特性

$$A(\omega) = |G(j\omega)| = \frac{10\,|j\omega + 100|}{|j\omega|\,|j\omega - 2|} = \frac{10\sqrt{10\,000 + \omega^2}}{\omega\sqrt{4 + \omega^2}} \tag{5}$$

$$\varphi(\omega) = \angle G(j\omega) = \mathrm{tg}^{-1}\left(\frac{\omega}{100}\right) - \mathrm{tg}^{-1}\left(\frac{\omega}{0}\right) - \left(180° - \mathrm{tg}^{-1}\left(\frac{\omega}{2}\right)\right) \tag{6}$$

则有 $A(0) = \infty$；$\varphi(0) = -270°$ 以及 $A(\infty) = 0$；$\varphi(\infty) = -90°$。

根据以上结论画出 Nyquist 图如图 P37 所示。

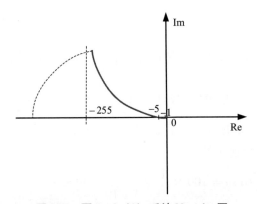

图 P37 题 5-3（2）系统 Nyquist 图

由 Nyquist 图可知，Nyquist 曲线顺时针包围 $(-1, j0)$ 点半圈，故 $R = 0.5$；系统有一个开环正根，故 $P = 1$，因此 $P - 2R = 0$，则系统稳定。

解毕!

5-4 已知最小相位系统的对数渐近幅频特性曲线如图 P38 所示，分别确定系统的开环传递函数。

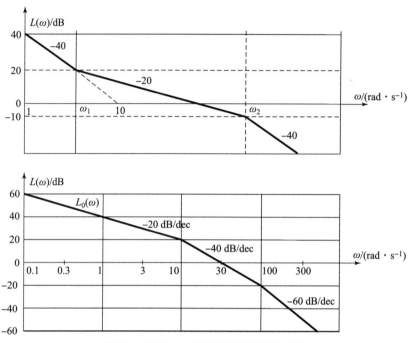

图 P38 题 5-4 对数渐近幅频特性曲线

解：（1）

①根据题设对数幅频特性曲线，可知低频段斜率为 $-40\ \text{dB/dec}$，因此系统为 II 型系统，含有 2 个积分环节 $1/s$。

②由于是 II 型系统，可知 $K = \omega^2 = 100$。

③根据渐近线第一转折斜率增加 $20\ \text{dB/dec}$，可知对应一阶微分环节 $\left(\dfrac{s}{\omega_1} + 1\right)^{+1}$。渐近线第二转折斜率下降 $20\ \text{dB}$，可知对应惯性环节 $\left(\dfrac{s}{\omega_2} + 1\right)^{-1}$。此外，根据坐标关系可知 $\dfrac{10}{\omega_1} = \dfrac{\omega_1}{1}$，可得 $\omega_1 = \sqrt{10}\ \text{rad/s}$；中频段反向延长线必交于 $30\ \text{dB}$，对应 $\omega = 1\ \text{rad/s}$，到 $-10\ \text{dB}$ 一共下降了 $40\ \text{dB}$，跨度为 2 个频程，因此 $\omega_2 = 100\ \text{rad/s}$。

④获得该系统的开环传递函数

$$G(s) = 100 \times \frac{1}{s^2} \times \left(\frac{s}{\sqrt{10}} + 1\right) \times \frac{1}{\dfrac{s}{100} + 1} \tag{1}$$

整理化为首 1 标准型得

$$G(s) = 1\,000\sqrt{10}\,\frac{s + \sqrt{10}}{s^2(s + 100)} \tag{2}$$

（2）

①根据题设对数幅频特性曲线，可知低频段斜率为 $-20\ \mathrm{dB/dec}$，因此此系统为 I 型系统，含有 1 个积分环节 $1/s$。

②由于是 I 型系统，由低频段延长线与 0 dB 轴交点可知：$K = \omega = 100$。

③根据渐近线第一转折斜率减少 20 dB/dec，可知对应一阶微分环节 $\left(\dfrac{s}{10} + 1\right)^{-1}$。渐近线第二转折斜率下降 20 dB/dec，可知对应惯性环节 $\left(\dfrac{s}{100} + 1\right)^{-1}$。

④获得该系统的开环传递函数

$$G(s) = 100 \times \frac{1}{s} \times \frac{1}{\dfrac{s}{10} + 1} \times \frac{1}{\dfrac{s}{100} + 1} \tag{3}$$

整理化为首 1 标准型得

$$G(s) = \frac{100\,000}{s(s + 10)(s + 100)} \tag{4}$$

解毕！

5-5 已知单位负反馈系统开环传递函数

$$G(s) = \frac{K}{s(Ts + 1)(s + 1)}$$

其中，K、$T > 0$，试用 Nyquist 稳定判据判断系统闭环稳定条件：

（1）$T = 2$ 时，K 值的范围；

（2）$K = 10$ 时，K 值的范围。

解：采用向量表示开环系统得

$$\begin{aligned}
G(j\omega) &= \frac{K}{j\omega(jT\omega + 1)(j\omega + 1)} \\
&= \frac{-K(1 + T)}{\omega^2(1 + T)^2 + (1 - T\omega^2)^2} - \frac{K(1 - T\omega^2)j}{\omega^3(1 + T)^2 + \omega(1 - T\omega^2)^2}
\end{aligned} \tag{1}$$

据此可得：

（1）当 $\omega = 0$ 时，$G(j0) = -K(1 + T) - j\infty$；

（2）当 $\mathrm{Im}(G(j\omega)) = 0$，$\omega^2 = 1/T$ 时，可求得 Nyquist 图与负实轴的交点，解得 $\omega = 1/\sqrt{T}\ \mathrm{rad/s}$，对应实部值为 $\dfrac{-KT}{(1 + T)}$。

（3）依据开环传递函数可求相应的开环频率特性

$$A(\omega) = |G(j\omega)| = \frac{K}{|j\omega||jT\omega + 1||j\omega + 1|} = \frac{K}{\omega\sqrt{1 + (\omega T)^2}\sqrt{1 + \omega^2}} \tag{2}$$

$$\varphi(\omega) = \angle G(j\omega) = 0 - \mathrm{tg}^{-1}(\infty) - \mathrm{tg}^{-1}(\omega T) - \mathrm{tg}^{-1}(\omega) \tag{3}$$

则有 $A(0) = \infty$；$\varphi(0) = -90°$ 以及 $A(\infty) = 0$；$\varphi(\infty) = -270°$

Nyquist 图如图 P39 所示。

（1）$T = 2$ 时，当 Nyquist 图不包围 $(-1, j0)$ 点时系统稳定，此时 $-2K/3 > -1$，即 $0 < K < 3/2$。

（2）$K = 10$ 时，当 Nyquist 图不包围 $(-1, j0)$ 点时系统稳定，此时 $-10T/(1 + T) > -1$，

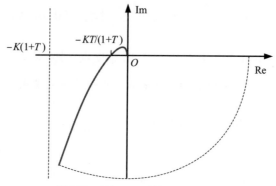

图 P39　题 5-5 系统 Nyquist 图

即 $0 < T < 1/9$。

解毕！

5-6　试用对数频率特性求取如下系统的相位裕量和增益裕量，判断闭环系统的稳定性。

(1) $G(s) = \dfrac{25}{s(0.2s+1)(0.08s+1)}$。

(2) $G(s) = \dfrac{100(s+1)}{s^2(0.025s+1)(0.005s+1)}$。

解：(1)

①求相位裕量。

当 $\omega = \omega_c$ 时，$|G(s)| = 1$，可得

$$|s| \times |0.2s+1| \times |0.08s+1| = 25 \tag{1}$$

将 $s = j\omega_c$ 代入可得

$$\omega_c \sqrt{1+0.04\omega_c^2}\,\sqrt{1+0.0064\omega_c^2} = 25 \tag{2}$$

解得 $\omega_c = 9.39\ \text{rad/s}$（其他根为复值，舍）。由于

$$\varphi(\omega_c) = \frac{0 - \text{tg}^{-1}(\infty) - \text{tg}^{-1}(0.2\omega_c) - \text{tg}^{-1}(0.08\omega_c)}{\pi} \times 180° = -188.89° \tag{3}$$

故相位裕量为

$$\gamma(\omega_c) = 180° + \varphi(\omega_c) = -8.89° \tag{4}$$

②求增益裕量。

当开环传递函数相位为 180°时

$$-0.5\pi - \text{tg}^{-1}(0.2\omega_g) - \text{tg}^{-1}(0.08\omega_g) = -\pi \tag{5}$$

整理得

$$\frac{0.28\omega_g}{1 - 0.016\omega_g^2} = \infty \tag{6}$$

解得 $\omega_g = 7.91\ \text{rad/s}$，进而得

$$A(\omega_g) = \frac{25}{7.91 \times \sqrt{1+0.04\times 7.91^2}\,\sqrt{1+0.0064\times 7.91^2}} = 1.43 \tag{7}$$

对数增益裕量为 $L_g = 20\log\left(\dfrac{1}{A(\omega_g)}\right) = -3.11$ dB。

综上，$L_g < 0$，$\gamma(\omega_c) < 0$，闭环系统不稳定。

（2）

①求相位裕量。

当 $\omega = \omega_c$ 时，$|G(s)| = 1$，可得

$$|s| \times |s| \times |0.025s + 1| \times |0.005s + 1| = 100|s + 1| \tag{8}$$

将 $s = j\omega_c$ 代入可得

$$\omega_c^2 \sqrt{1 + 0.006\,25\omega_c^2} \sqrt{1 + 0.000\,025\omega_c^2} = 100\sqrt{1 + \omega_c^2} \tag{9}$$

解得 $\omega_c = 55.99$ rad/s（其他根为复值，舍）。由于

$$\varphi(\omega_c) = \frac{\mathrm{tg}^{-1}(\omega_c) - 2 \times \mathrm{tg}^{-1}(\infty) - \mathrm{tg}^{-1}(0.025\omega_c) - \mathrm{tg}^{-1}(0.005\omega_c)}{\pi} \times 180° = -161.12° \tag{10}$$

故相位裕量为

$$\gamma(\omega_c) = 180° + \varphi(\omega_c) = 18.88° \tag{11}$$

②求增益裕量。

当开环传递函数相位为 $180°$ 时

$$\mathrm{tg}^{-1}(\omega_g) - 2 \times \mathrm{tg}^{-1}(\infty) - \mathrm{tg}^{-1}(0.025\omega_g) - \mathrm{tg}^{-1}(0.005\omega_g) = -\pi \tag{12}$$

整理得

$$\mathrm{tg}^{-1}(\omega_g) = \mathrm{tg}^{-1}(0.025\omega_g) + \mathrm{tg}^{-1}(0.005\omega_g) \tag{13}$$

即

$$\frac{0.03\omega_g}{1 - 0.000\,125\omega_g^2} = \omega_g \tag{14}$$

解得 $\omega_g = 88.09$ rad/s，进而得

$$A(\omega_g) = \frac{100\sqrt{1 + 88.09^2}}{88.09^2 \times \sqrt{1 + 0.000\,625 \times 88.09^2}\sqrt{1 + 0.000\,025 \times 88.09^2}} = 0.43 \tag{15}$$

对数增益裕量为 $L_g = 20\log\left(\dfrac{1}{A(\omega_g)}\right) = 7.33$ dB。

综上，$L_g > 0$，$\gamma(\omega_c) > 0$，闭环系统稳定。

解毕！

5-7 单位负反馈系统的开环传递函数为

$$G(s) = \frac{7}{s(0.087s + 1)}$$

试用频域和时域关系求系统的超调量 $\sigma\%$ 与调整时间 t_s。

解： 由于 $A(\omega_c) = |G(j\omega_c)| = 1$，可知 $\omega_c\sqrt{1 + 0.007\,6\omega_c^2} = 7$，进而得 $\omega_c = 6.17$ rad/s。

$$\varphi(\omega_c) = \frac{0 - \mathrm{tg}^{-1}(\infty) - \mathrm{tg}^{-1}(0.087\omega_c)}{\pi} \times 180° = -118.27° \tag{1}$$

相位裕度为

$$\gamma(\omega_c) = 180° + \varphi(\omega_c) = 61.73° \tag{2}$$

根据相位裕度和超调量 $\sigma\%$、调整时间 t_s 之间的关系

$$\sigma\% \overset{\gamma=61.73°}{\approx} 24\% \tag{3}$$

$$t_s \approx \frac{7.1}{\omega_c} = \frac{7.1}{6.17} = 1.15 \text{ s} \tag{4}$$

解毕!

5 - 8   已知单位负反馈系统的开环传递函数,试绘制系统闭环的幅频特性曲线。

(1) $G(s) = \dfrac{12}{s(s+1)}$。

(2) $G(s) = \dfrac{10(0.5s+1)}{s(5s+1)}$。

解:(1) 系统的闭环传递函数为

$$G_b(s) = \frac{G(s)}{1+G(s)} = \frac{12}{s^2+s+12} \tag{1}$$

可得

$$M(\omega) = \frac{12}{\sqrt{(12-\omega^2)^2+\omega^2}} \tag{2}$$

求关键点频率特性:

①求零频幅值:$M(0) = 1$。

②求谐振频率与峰值:$\dfrac{\mathrm{d}M_r}{\mathrm{d}\omega_r} = 0$,即

$$-\frac{12}{(12-\omega_r^2)^2+\omega^2} \times \left[-4\omega_r(12-\omega_r^2) + 2\omega_r \right] = 0 \tag{3}$$

可知 $4\omega_r^3 - 46\omega_r = 0$。可得 $\omega_r = 3.39 \text{ rad/s}$,代入式(2)可得:$M_r = 3.5$。

③求截止频率

$$M(\omega_b) = \frac{12}{\sqrt{(12-\omega_b^2)^2+\omega_b^2}} = \frac{\sqrt{2}}{2} \tag{4}$$

解得:$\omega_b = 16.39 \text{ rad/s}$。幅频特性曲线为

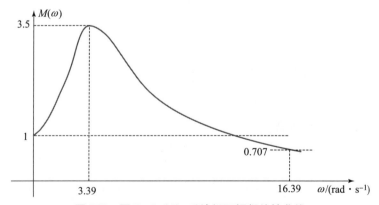

图 P40   题 5 - 8(1)系统闭环幅频特性曲线

（2）系统的闭环传递函数为

$$\phi(s) = \frac{G(s)}{1+G(s)} = \frac{10(0.5s+1)}{s(5s+1)+10(0.5s+1)} = \frac{s+2}{s^2+1.2s+2} \tag{1}$$

可得

$$M(\omega) = \frac{\sqrt{4+\omega^2}}{\sqrt{(2-\omega^2)^2+1.44\omega^2}} \tag{2}$$

求关键点频率特性：

①求零频幅值：$M(0) = 1$。

②求谐振频率与峰值：$\dfrac{dM_r}{d\omega_r} = 0$，即

$$\frac{\dfrac{\omega_r\sqrt{(2-\omega_r^2)^2+1.44\omega_r^2}}{\sqrt{4+\omega_r^2}} - \dfrac{\sqrt{4+\omega_r^2}\times(-2\omega_r\times(2-\omega_r^2)+1.44\omega_r)}{\sqrt{(2-\omega_r^2)^2+1.44\omega_r^2}}}{(2-\omega_r^2)^2+1.44\omega_r^2} = 0 \tag{3}$$

整理得

$$\frac{(2-\omega_r^2)^2+1.44\omega_r^2}{4+\omega_r^2} = \frac{(4+\omega_r^2)(-2.56+2\omega_r^2)}{(2-\omega_r^2)^2+1.44\omega_r^2} \tag{4}$$

解得 $\omega_r = 1.17$ rad/s，代入式（2）可得：$M_r = 1.51$。

③求截止频率

$$M(\omega_b) = \frac{\sqrt{4+\omega^2}}{\sqrt{(2-\omega^2)^2+1.44\omega^2}} = \frac{\sqrt{2}}{2} \tag{5}$$

解得：$\omega_b = 2.31$ rad/s。幅频特性曲线为

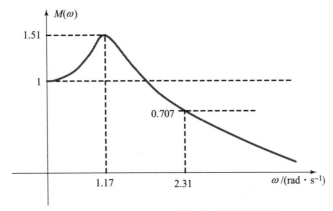

图 P41　题 5-8（2）系统闭环幅频特性曲线

解毕！

5-9　典型二阶系统的开环传递函数如下：

$$G(s) = \frac{\omega_n^2}{s(s+2\zeta\omega_n)}$$

当取 $r(t) = 2\sin t$ 时，系统的稳态输出为 $c_{ss}(t) = 2\sin(t-45°)$，试确定系统参数 ω_n

和 ζ。

解：系统的闭环传递函数为

$$\phi(s) = \frac{\omega_n^2}{s^2 + 2\zeta\omega_n s + \omega_n^2} \tag{1}$$

表示为频域形式

$$\phi(j\omega) = \frac{\omega_n^2}{(\omega_n^2 - \omega^2) + 2\zeta\omega_n\omega j} \tag{2}$$

由题设，当 $\omega = 1$ 时

$$A(\omega) = \frac{\omega_n^2}{[(\omega_n^2 - 1)^2 + 4\zeta^2\omega_n^2]} = 1 \tag{3}$$

$$-\arctan\frac{2\zeta\omega_n}{\omega_n^2 - 1} = -45° \tag{4}$$

联立式（3）和式（4）解得：$\omega_n = \sqrt{2} \approx 1.41$，$\zeta = \sqrt{2}/4 \approx 0.35$。

解毕！

5-10　对于典型二阶系统，已知 $\sigma\% = 16\%$，$t_s = 3\,\text{s}(\pm 2\%)$，试计算幅值裕度 K_g 相角裕度 γ。

解：由超调量公式

$$\sigma_p = \text{e}^{-\frac{\zeta\pi}{\sqrt{1-\zeta^2}}} \times 100\% = 16\% \tag{1}$$

可得 $\zeta = 0.504$，系统处于欠阻尼状态。由 $t_s = 3/(\zeta\omega_n) = 3$，$\omega_n = 1.984$。

（1）由于本系统在 $\omega \to \infty$ 时，$\varphi(\omega) \to -\pi$，对应 $A(\omega_g) = 0$，则幅值裕度

$$K_g = \frac{1}{A(\omega_g)} \to \infty \tag{2}$$

（2）相位裕度

$$\gamma = \arctan\left(\frac{2\zeta}{\sqrt{\sqrt{4\zeta^2 + 1} - 2\zeta^2}}\right) \times \frac{180°}{\pi} = 46.549° \tag{3}$$

解毕！

5-11　已知系统的开环对数幅频特性曲线如图 P42 所示。

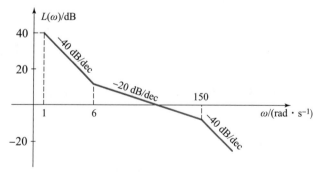

图 P42　题 5-11 幅频特性曲线

（1）求该系统的相位裕量 γ。

（2）若要使得该系统的相位裕量 γ 为最大，对应开环增益应为多大？

解：（1）系统为 Ⅱ 型系统，故有 $K = \omega^2(L(\omega) = 0$ 时$)$。又知低频段 $-40\ dB$ 反向延长线必交于 $L(\omega) = 0$ 轴的 $\omega = 10\ dB$，故 $K = 100$。根据转折点已知条件可得系统的开环传递函数为

$$G(s) = \frac{K\left(1 + \dfrac{1}{6}s\right)}{s^2\left(1 + \dfrac{1}{150}s\right)},\ K = 100 \tag{1}$$

进而可求 ω_c

$$|G(j\omega_c)| = \left|\frac{K\left(1 + \dfrac{1}{6}j\omega_c\right)}{j\omega_c^{\,2}\left(1 + \dfrac{1}{150}j\omega_c\right)}\right| = \frac{K\sqrt{1 + \left(\dfrac{1}{6}\omega_c\right)^2}}{\omega_c^2\sqrt{1 + \left(\dfrac{1}{150}\omega_c\right)^2}} = 1 \tag{2}$$

当 $K = 100$ 时，解得 $\omega_c = 17.49\ rad/s$。

$$\varphi(\omega_c) = \arctan\frac{1}{6}\omega_c - 180° - \arctan\frac{1}{150}\omega_c = -115.59° \tag{3}$$

$$\gamma = 180° + \varphi(\omega_c) = 64.41° \tag{4}$$

（2）若要使得相位裕量 γ 为最大，即使得 $\varphi(\omega_c)$ 为最大，进而等价于求如下函数的最大值。

$$f(\omega_c) = \arctan\frac{1}{6}\omega_c - \arctan\frac{1}{150}\omega_c\left(0 < f(\omega_c) < \frac{\pi}{2}\right) \tag{5}$$

由于在 $\left[0, \dfrac{\pi}{2}\right]$ 内，正切函数不改变原函数单调性

$$\mathrm{tg}(f(\omega_c)) = \frac{\dfrac{1}{6}\omega_c - \dfrac{1}{150}\omega_c}{1 + \dfrac{1}{6}\omega_c \times \dfrac{1}{150}\omega_c} \tag{6}$$

整理得

$$\mathrm{tg}(f(\omega_c)) = \frac{144\omega_c}{\omega_c^2 + 900} \tag{7}$$

取驻点 $\dfrac{\mathrm{d}(\mathrm{tg}(f(\omega_c)))}{\mathrm{d}\omega_c} = 0$，可找到式（5）最大值，故可得方程

$$144(\omega_c^2 + 900) = 288\omega_c^2 \tag{8}$$

解得 $\omega_c = 30\ dB/s$。此时有

$$\varphi(\omega_c) = \arctan\frac{1}{6}\omega_c - 180° - \arctan\frac{1}{150}\omega_c = -112.62° \tag{9}$$

故可得：$\gamma_{max} = 180° + \varphi(\omega_c) = 64.41°$。

将 $\omega_c = 30\ dB/s$ 代入式（2），可得相应的开环增益

$$K = \frac{\omega_c^2\sqrt{1 + \left(\dfrac{1}{150}\omega_c\right)^2}}{\sqrt{1 + \left(\dfrac{1}{6}\omega_c\right)^2}} = \frac{900\sqrt{1 + \dfrac{1}{25}}}{\sqrt{26}} = 140 \tag{10}$$

解毕!

5-12 已知单位负反馈系统的开环传递函数为

$$G(s) = \frac{K}{s(0.1s+1)(s+1)}$$

（1）求系统相位裕度为 50°时的 K 值；

（2）求对数幅值裕度为 20 dB 时的 K 值；

（3）求谐振峰值 $M_r = 1.5$ 时的 K 值。

解：（1）由 $\gamma = 180° + \varphi(\omega_c)$，当 $\gamma = 50°$ 时，$\varphi(\omega_c) = -130°$，可得

$$-90° - \text{tg}^{-1}(0.1\omega_c) - \text{tg}^{-1}(\omega_c) = -130° \tag{1}$$

整理式（1）并在等式两端取正切可得

$$\frac{0.1\omega_c + \omega_c}{1 - 0.1\omega_c^2} = \text{tg}(40°) = 0.84 \tag{2}$$

解得 $\omega_c = 0.72$ rad/s。由

$$\frac{K}{\omega_c \sqrt{1+0.01\omega_c^2}\sqrt{1+\omega_c^2}} = 1 \tag{3}$$

解得 $K = 0.89$。

（2）由系统的相位关系，$\varphi(\omega_g) = -180°$，即

$$-90° - \text{tg}^{-1}(0.1\omega_g) - \text{tg}^{-1}(\omega_g) = -180° \tag{4}$$

解得 $\omega_g = \sqrt{10}$ rad/s。当对数幅值裕度 $L_g = -20\log|G(j\omega_g)| = 20$ 时，

$$-20\log\left(\frac{K}{\omega_g\sqrt{1+0.01\omega_g^2}\sqrt{1+\omega_g^2}}\right) = 20 \tag{5}$$

可得 $K = 0.1\omega_g\sqrt{1+0.01\omega_g^2}\sqrt{1+\omega_g^2} = 1.1$。

（3）在 ω_c 附近，存在 $M_r = \frac{1}{\sin(\gamma)}$，据此可得 $\gamma = 41.81°$。由 $\gamma = 180° + \varphi(\omega_c)$，

$$\varphi(\omega_c) = -90° - \text{tg}^{-1}(0.1\omega_c) - \text{tg}^{-1}(\omega_c) = -138.19° \tag{6}$$

$$\text{tg}^{-1}(0.1\omega_c) + \text{tg}^{-1}(\omega_c) = 48.19° \tag{7}$$

解得 $\omega_c = 0.93$ rad/s，则

$$K = \omega_c\sqrt{1+0.01\omega_c^2}\sqrt{1+\omega_c^2} = 1.28 \tag{8}$$

解毕!

第6章 "线性控制系统的校正" 习题与答案

6-1 什么是系统校正？系统校正方式有哪些类型？

答：系统校正，是指当系统的性能指标不能满足控制要求时，通过给系统附加某些新的部件、环节，依靠这些部件、环节的配置来改善原系统的控制性能，从而使系统性能达到控制要求的过程。

系统的校正方式主要包括串联校正、反馈校正、前馈校正和复合校正。

6-2 PID 控制中，比例、积分、微分作用分别用什么量表示其控制作用的强弱？并分别说明它们对控制质量的影响。

答：PID 控制器的时域表达式为

$$u(t) = K_p\left[e(t) + \frac{1}{T_i}\int_0^t e(t)\,\mathrm{d}t + T_d\frac{\mathrm{d}e(t)}{\mathrm{d}t}\right]$$

比例控制主要通过控制比例系数 K_p 来实现增益控制，K_p 越大，比例控制作用越强；积分主要通过调节积分时间 T_i 来控制积分作用大小，T_i 越大，积分作用越弱；微分作用通过控制微分时间 T_d 来实现，T_d 越大，微分作用越强。

比例控制是一个调节系统中的核心，增大比例作用可有助于减小系统的稳态误差。提高系统的快速性，但过大的比例调节会引起系统的稳定性问题；积分控制以误差累计为控制依据，单位时间的误差累计越多，其消除系统误差的作用也越明显，其主要作用为消除系统的稳态误差；微分控制仅当系统误差发生变化时起作用，误差变化率越大，微分对系统的作用越明显，有助于抑制系统的振荡，改善动态响应质量。另外，PID 这三个方面的控制作用是互相制约的——调节其中一个量，其他两个量都可能发生改变，因此在具体的 PID 作用调节过程中，需要对控制参数进行组合调节来确定所需的控制性能。

6-3 设单位反馈系统的开环传递函数

$$G(s) = \frac{K}{s(s+1)}$$

试设计串联超前校正装置的参数，使系统在单位斜坡输入的稳态误差 $e_{ss} = 1/15$，相角裕度 $\gamma \geqslant 45°$，幅值交接频率 $\omega_c \geqslant 7.5$ rad/s，绘制校正前和校正后系统开环传递函数的对数幅频特性和相频特性曲线。

解：本系统为 I 型系统，在单位斜坡输入下有

$$e_{ss} = \frac{A}{k_v} = \frac{1}{K} = \frac{1}{15} \tag{1}$$

可得 $K = 15$。做出未校正前的开环系统 Bode 图如下：

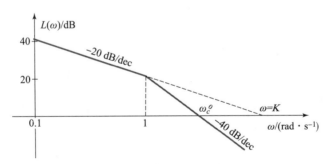

图 P43 题 6-3 未校正前系统 Bode 图

易知 $\omega_c^0 = \sqrt{K \times 1} = 3.87$ rad/s。则可得校正前系统

$$\varphi(\omega_c^0) = -90° - \mathrm{tg}^{-1}(\omega_c^0) = -165.51° \tag{2}$$

系统相位裕度 $\gamma^0 = 180° + \varphi(\omega_c^0) = 14.49°$

为使 $\omega_c = 7.5$ rad/s，计算可得需要补偿的幅值量为

$$20\log\left(\frac{K}{\omega_c\sqrt{1+\omega_c^2}}\right) = -11.56 \text{ dB} \tag{3}$$

则系统可以采用超前校正模块来获得性能，如图 P44 所示。

$$G_c(s) = \frac{1+\dfrac{s}{\omega_1}}{1+\dfrac{s}{\omega_2}} = \frac{1+\dfrac{s}{\omega_1}}{1+\dfrac{s}{10\omega_1}}(\omega_2 = 10\omega_1) \tag{4}$$

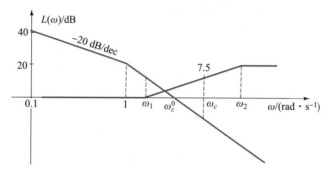

图 P44　题 6 – 3 超前校正模块 Bode 图

由 $20\log(G_c(j\omega_c)) = 11.56 \text{ dB}$ 可知

$$\frac{1+\left(\dfrac{7.5}{\omega_1}\right)^2}{1+\left(\dfrac{0.75}{\omega_1}\right)^2} = 14.32 \tag{5}$$

解得 $\omega_1 = 1.9 \text{ rad/s}$，故 $\omega_2 = 19 \text{ rad/s}$，故

$$G_c(s) = \frac{1+\dfrac{s}{1.9}}{1+\dfrac{s}{19}} \tag{6}$$

此时校正后的传递函数

$$G^*(s) = G_c(s)G(s) = \frac{0.1K(s+1.9)}{s(s+1)(s+19)} \tag{7}$$

$$\varphi(\omega_c^*) = \text{tg}^{-1}\left(\frac{\omega_c^*}{1.9}\right) - 90° - \text{tg}^{-1}(\omega_c^*) - \text{tg}^{-1}\left(\frac{\omega_c^*}{19}\right) = -118.16° \tag{8}$$

校正后的相位裕度

$$\gamma^* = 180° + \varphi(\omega_c^*) = 61.78° > 45° \tag{9}$$

说明选择的校正装置能够满足要求。校正前后的幅频特性和相频特性曲线如图 P45 所示。

解毕！

6 – 4　已知一单位反馈系统的开环传递函数为

$$G(s) = \frac{K_m}{s(s+25)}$$

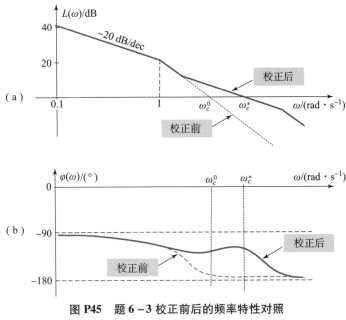

图 P45 题 6 – 3 校正前后的频率特性对照
（a）幅频特性；（b）相频特性

试设计一个相位滞后校正装置：

（1）在单位速度函数输入下输出的稳态误差 $e_{ss} = 1/100$，且相位裕量 $\gamma \geq 45°$。

（2）绘制校正前和校正后的系统频率特曲线。

解：（1）

①首先确定开环增益 K。

本系统为 I 型系统，在单位速度函数输入下 $e_{ss} = 1/100$。

$$K_v = \lim_{s \to 0} sG_k(s) = \lim_{s \to 0} s \frac{K_m}{s(s + 25)} = \frac{K_m}{25} \qquad (1)$$

$$e_{ss} = \frac{1}{K_v} = \frac{25}{K_m} \leq 0.01 \to K_m \geq 2\,500 \qquad (2)$$

取 $K_m = 2\,500$，则开环增益 $K = \dfrac{K_m}{25} = 100$。

②求校正前的幅值交界频率

$$|G(j\omega_c^0)| = \left| \frac{2\,500}{j\omega_c^0(j\omega_c^0 + 25)} \right| = 1 \qquad (3)$$

计算可得 $\omega_c^0 = 47$ rad/s。

③计算未校正前系统的相位裕度 γ^0。

$$\gamma^0(\omega_c) = 180° + \varphi(\omega_c^0) = 180° - 90° - \mathrm{tg}^{-1}\left(\frac{\omega_c^0}{25}\right) = 28° \qquad (4)$$

说明未达到 $\gamma \geq 45°$ 的要求。未校正前的频率特性曲线如图 P46 所示。

④确定滞后网络参数 β 和 τ。选择一新的幅值穿越频率点 ω_c^*，根据校正要求，使得该处

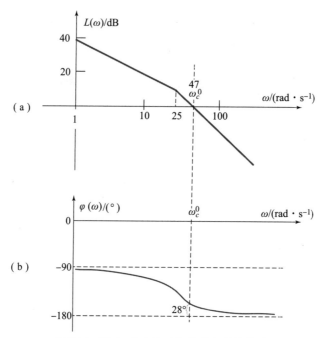

图 P46 题 6-4 未校正前的频率特性曲线

（a）幅频特性；（b）相频特性

原系统的相位滞后量为 $\varphi(\omega_c^*) = 45° + \Delta$，此处取 $\Delta = 5°$。即：

$$\gamma^*(\omega_c^*) = 180° - 90° - \text{tg}^{-1}\left(\frac{\omega_c^*}{25}\right) = 50° \tag{5}$$

解得 $\omega_c^* = 21 \text{ rad/s}$。$\omega_c^* < \omega_c^0$，故需要滞后校正装置，设为

$$G_c(s) = \frac{1 + \tau s}{1 + \beta\tau s} \tag{6}$$

求得在 ω_c^* 处需要补偿的幅值量，原系统在 ω_c^0 的对数幅值为

$$20\log\left(\left|\frac{2\,500}{j\omega_c^0(j\omega_c^0 + 25)}\right|\right) = 11.24 \text{ dB} \tag{7}$$

则有 $20\log\beta = L(\omega_c^0)$，可得 $\beta = 3.650$，取 $\frac{1}{\tau} = \omega_c^0/10$，那么可得

$$G_c(s) = \frac{1 + 0.476s}{1 + 1.737s} \tag{8}$$

⑤校正后的传递函数。

$$G^*(s) = G_c(s)G(s) = \frac{100(0.476s + 1)}{s(0.04s + 1)(1.737s + 1)} \tag{9}$$

⑥校验指标。根据 $G^*(s)$ 计算得

$$\gamma^* = 180° + \text{tg}^{-1}(0.476\omega_c^*) - 90° - \text{tg}^{-1}(0.04\omega_c^*) - \text{tg}^{-1}(1.737\omega_c^*) = 45.8° \tag{10}$$

校正后的 $\gamma^* = 45.8° > 45°$，满足系统校正要求。

（2）校正前和校正后的系统频率特曲线如图 P47 所示。

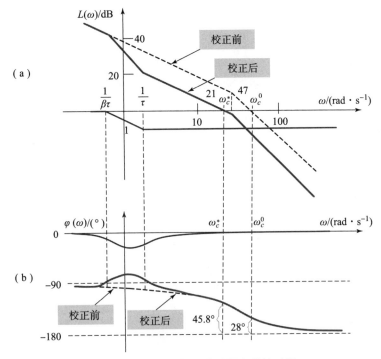

图 P47　题 6 – 4 校正前后频率特性对照

（a）幅频特性；（b）相频特性

解毕！

6 – 5　一单位负反馈系统如图 P48 所示。

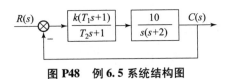

图 P48　例 6.5 系统结构图

（1）试确定校正装置的参数 k、T_1、T_2，使系统单位斜坡输入下的稳态误差 $e_{ss} = 0.1$，闭环传递函数为无零点的二阶振荡系统，调节时间 $t_s = 0.7$ s（按 ±5% 误差带计算，$t_s = 3.5/\zeta\omega_n$）。

（2）计算校正后系统阶跃响应的超调量 $\sigma\%$。

解：（1）系统的开环传递函数为

$$G(s) = \frac{10k(T_1 s + 1)}{s(T_2 s + 1)(s + 2)} \tag{1}$$

由于是单位负反馈系统，故误差传递函数为

$$E(s) = \frac{1}{1 + G(s)} = \frac{s(T_2 s + 1)(s + 2)}{s(T_2 s + 1)(s + 2) + 10k(T_1 s + 1)} \tag{2}$$

若 $e_{ss} = 0.1$，则

$$\lim_{s \to 0} sR(s)E(s) = s \times \frac{1}{s^2} \times \frac{s(T_2 s + 1)(s + 2)}{s(T_2 s + 1)(s + 2) + 10k(T_1 s + 1)} = \frac{1}{5k} \tag{3}$$

则 $k = 2$。相应闭环传递函数为

$$G_b(s) = \frac{20(T_1 s + 1)}{s(T_2 s + 1)(s + 2) + 20(T_1 s + 1)}$$

$$= \frac{20(T_1 s + 1)}{T_2 s^3 + (2T_2 + 1)s^2 + (20T_1 + 2)s + 20} \tag{4}$$

由于二级欠阻尼系统（振荡）调节时间 $t_s = 0.7 \text{ s}$，故 $\zeta\omega_n = 3.5/0.7 = 5$；由于系统无零点，故 $G_b(s)$ 可以表示为

$$G_b(s) = \frac{20(T_1 s + 1)}{A(s^2 + 10s + \omega_n^2)(T_1 s + 1)} \tag{5}$$

进而有

$$\begin{cases} AT_1 = T_2 \\ A + 10AT_1 = 2T_2 + 1 \\ A\omega_n^2 T_1 + 10A = 20T_1 + 2 \\ A\omega_n^2 = 20 \end{cases} \tag{6}$$

解得：$A = 0.2, T_1 = 0.5, T_2 = 0.1, \omega_n = 10$。

（2）根据（1）的结果可得到系统最终的传递函数

$$G_b(s) = \frac{100}{s^2 + 10s + 100} \tag{7}$$

则可得 $\zeta = 5/10 = 0.5$，相应的超调量为

$$\sigma\% = e^{\frac{-\zeta\pi}{\sqrt{1-\zeta^2}}} \times 100\% = 16.3\% \tag{8}$$

解毕！

6-6 单位反馈系统校正前的开环传递函数为

$$G(s) = \frac{1\,000}{s(0.01s + 1)}$$

引入串联校正装置后系统的对数幅频特性渐近曲线如图 P49 所示。

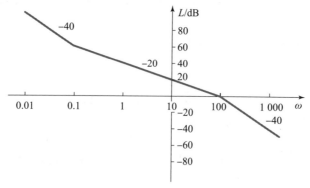

图 P49 题 6-6 引入串联校正装置后系统的对数幅频特性渐近曲线

（1）在图 P49 中做出系统校正前开环传递函数和校正环节的对数幅频特性的渐近曲线，计算校正前系统的相角裕度。

（2）写出校正装置的传递函数，它是何种校正装置？计算校正后系统的相角裕度。

（3）计算校正前闭环系统阶跃响应的超调量、峰值时间和调节时间，估算校正后闭环系统阶跃响应的超调量、峰值时间和调节时间。

解：（1）依据系统的开环传递函数和校正后的对数幅频特性渐近线，可以做出系统校正前开环传递函数和校正环节的对数幅频特性的渐近线，如图 P50 所示。

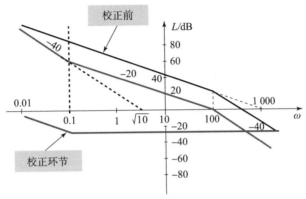

图 P50 题 6-6 校正环节设计及校正幅频特性评估

校正前开环传递函数为

$$G(s) = \frac{1\ 000}{s(0.01s + 1)} \tag{1}$$

由

$$|G(j\omega_c)| = \left| \frac{1\ 000}{j\omega_c(0.01j\omega_c + 1)} \right| = 1 \tag{2}$$

可求得其穿越频率为 $\omega_c^0 = 308$ rad/s，相位裕度为

$$\gamma^0(\omega_c^0) = 180° - 90° - \arctan 3.08 = 18° \tag{3}$$

（2）由上图校正环节的对数幅频渐近线可得校正后开环传递函数的开环增益为 $K' = 10$（ -40 dB 反向延长线必交于 $\omega_1 = \sqrt{10}$ rad/s，$K' = \omega_1^2 = 10$），由原开环增益从 1 000 变为 10，可知校正环节的放大倍数为 0.01。故校正装置传递函数为

$$G_c(s) = \frac{0.01(10s + 1)}{s} \tag{4}$$

此为一个 PI 校正装置。

校正后的开环传递函数为

$$G^*(s) = G_c(s)G(s) = \frac{10(10s + 1)}{s^2(0.01s + 1)} \tag{5}$$

可得穿越频率为 $\omega_c^* = 79$ rad/s。相位裕度为

$$\gamma^*(\omega_c^*) = 180° + \arctan 10\omega_c^* - 180° - \arctan 0.01\omega_c^* = 51.62° \tag{6}$$

（3）校正前后系统的闭环传递函数分别为

$$\Phi(s) = \frac{100\ 000}{s^2 + 100s + 100\ 000} \tag{7}$$

$$\Phi'(s) = \frac{10(10s + 1)}{0.01s^3 + s^2 + 100s + 10}$$

$$\approx \frac{10\ 000(s + 0.1)}{(s + 0.1)(s^2 + 100s + 10\ 000)}$$

$$= \frac{10\ 000}{s^2 + 100s + 10\ 000} \tag{8}$$

则可计算得两种情况下的 ζ 与 ω_n，依据公式

$$\sigma_p = \mathrm{e}^{\frac{-\zeta\pi}{\sqrt{1-\zeta^2}}} \times 100\%, \quad t_s = \frac{3}{\zeta\omega_n} \; 及 \; t_p = \frac{\pi}{\omega_n\sqrt{1-\zeta^2}} \tag{9}$$

可得

项目	ζ	ω_n	$\sigma_p/\%$	t_s/s	t_p/s
校正前	0.081 2	316	77.42	0.06	0.01
校正后	0.5	100	16.3	0.06	0.04

解毕！

参 考 文 献

[1] 胡寿松. 自动控制原理 [M]. 6 版. 北京：科学出版社，2013.

[2] 朱永甫，宋丽蓉. 自动控制原理 [M]. 北京：电子工业出版社，2018.

[3] 辛海燕. 自动控制理论 [M]. 南京：东南大学出版社，2018.

[4] 李晓秀，宋丽蓉. 自动控制原理 [M]. 3 版. 北京：机械工业出版社，2019.

[5] 张明君. 自动控制原理 [M]. 北京：科学出版社，2015.

[6] 陈祥光，黄聪明，何恩智. 自动控制原理 [M]. 北京：高等教育出版社，2009.

[7] 翟春艳，陈兆娜，王国良. 自动控制原理 [M]. 北京：中国石化出版社，2015.

[8] 邹见效. 自动控制原理 [M]. 北京：机械工业出版社，2017.